双元制本土化项目成果教材

校企合作

产教融合型课程改革教材

电工基础

主　编◎郭军华　熊如意

副主编◎鲁守卿　郑　宇

岳　园　金庭安

同济大学出版社

TONGJI UNIVERSITY PRESS

·上海·

内 容 提 要

本书是按照数字化活页式教材理念编写的理实一体化教材，主要内容包括直流电路的认知与测试、正弦交流电路的认知与测试、三相交流电路的认知与测试、电气设备的检测与维修、电动机基本控制电路的安装与调试、常见机床电气控制电路的故障检修、常用电工仪表的使用及安全用电共8个项目。每个项目又分为若干个任务，每个任务包括任务布置、任务分析（知识模块）、任务实施、任务评价、课后作业与思考、课外阅读共6个部分。其中，任务分析中有机地融入相关知识点进行讲解；课外阅读主要包括相关最新前沿科技知识、相关科学家的故事、大国工匠介绍、超级工程等，以此开阔学生视野，融入课程思政，实现全方位育人。每个任务相对独立，可根据教学需要取舍；在任务编写时，弱化了公式计算，强化了自主学习、实践教学，以学生为中心。全书内容由浅入深，从基础到实践，旨在帮助学生全面掌握电工领域的理论知识与实践技能。

本书可以作为高等职业教育装备制造大类、交通运输大类等相关专业的教材，同时也可以作为成人教育、函授学院、培训班的教材和电工等相关工种工程技术人员的参考用书。

图书在版编目(CIP)数据

电工基础 / 郭军华，熊如意主编；鲁守卿等副主编. 上海：同济大学出版社，2025. 1. -- ISBN 978-7-5765-1452-0

Ⅰ. TM1

中国国家版本馆 CIP 数据核字第 2024JF0488 号

电工基础

主　编　郭军华　熊如意　　**副主编**　鲁守卿　郑　宇　岳　园　金庭安

策划编辑　府晓辉　**责任编辑**　陈佳蔚　**责任校对**　徐逢乔　**封面设计**　渲彩轩

出版发行　同济大学出版社　www.tongjipress.com.cn
（地址：上海市四平路 1239 号　邮编：200092　电话：021-65985622）
经　　销　全国各地新华书店
印　　刷　苏州市古得堡数码印刷有限公司
开　　本　787 mm×1092 mm　1/16
印　　张　16.75
字　　数　377 000
版　　次　2025 年 1 月第 1 版
印　　次　2025 年 1 月第 1 次印刷
书　　号　ISBN 978-7-5765-1452-0

定　　价　69.00 元

编委会

主　编　郭军华　熊如意

副主编　鲁守卿　郑　宇　岳　园　金庭安

参　编　刘　飞　王　宏　余　乐

主　审　谢　楠

前言

本书是由重庆交通职业学院与重庆金皇后新能源汽车制造有限公司(前程汽车)合作,基于前程汽车·新能源汽车技术人才跨企业培训中心开发的双元制本土化学习领域课程改革编写的教材,体现了校企合作和产教融合的理念。它将前沿科技与电工知识融合,旨在培养学生在电工领域的创新能力与实践技能。本书基于维修电工人员岗位工作任务特点,以完整工作过程和行为导向教学要求为基础,将整个学习内容分为 8 个项目,每个项目又分为若干个任务,每个任务细化为任务布置、任务分析(知识模块)、任务实施、任务评价、课后作业与思考、课外阅读共 6 个部分的行为导向教学工作页。它与学科知识模块相结合,形成了"知识库+工作页"的工作过程系统化的学习领域课程教材,实现了理论知识、实践技能、综合职业能力的多维整合,将工作环境与学习环境有机地结合在一起。

本书编写团队汇聚了重庆交通职业学院和重庆金皇后新能源汽车制造有限公司(前程汽车)的专家,以"前程汽车·新能源汽车技术人才跨企业培训中心平台"为载体,共同致力于为学生提供全面、深入、实用的教育资源。本书的主要内容涵盖了直流电路、交流电路、电气设备、电动机控制、电气设备维修、电工仪表使用、安全用电等多个领域的知识。全书内容由浅入深,从基础到实践,旨在帮助学生全面掌握电工领域的理论知识与实践技能。此外,在每个项目后面精选了课外阅读,主要包括相关最新前沿科技知识、相关科学家的故事、大国工匠介绍、超级工程等,以此开阔学生视野,融入课程思政,实现全方位育人。

本书的独特之处在于它不仅是学校的智慧结晶,更是校企深度合作的产物。编者团队将学校的教育资源与企业的实际需求紧密结合,共同打造了这本校企合作的本土化教材。本书的编写得益于企业为学校研制开发的电工电子实训台以及企业提供的实际案例支持,融入了"电工技能与实训仿真教学系统""Multisim 虚拟仿真系统"以及微课视频等信息化资源,使学生在学习过程中更容易理解和接触到真实的工程项目,为未来的就业奠定了坚实的基础。

本书由重庆交通职业学院郭军华、熊如意担任主编,由鲁守卿、郑宇、岳园、金庭安担任副主编，刘飞、王宏、余乐任参编，由同济大学谢楠担任主审。同时在编写过程中还得到了重庆交通职业学院及其他相关领域专家的指导，确保了教材内容的准确性和全面性。

本书还配备了丰富的微课视频和课件，可扫描下方二维码获取电子资源。由于编者学术水平和实践经验有限，书中难免存在疏漏及不妥之处，欢迎读者提出宝贵意见和建议，帮助我们不断改进，使这部教材更好地服务于教育事业和相关产业发展。

《电工基础》微课视频　　《电工基础》课件

编　者

2025 年 1 月

目 录

项目1 直流电路的认知与测试

项目描述

在科学研究和日常生活中，我们常和各式各样的电路打交道。电路按电源性质，可分为直流电路和交流电路，二者的组成基本相同。那么，电路是由哪几部分组成的，有哪些基本物理量、基本元件，如何分析和测量直流电路，这是本项目要解决的问题。

为了使读者对直流电路有充分的认知，学会分析与测试相关直流电路，本项目分为13个子任务，读者可根据实际需要取舍。

项目知识目标

1. 掌握电路的组成、各部分作用及电路的不同工作状态。
2. 掌握电流、电压、电位、电功(电能)、电功率等电路基本物理量的意义、单位、符号及方向。
3. 掌握电压源、电流源符号及伏安特性。
4. 掌握电阻、电感、电容，以及其他常用元器件的特性及识别方法。

项目技能与素质目标

1. 学会识别电阻、电感、电容和直流电源等元器件。
2. 能够正确使用万用表测量电阻、直流电压、直流电流。
3. 能够识读简单电路图和进行简单电路连接。
4. 能够正确使用仪器仪表检测电路元器件是否正常。
5. 能够应用电路的基本定律和常用电路分析方法进行电路分析和计算。
6. 具有自主学习的能力和团队合作精神。

任务 1.1 电路及电路图的认知

〖任务布置〗

手电筒电路(简单照明电路)的安装与认知。

(1) 利用实训台配套的掌上实验系统实现手电筒电路(简单照明电路,自由发挥,可参考如图 1-1 所示的单电珠电路;鼓励独立思考,完成更复杂的多电珠、多开关控制电路)的安装、接线,并演示。

(2) 绘制所连接手电筒电路的原理图。

(3) 指出电路中各组成部分及其作用。

(4) 利用已连接的手电筒电路(简单照明电路)分别实现电路的 3 种工作状态,并指出其特点。

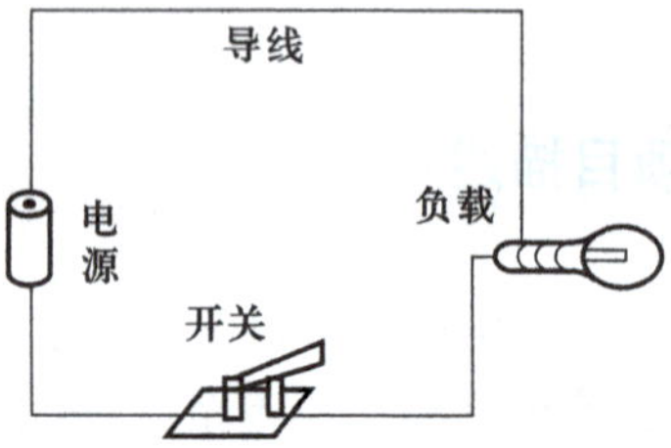

图 1-1 单电珠电路

〖任务分析〗(知识模块)

为了顺利完成本任务,需要预先掌握的知识点,包括电路及其组成、电路的作用、电路模型、电路常见元件的图形符号、电路的工作状态。

1. 电路及其组成

电流流经的闭合路径称为电路。它是为了某种需要由电工设备或电路元件按一定方式组合而成的。

电路由电源(将非电能转化成电能的装置)、中间环节(把电源与负载连接起来)、负载(将电能转化成非电能的设备)组成。

2. 电路的作用

(1) 实现电能的传输和转换。

(2) 传递处理信号。

3. 电路模型

将实际元件理想化,在一定条件下考虑电路元件的主要性质,忽略其次要性质,这样经过简化的元件称为理想元件或元件模型。理想的电路元件主要有电阻元件、电容元件、电感元件及电压源和电流源等。

4. 电路常见元件的图形符号

常见元件的图形符号如图 1-2 所示。

图 1-2(a)至图 1-2(c)为负载元件的图形符号,图 1-2(d)至图 1-2(f)为电源的图形符号,图 1-2(g)至图 1-2(i)为中间环节的图形符号。

用理想电路元件代替实际电路元件而构成的电路称为电路模型,所绘制的电路图即为电路原理图,简称电路图。简单照明电路原理如图 1-3 所示。

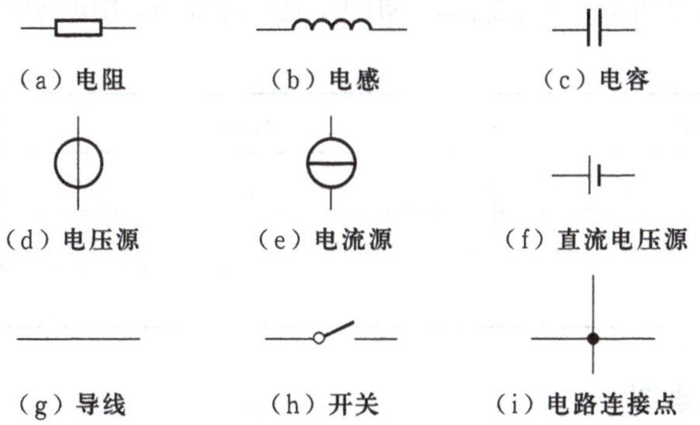

图 1-2　常见元件的图形符号

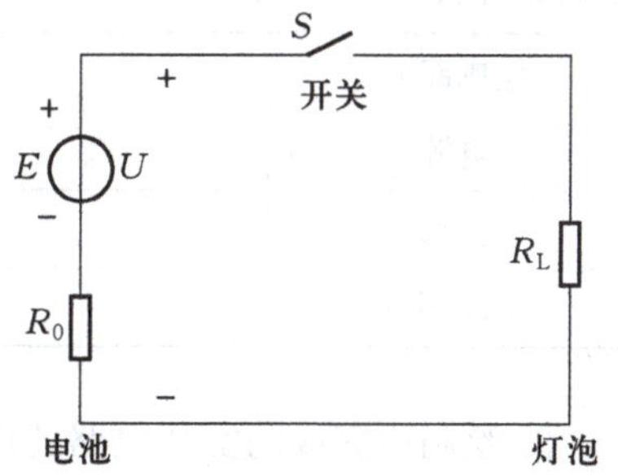

图 1-3　简单照明电路原理

5. 电路的工作状态

电路通常有 3 种工作状态：

(1) 通路(闭路)。电源与负载接通，电路中有电流通过，电气设备或元器件获得一定的电压和电功率，进行能量转换，又称为有载工作状态。

(2) 开路(断路)。电源与负载断开，电路中没有电流通过，又称为空载状态。

(3) 短路(捷路)。电源两端的导线直接连接，此时输出短路电流非常大。这对电源来说是严重过载，如果没有保护措施，电源或电器会被烧毁甚至发生火灾，所以通常要在电路或电气设备中安装熔断器、熔断丝等保护装置，以避免发生短路时出现严重后果。

电路的 3 种工作状态如图 1-4 所示。

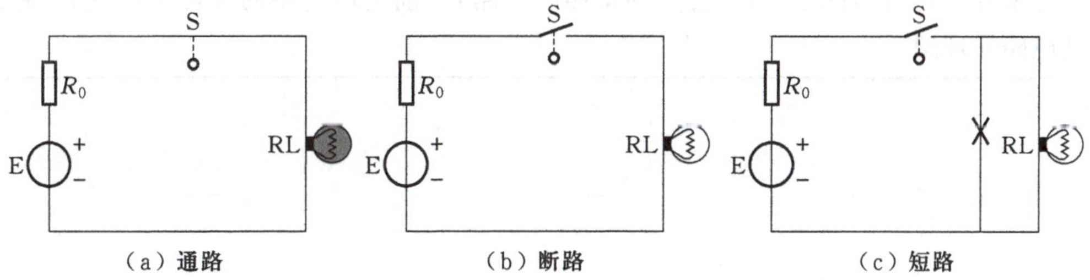

图 1-4　电路的三种工作状态

〖任务实施〗

1. 列出本任务所用工具、材料。

序号	名称	规格型号	单位	数量	备注

2. 自由发挥，完成手电筒电路（简单照明电路）的连接，并拍照、记录过程，指出电路中各组成部分及其作用。

组成部分	实物名称	作用
电源		
负载		
中间环节		

3. 绘制所完成的实物电路的电路原理图。

4. 利用自己连接的手电筒电路（简单照明电路）分别实现电路的 3 种工作状态，并绘制其电路原理图。

5. 观察电路的 3 种工作状态，总结其特点。

电路工作状态	负载电路	电源电流	电源端电压
通路			
开路			
短路			

〖任务评价〗

本任务评价包括个人自评、小组互评和教师评价。其中，个人自评和小组互评各占20%，教师评价占60%。任务评价主要从职业素养、专业能力、工作成果三个方面进行。总分90～100为优，80～89为良，70～79为中，60～69为合格，60分以下为不合格。

考核项目	评价内容	分值	评价分数		
			个人自评	小组互评	教师评价
职业素养	穿戴、仪容仪表符合工作要求	5			
	具备安全意识、责任意识、服从意识	6			
	积极参加教学活动，按时完成各种学习任务	6			
	团队合作意识强，善于与人交流和沟通	6			
	遵守纪律、尊重师长、团结同学	6			
	管理现场符合6S标准	6			
专业能力	能列出本任务所用工具、材料	10			
	能正确完成简单照明电路连接	15			
	能实现电路的3种工作状态	10			
工作成果	能按要求绘制对应电路原理图	20			
	记录、描绘规范，总结到位	10			
总分		100			
总评	个人自评×20%＋小组互评×20%＋教师评价×60%	综合等级			
教师(签名)：					

〖课后作业与思考〗

1. 电路主要由哪几部分组成？各部分的作用是什么？
2. 请给出常用电路元件的图形符号。
3. 如何识读电路图？请结合照明电路说明。

〖课外阅读〗

电的发现和使用简史

我国古人很早就对电有了初步认知，如最早记载于西汉《春秋纬考异邮》中的“玳瑁吸喏”，实质上就揭示了一种静电现象；记载于东汉《论衡·乱龙》中的“琥珀拾芥”，实质上就揭示了一种摩擦生电现象。

近现代,电的发现归功于美国科学家本杰明·富兰克林(Benjamin Franklin)。1752年7月,他以危险的方式接引空中雷电,证实了自然界中电的存在,并以此原理发明了避雷针。1831年,英国科学家法拉第(Faraday)提出著名的法拉第电磁感应定律,为电机的发明奠定了理论基础。1832年,法国人皮克西(Pixii)制造出世界第一台试验性发电机。1850年,英国人斯旺(Swan)用纸碳制成灯丝泡。1866年,德国发明家西门子(Siemens)研制出可实际应用的直流发电机。1879年10月21日,美国人爱迪生(Edison)和英国人斯旺(Swan)都研究出碳质灯丝电灯泡。由于爱迪生经千余次的试验发明的碳素灯丝白炽灯泡得到了实际应用,故称爱迪生发明了电灯。1882年6月,美国纽约珍珠街电厂建立,这是世界上第一个商业发电厂。同年7月26日,在中国上海,一台12千瓦发电机组点亮了15盏弧光灯。1882年,克罗地亚人尼古拉·特斯拉(Nikola Tesla)发明了世界首台交流发电机,特斯拉也因此被尊称为交流电之父。1885年,特斯拉又设计出多相交流电动机和发电机。到了19世纪末,世界上主要发达国家开始大规模使用电能,标志着人类正式从蒸汽时代(工业1.0)进入电气化时代(工业2.0),人类的生产力水平又一次获得了巨大的飞跃。

即使到了现在,如何清洁、高效地获取电能,仍然是世界各国关注和角逐的重要领域。在这方面,我国走在了世界前列,如太阳能光伏发电、风力发电,无论是装机容量还是设备产能均为世界第一。

任务1.2 电路基本物理量的测量

〖任务布置〗

设计安装一个简单的直流电路,含直流电源(电工实训台5 V直流电源)、开关、3 V小灯泡、接插导线若干,测量小灯泡两端的电压和流过的电流,以及小灯泡两端的电位;利用测出的电压和电流计算小灯泡的功率,并与标称值比较,计算小灯泡1 h消耗的电能。

〖任务分析〗(知识模块)

为了顺利完成本任务,需要学习电流、电压、电位、电功(电能)、电功率,以及为了简化电路而引入的电位等电路中的基本物理量相关知识点。

1. 电流

电流是由电荷有规则的定向运动而形成的。

(1) 电流大小

由电流强度表示,定义为单位时间内通过某一导体横截面(s)的电荷量。计算公式为

$$I=\frac{Q}{t} \quad (直流)$$

$$i=\frac{dq}{dt}\quad（交流）$$

其中，电流符号：直流用 I，交流用 i，单位为 A(安培)、mA(毫安)、μA(微安)。

(2) 电流方向

电流的实际方向：规定为正电荷移动的方向。

电流的参考方向：在复杂电路中难以判断元件中电流的实际方向，会为电路的求解带来不便，需要假定某一方向为正方向，这一假定的正方向称为参考方向。

(3) 电流参考方向的两种表示方法(图 1-5)

图 1-5　电流参考方向的两种表示方法

① 用箭头表示：箭头的指向为电流的参考方向(图中标出箭头)，如图 1-5(a)所示。

② 用双下标表示：如 I_{AB}，电流的参考方向由 A 指向 B(图中标出 A、B)，如图 1-5(b)所示。

(4) 电流参考方向与实际方向的关系

求出的电流数值为正，表示电流的实际方向与参考方向相同；求出的电流数值为负，表示电流的实际方向与参考方向相反。

例如，在图 1-6 所示电路中给出电流的参考方向，已知图 1-6(a)中 $I_1=2$ A，图 1-6(b)中 $I_2=-4$ A，则图 1-6(a)中电流 I_1 实际方向为由 A 到 B，而图 1-6(b)中电流 I_2 实际方向为由 B 到 A。

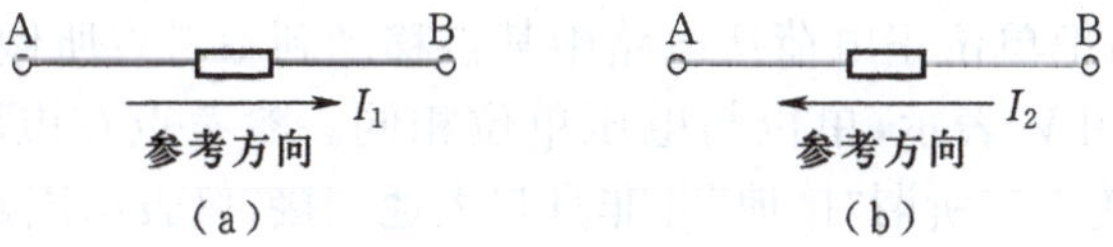

图 1-6　电流参考方向与实际方向的关系

2. 电压

(1) 电压大小

电场力把单位正电荷从电场中的一点移动到另一点所做的功，称为这两点之间的电压，用符号 U 表示，即

$$U_{ab}=\frac{W_{ab}}{Q}$$

(2) 电压单位

电压的标准国际单位是伏特，简称 V(伏)，常用的还有 mV(毫伏)、kV(千伏)、MV(兆伏)。

(3) 电压参考方向的三种表示方法

① 用正、负极性表示：由正极指向负极的方向为电压(降)的参考方向，如图 1-7(a)所示。

② 用箭头表示：箭头指向为电压(降)的参考方向，如图 1-7(b)所示。

③ 用双下标表示：如 U_{AB}，由 A 指向 B 的方向为电压(降)的参考方向，如图 1-7(c)所示。

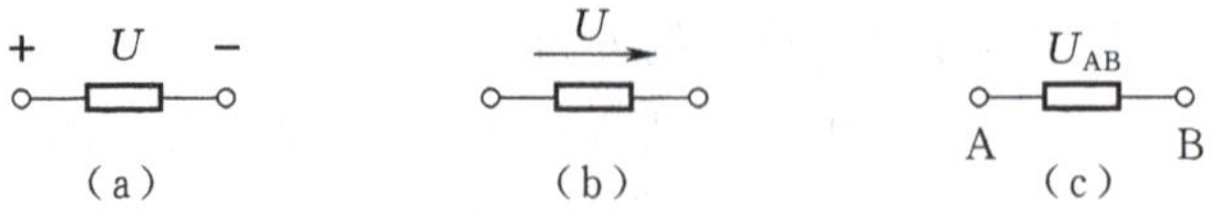

图 1-7 电压参考方向的三种表示方法

(4) 电压参考方向与实际方向的关系

电压数值为正，表示电压的实际方向与参考方向相同；电压数值为负，表示电压的实际方向与参考方向相反。

(5) 关联参考方向

电流、电压的参考方向是任意假定的，当同一元件上电流与电压的参考方向假定一致，称为关联参考方向，如图 1-8(a)所示；当同一元件上电流与电压的参考方向假定不一致，称为非关联参考方向，如图 1-8(b)所示。

图 1-8 关联参考方向

3. 电位

电位就是电场力把单位正电荷从电路中某点移动到参考点所做的功，通常设参考点电位为零，电位符号用 V 表示，单位与电压单位相同。参考点在电路图中一般标上“接地”符号。接地符号为⊥。所谓“接地”并非真与大地相接，仅表示该处电位为零。

某点电位为正，说明该点电位比参考点高；某点电位为负，说明该点电位比参考点低。电路中任意两点之间的电压等于这两点间的电位差，即

$$U_{AB}=V_A-V_B$$

引入电位概念是为了简化电路，对于有一端接地的电压源不再画出电压源符号，而只在电源的非接地端处标明电压的数值和极性。

图 1-9 为完整电路，引入电位后习惯画法如图 1-10 所示。

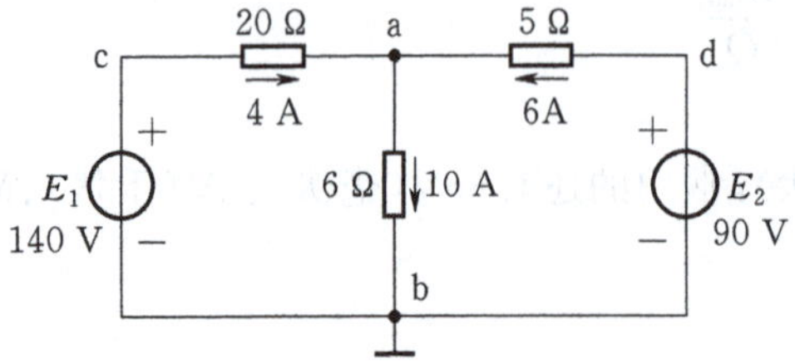

图 1-9 完整电路

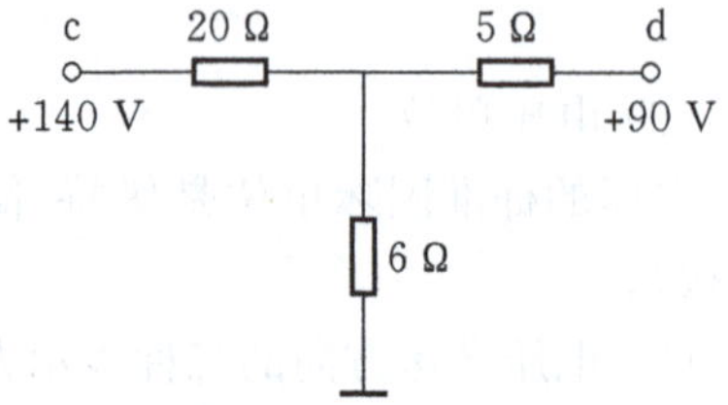

图 1-10 习惯画法

4. 电功(电能)

电功是电场力在一定时间内所做的功。在直流电路中,电功用大写字母 W 表示。

$$W=UQ=UIt$$

功的标准国际单位是焦耳,简称 J(焦),常用的还有 kJ(千焦)、MJ(兆焦),日常计量电能的常用单位为"度",有

$$1\text{ 度}=1\ \text{kW}\cdot\text{h}=3.6\times10^{6}\ \text{J}$$

5. 电功率

电功率指在单位时间内所消耗的电能。在直流电路中,功率用大写字母 P 表示,即

$$P=\frac{W}{t}=UI$$

功率的单位是 W(瓦特),常用的还有 mW(毫瓦)、kW(千瓦)、MW(兆瓦)。

〖任务实施〗

1. 绘制测量小灯泡电压和电流的完整电路图,并在图中标出通过小灯泡电流 I 和小灯泡两端电压 U 的参考方向。

2. 以电源负极为参考点,绘制测量小灯泡电压和电流的习惯(简化)电路图,并在图中标出通过小灯泡电流 I 和小灯泡两端电压 U 的参考方向。

3. 列出本任务所用材料、仪表及工具。

序号	名称	规格型号	单位	数量	备注

4. 用万用表测量小灯泡两端的电压和流过的电流。

项目	测量值	备注
小灯泡两端的电压		
小灯泡流过的电流		

5. 计算小灯泡两端的功率及 1 h 消耗的电能。

项目	计算方法	计算结果
小灯泡两端的功率		
小灯泡 1 h 消耗的电能		

〖任务评价〗

本任务评价包括个人自评、小组互评和教师评价。其中，个人自评和小组互评各占20%，教师评价占60%。任务评价主要从职业素养、专业能力、工作成果三个方面进行。总分 90～100 为优，80～89 为良，70～79 为中，60～69 为合格，60 分以下为不合格。

考核项目	评价内容	分值	评价分数		
			个人自评	小组互评	教师评价
职业素养	穿戴、仪容仪表符合工作要求	5			
	具备安全意识、责任意识、服从意识	6			
	积极参加教学活动，按时完成各种学习任务	6			
	团队合作意识强，善于与人交流和沟通	6			
	遵守纪律、尊重师长、团结同学	6			
	管理现场符合 6S 标准	6			

续表

考核项目	评价内容	分值	评价分数		
			个人自评	小组互评	教师评价
专业能力	能列出本任务所用工具、材料	10			
	能绘制测量电压和电流的完整电路图	15			
	能绘制测量电压和电流的习惯(简化)电路图	10			
工作成果	按要求正确完成电压和电流测量	20			
	记录、描绘规范,计算正确	10			
总分		100			
总评	个人自评×20%+小组互评×20%+教师评价×60%	综合等级			
教师(签名):					

〖课后作业与思考〗

1. 某手机电池参数中的3.8 V、4 000 mAh是什么意思呢?理论上,充满此手机的电池需要消耗多少度电能?

2. 小明家有一台额定功率为1 200 W的电热水器,若每天打开4 h,每度电的电费为0.50元,一个月(30天)需要多少电费?

〖课外阅读〗

家庭省电小常识

节约用电,人人有责;节约用电,从我做起。掌握家庭省电小窍门,能培养我们"勤俭节约"的美德。下面分享一些家庭省电小窍门。

照明节电 日光灯具有发光效率高、光线柔和、使用寿命长、耗电少的特点,一盏14 W节能日光灯的亮度相当于75 W白炽灯的亮度,所以用日光灯代替白炽灯可以使耗电量大大降低。在走廊和卫生间可以安装小功率的日光灯;看电视时,只开1 W节能日光灯,既节约用电,又能保障收看效果。除此之外,还要做到人走灯灭,消灭"长明灯"。

电视机节电 电视机的最亮状态比最暗状态多耗电50%~60%;音量开得越大,耗电量也越大。所以看电视时,亮度和音量应调在体感最佳的状态,不要过亮,音量也不要太大。这样不仅能节电,而且有助于延长电视机的使用寿命。有些电视机只要插上电源插头,显像管就开始预热,耗电量为6~8 W。所以关闭电视机后,应把插头从电源插座上拔下来。

电冰箱节电 电冰箱应放置在阴凉通风处,不能靠近热源,以保证散热片很好地散热。使用时，尽量减少开门次数和时间。电冰箱内的食物不要塞得太满，食物之间要留有空隙，以便冷气对流。准备食用的冷冻食物，要提前放置在冷藏室里慢慢融化，这样可以降低冷藏室温度，节省电能消耗。

洗衣机节电 洗衣机的耗电量取决于电动机的额定功率和使用时间的长短。电动机的功率是固定的，所以恰当地减少洗涤时间，就能节约用电。洗涤时间的长短，要根据衣物的种类和脏污程度来决定。一般洗涤丝绸等精细衣物的时间可短些，洗涤棉、麻等粗厚织物的时间可稍长些。如果用洗衣机漂洗，可以先把衣物上的肥皂水或洗衣粉泡沫拧干，再进行漂洗，既可以节约用电，也减少了漂洗次数，达到节电的目的。

电风扇节电 一般扇叶大的电风扇，电功率就大，消耗的电能也多。同一台电风扇的最快挡与最慢挡的耗电量相差约 40%，在快挡上使用 1 h 的耗电量可在慢挡上使用将近 2 h。所以，常用慢挡，可减少电风扇的耗电量。

空调节电 空调启动最耗电，应充分利用定时功能，使空调既不必整夜运转，又能保持室内凉爽。例如，晚上从上床睡觉开始，定时 6 h 即可。另外，夏天温度不宜设置过低，26 ℃为宜；冬天温度不宜设置过高，16 ℃为宜。首选变频空调，节能效果好，噪声又小。

任务 1.3 电阻的认知与检测

〖任务布置〗

惠斯通电桥如图 1-11 所示，请利用电工实训台提供的电阻、电源等元件完成电路的连接，并利用万用表完成要求的测试。

(1) 断开电源，测试 A、C 之间的电阻，并与理论计算值比较。

(2) 接上电源，测试 D、B 之间的电压，并与理论计算值比较。

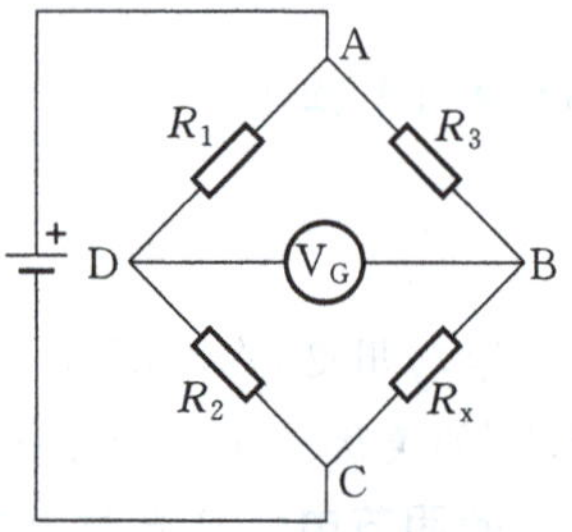

图 1-11 惠斯通电桥

〖任务分析〗(知识模块)

为了顺利完成此任务，需要学习和掌握电阻符号、种类、标识，以及电阻的串联、并联、功率相关知识点。

电阻表示导体对电流起阻碍作用的物理量，是导体本身具有的特性，用符号 R 表示。电阻单位是 Ω(欧姆)，常用的还有 kΩ(千欧)、MΩ(兆欧)。影响电阻大小的因素主要有导体长度、截面积、材料、温度等。

1. 电阻符号

电阻的符号见表 1-1。

表 1-1　电阻的符号

电阻的电路符号	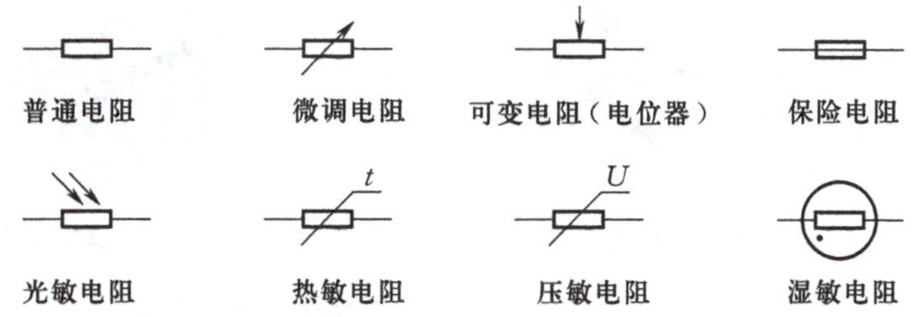
电阻的功率符号	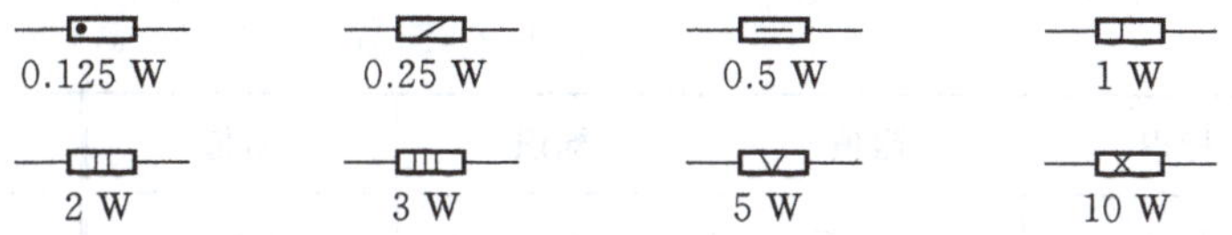

2. 常见电阻的种类

常见电阻的种类见表 1-2。

表 1-2　常见电阻的种类

种类	碳膜电阻	金属膜电阻	贴片电阻	柱形贴片电阻
外观				
种类	电阻排	光敏电阻	压敏电阻	水泥电阻
外观			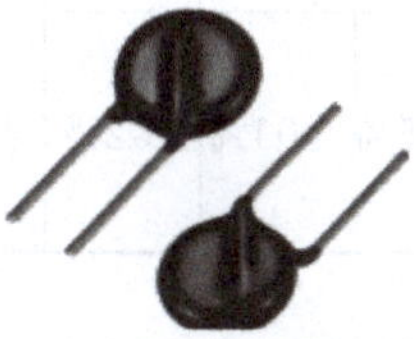	

3. 电阻的标识

（1）直标法。用阿拉伯数字和单位符号在电阻体表面直接标出电阻值，用百分比直接标出允许误差的方法称为直标法，如图 1-12(a)所示。

（2）文字符号标注法。用阿拉伯数字和文字符号有规律地进行组合，表示标称阻值和允许误差的方法称为文字符号标注法，如图 1-12(b)所示。

① 阻值单位用字母 R(欧姆)、k(千欧)、M(兆欧)表示，阻值的整数部分写在阻值单位标记符号的前面，阻值的小数部分写在阻值单位标记符号的后面，见表 1-3。

(a) 直标法

(b) 文字符号标注法

图 1-12 电阻的标识方法

表 1-3 阻值的写法

标识	阻值	标识	阻值	标识	阻值
R39	0.39 Ω	k39	0.39 kΩ	M39	0.39 MΩ
3R9	3.9 Ω	3k9	3.9 kΩ	3M9	3.9 MΩ
39R	39 Ω	39 k	39 kΩ	39 M	39 MΩ
390R	390 Ω	390 k	390 kΩ	390 M	390 MΩ

② 允许误差用字母表示(表 1-4)。

表 1-4 允许误差

误差类别	对称误差											不对称误差		
标注符号	H	U	W	B	C	D	F	G	J	K	M	R	S	Z
允许误差	±0.01%	±0.02%	±0.05%	±0.1%	±0.25%	±0.5%	±1%	±2%	±5%	±10%	±20%	+100% −10%	+50% −20%	+80% −20%

(3) 色标法。用不同颜色的色环或点在电阻表面标出标称阻值和误差的方法。电阻的色标法分为两种,如图 1-13 所示。

① 四环色标法。普通电阻用 4 条色环表示标称阻值和允许误差,从左至右第 1 条、第 2 条色环表示阻值,第 3 条色环表示倍乘,最后 1 条色环表示允许误差(通常,最后 1 条与前面 3 条之间的距离较大)。例如,4 条色环为红红黑金,则阻值是 22×100=22 Ω,误差是±5%,记为 22 Ω±5%。

② 五环色标法。五环色标法和四环色标法类似,只是采用了 3 位有效数字,所以精度等级更高。例如,5 条色环为红红黑黑金,则阻值是220×100=220 Ω,误差是±5%,记为 220 Ω±5%。

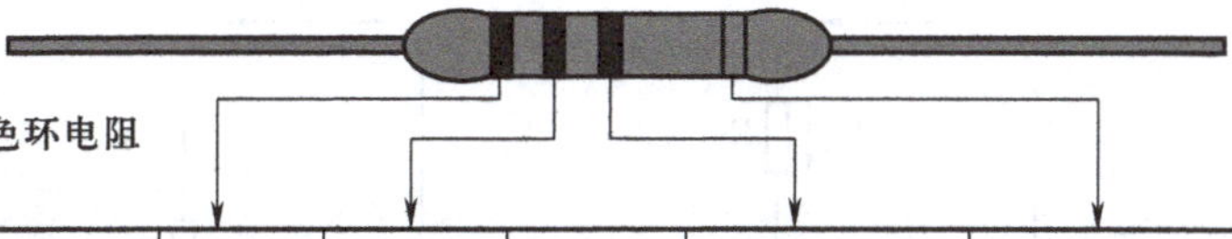

颜色	第1环	第2环		第3环（倍乘）	第4环（误差）
黑色	0	0	0	10^0	
棕色	1	1	1	10^1	±1%
红色	2	2	2	10^2	±2%
橙色	3	3	3	10^3	
黄色	4	4	4	10^4	
绿色	5	5	5	10^5	±0.5%
蓝色	6	6	6	10^6	±0.25%
紫色	7	7	7	10^7	±0.10%
灰色	8	8	8		±0.05%
白色	9	9	9		
金色				10^{-1}	±5%
银色				10^{-2}	±10%
无色					±20%
颜色	第1环	第2环	第3环	第4环（倍乘）	第5环（误差）

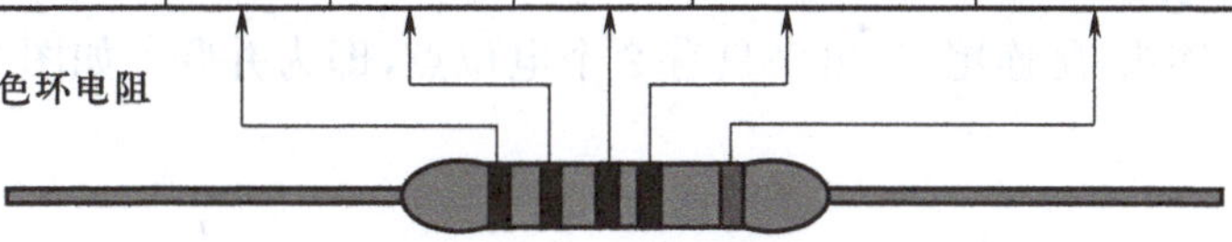

图 1-13　电阻的色标法

(4) 数标法。用三位或四位数码表示电阻标称阻值，用相应字母表示电阻允许误差的方法称为数标法，多用于贴片电阻，如图 1-14 所示。

(a)　　(b)

图 1-14　电阻的数标法

4. 电阻的串联

多个电阻头尾相连，连成一条支路，中间不分叉，即为串联。如图 1-15(a)所示，R_1、R_2 即为串联。

串联电阻的特点如下：

(1) 串联电阻中，各个电阻的电流是相同的。

(2) 各个电阻电压降之和等于总电压 U，如图 1-15(a)中 $U=U_1+U_2$。

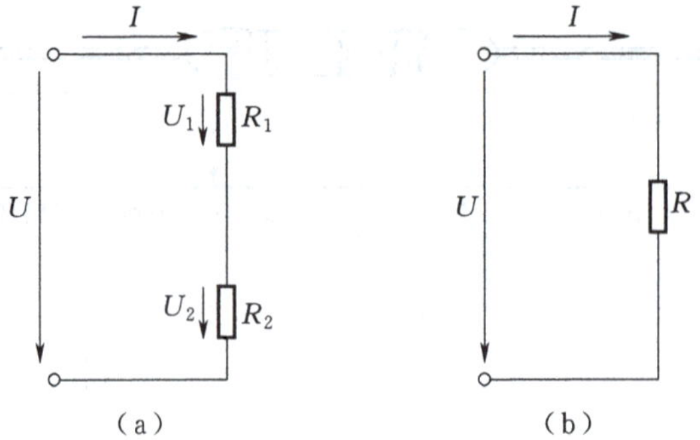

图 1-15　电阻的串联

(3) 电路消耗的总功率 P 等于各个电阻消耗的功率之和。

(4) 等效电阻 R 等于各个串联电阻之和,如图 1-15(b)中 $R=R_1+R_2$。

(5) 串联电阻上电压的分配与电阻成正比。即

$$U_1=\frac{R_1}{R_1+R_2}U,\quad U_2=\frac{R_2}{R_1+R_2}U$$

$$U_1 : U_2=R_1 : R_2$$

5. 电阻的并联

多个电阻头连头,尾连尾,连出来只有 2 个电位点,即为并联。如图 1-16 所示,R_1、R_2 即为并联。

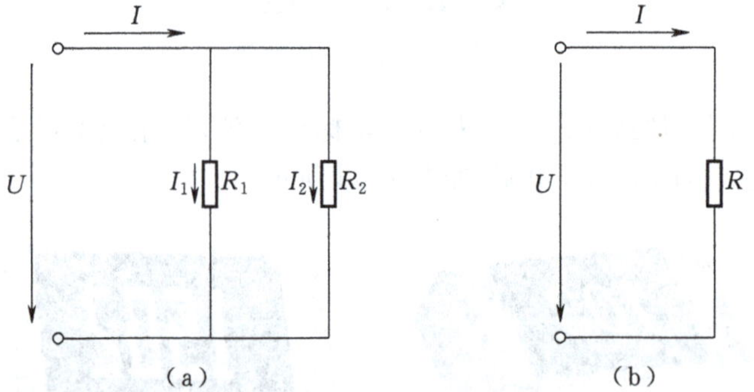

图 1-16　电阻的并联

并联电阻的特点如下:

(1) 并联电阻中,各个电阻的电压是相同的。

(2) 各个电阻电流之和等于总电流 I,如图 1-16(a)中 $I=I_1+I_2$。

(3) 电路消耗的总功率 P 等于各个电阻消耗的功率之和。

(4) 等效电阻 R 的倒数等于各个并联电阻倒数之和,如图 1-16(b)中

$$\frac{1}{R}=\frac{1}{R_1}+\frac{1}{R_2}$$

即

$$G=G_1+G_2\quad \left(G\text{ 为电导},G=\frac{1}{R}\right)$$

$$R=\frac{R_1R_2}{R_1+R_2}$$

(5) 并联电阻上电流的分配与电阻成反比。即

$$I_1=\frac{R_2}{R_1+R_2}I,\quad I_2=\frac{R_1}{R_1+R_2}I$$

$$I_1:I_2=R_2:R_1$$

6. 电阻的功率

电阻上的功率为 $P=UI=I^2R=\frac{U^2}{R}$。

〖任务实施〗

1. 列出本任务所用材料、仪表、设备及工具清单。

序号	名称	规格型号	单位	数量	备注

2. 利用电工实训台提供的电阻、电源等元件完成电路的连接。当电源与 D、B 之间的电压表(万用表)均不接时,找出电路中电阻的串、并联关系。

串联	
并联	

3. 断开电源时,测试 A、C 之间的电阻,并与理论计算值进行比较。

理论计算方法	
理论计算值	
实测值	
结论	

4. 接通电源,测试 D、B 之间的电压,并与理论计算值进行比较。

理论计算方法	
理论计算值	
实测值	
结论	

〖任务评价〗

本任务评价包括个人自评、小组互评和教师评价。其中，个人自评和小组互评各占20%，教师评价占60%。任务评价主要从职业素养、专业能力、工作成果三个方面进行。总分90～100为优，80～89为良，70～79为中，60～69为合格，60分以下为不合格。

考核项目	评价内容	分值	评价分数		
			个人自评	小组互评	教师评价
职业素养	穿戴、仪容仪表符合工作要求	5			
	具备安全意识、责任意识、服从意识	6			
	积极参加教学活动，按时完成各种学习任务	6			
	团队合作意识强，善于与人交流和沟通	6			
	遵守纪律、尊重师长、团结同学	6			
	管理现场符合6S标准	6			
专业能力	能列出本任务所用工具、材料	10			
	按要求连接电路	15			
	按要求完成测量	10			
工作成果	电路连接正确，找出电路中电阻的串并联关系	20			
	测量数据准确，记录规范	10			
总分		100			
总评	个人自评×20%＋小组互评×20%＋教师评价×60%	综合等级			
教师(签名)：					

〖课后作业与思考〗

1. 汽车多挡冷暖风机电路如图1-17所示。

(1) 简述其工作原理。

(2) 若将多挡开关打到低位挡和中位挡时没有风，但打到中-高位挡和高位挡时出风正常。请找出电路的故障点，并加以说明。

2. 一电阻标称值为10 Ω、10 W，在8 V的电压下工作，其工作电流为多少？若工作12 h，用电量是多少？若在12 V电压下工作，情况又怎样？

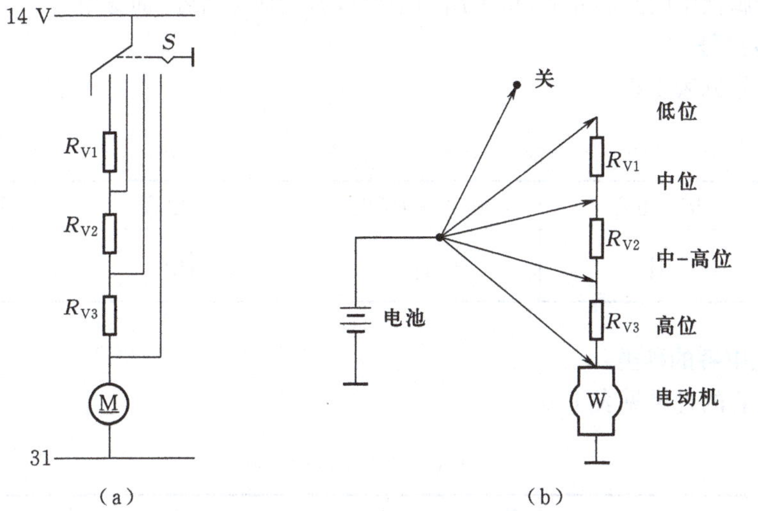

图 1-17　汽车多挡冷暖风机电路

〖课外阅读〗

惠斯通电桥的发明人

在测量电阻及其他电学实验时，经常会用到一种叫作惠斯通电桥的电路，它可以用来精确测量未知电阻器的电阻值，其原理和原始的电位计相近。很多人认为这种电桥是惠斯通发明的，其实，这是一个误会，这种电桥是由英国发明家克里斯蒂安(Christian)在1833年发明的。但是由于惠斯通是第一个用它来测量电阻，并将其改进及推广为一种测量工具的人，所以人们习惯上把这种电桥称为惠斯通电桥。

这个故事告诉我们，学习知识很重要，但是善于运用知识更重要。在学习过程中，应该学通、悟透，将其变成自己的知识和能力。

任务 1.4　电容的认知与检测

〖任务布置〗

识别与检测实训室提供的5个电容(瓷片电容、电解电容、CBB电容、涤纶电容和贴片电容各1个)。

〖任务分析〗(知识模块)

为了顺利完成本任务，需要学习和掌握电容符号、种类、标注，电容器的参数、特点，电容元件的作用，电容元件好坏的检测相关知识点。

两块金属板中间充满介质，再引出两个电极就构成电容器，简称电容。

1. 电容符号

电容符号见表 1-5。

表 1-5　电容符号

种类	固定电容	有极性的电解电容	微调电容	可调电容
符号	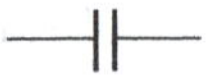	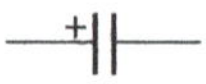		

2. 常见电容的种类

常见电容的种类见表 1-6。

表 1-6　常见电容的种类

种类	瓷介电容	聚酯薄膜(涤纶)电容	电解电容	金属膜电容
外观		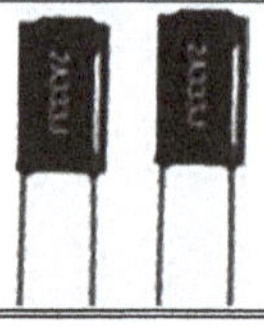		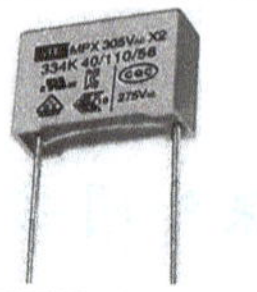
种类	钽电容	聚丙烯(CBB)电容	独石电容	云母电容
外观				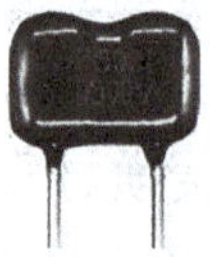

3. 电容的标注

(1) 直标法。如图 1-18(a)所示，该电容的容量及耐压是“470 μF，450 V”。电解电容有正、负极性，有“—”标记的为负极引线(短脚)，另一边为正极引线(长脚)。

(2) 文字符号标注法。使用文字符号法标注时，容量整数部分写在容量单位符号的前面，容量小数部分写在容量单位符号的后面，如图 1-18(b)所示。

(3) 数标法。一般用 3 位数字表示电容容量的大小，其单位为 pF。其中第一位、第二位数为有效值数字，第三位数表示倍乘数，如图 1-18(c)所示。

(a) 直标法　　(b) 文字符号标注法　　(c) 数标法

图 1-18　电容的标注

允许误差见表 1-7。

表 1-7　允许误差

标注符号	D	F	G	J	K	M
允许误差	±0.5%	±1%	±2%	±5%	±10%	±20%

(4) 色标法。与色环电阻类似，色环电容通常用 3 条或 4 条色环来标注容量，色环电容的基本单位是 pF。

如图 1-19 所示，沿着电容的引线方向，四色环电容第 1、第 2 条色环表示容量的有效数字，第 3 条色环表示倍率，第 4 条色环表示允许误差（有的没有表示出来）；某些型号的电容仅标注 2～3 个色环，则这种较宽的色环颜色根据不同色环宽度代表有 2 个或 3 个相同的数字。

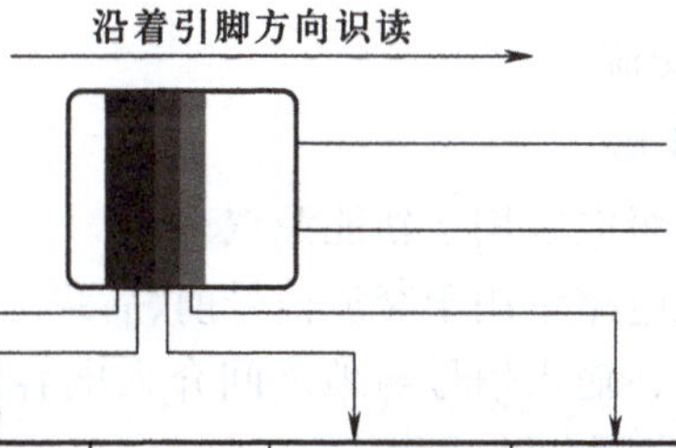

颜色	第1环	第2环		第3环	第4环
黑色	0	0	0	10^0	
棕色	1	1	1	10^1	±1%
红色	2	2	2	10^2	±2%
橙色	3	3	3	10^3	
黄色	4	4	4	10^4	
绿色	5	5	5	10^5	±0.5%
蓝色	6	6	6	10^6	±0.25%
紫色	7	7	7	10^7	±0.10%
灰色	8	8	8		±0.05%
白色	9	9	9		
金色				10^{-1}	±5%
银色				10^{-2}	±10%
无色					±20%
颜色	第1环	第2环	第3环	第4环	第5环

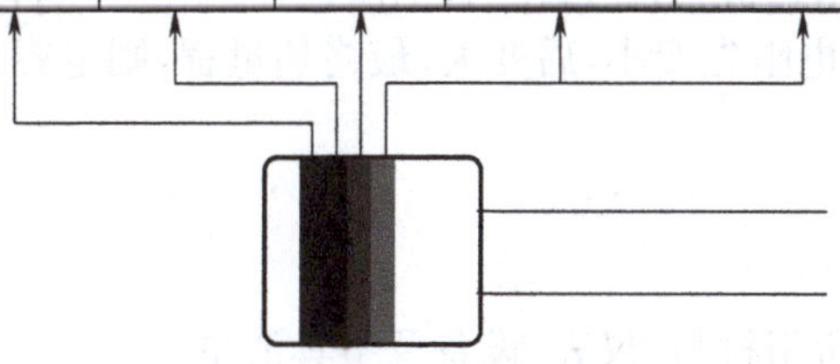

图 1-19　电容的色标法

4. 电容器的参数

(1) 电容量

电容量是表征电容器储存电荷本领的物理量,其大小等于电容器任一极板上所储存的电荷量 q 与两极板间电压 u 的比值,用符号 C 表示,即

$$C=\frac{q}{u}$$

电容量的单位是 F(法拉或法),常用的还有 μF(微法)、pF(皮法)等。

(2) 电容器的额定工作电压

电容器的额定工作电压是指在线路上能够长期可靠地工作而不被击穿时所能承受的最大直流电压(又称耐压)。

5. 电容器的特点

(1) 充电和放电。电容器充电可储存电能 $W_C=\int_0^u Cu\,\mathrm{d}u=\frac{1}{2}Cu^2$。

(2) 隔直流,通交流。

6. 电容元件的作用

(1) 储能。如超级电容用于新能源汽车中。

(2) 耦合。放大电路中用于交流信号前、后级之间的信号传递。

(3) 旁路。通过在输入信号与地之间介入电容,把输入信号中的高频噪声作为滤除对象,把前级携带的高频杂波滤除。

(4) 去耦(又称退耦)。通过在输出信号与地之间接入电容,把输出信号的干扰作为滤除对象。

7. 电容元件好坏的检测

方法一:利用数字万用表的"电容挡"。

首先,将电容两端短接,对电容进行放电,这一步是为了确保数字万用表的安全;其次,将功能旋转开关拧至电容(C)测量挡,并选择合适的量程;再次,将电容插入万用表的"C－X"插孔;最后,读出 LCD 显示屏上数字并与标称值比较,如相差不超过一个数量级,则电容是好的。

方法二:利用数字万用表的"电阻挡"。由于电容具有充、放电特性,据此可判断电容好坏。

首先,将电容两端短接,对电容进行放电,这一步是为了确保数字万用表的安全;其次,将功能旋转开关拧至电阻测量挡,并选择合适的量程;再次,将万用表红、黑表笔接在电容器两个管脚(对于电解电容,要红表笔接长管脚"＋",黑表笔接短管脚"－");最后,观察测量值变化,如果电阻先变小,后变大,最终超量程,则电容是好的。

〖任务实施〗

1. 列出本任务所用材料、仪表、设备及工具清单。

序号	名称	规格型号	单位	数量	备注

2. 识读实训室提供的 5 个电容的种类、容量、耐压、误差等参数。参照步骤提示，用万用表电阻挡测量 5 个电容的性能情况，并填入表中。

(1) 用万用表电阻挡测量电容的步骤提示。

序号	步骤	具体操作
1	选择量程	1 pF～47 μF 的电解电容可选用 R×1k 挡，47～1 000 μF 的电解电容可选用 R×100 挡
2	欧姆调零	将万用表的两支表笔短接后，调节欧姆调零旋钮，使指针在欧姆刻度线的零位上。每换一次挡位都要重新进行欧姆调零
3	测量正向电阻	将红表笔、黑表笔接触。在刚接触的瞬间，万用表指针向右偏转较大幅度，然后逐步向左回转，直到停在某一位置。此时的阻值为电解电容的正向电阻。正向电阻越大，说明漏电流越小，电容性能越好

(2) 测量结果。

序号	种类	标称容量	耐压	误差	测量选择挡位	性能情况
1						
2						
3						
4						
5						

〖任务评价〗

本任务评价包括个人自评、小组互评和教师评价。其中，个人自评和小组互评各占 20%，教师评价占 60%。任务评价主要从职业素养、专业能力、工作成果三个方面进行。总分 90～100 为优，80～89 为良，70～79 为中，60～69 为合格，60 分以下为不合格。

考核项目	评价内容	分值	评价分数		
			个人自评	小组互评	教师评价
职业素养	穿戴、仪容仪表符合工作要求	5			
	具备安全意识、责任意识、服从意识	6			
	积极参加教学活动，按时完成各种学习任务	6			
	团队合作意识强，善于与人交流和沟通	6			
	遵守纪律、尊重师长、团结同学	6			
	管理现场符合 6S 标准	6			
专业能力	能列出本任务所用工具、材料	10			
	用万用表电阻挡测量电容方法正确	15			
	能识别电容类型	10			
工作成果	能准确判断电容好坏	20			
	测量数据准确，记录、描绘规范	10			
总分		100			
总评	个人自评×20%＋小组互评×20%＋教师评价×60%	综合等级			
教师（签名）：					

〖课后作业与思考〗

1. 请给出电容的电气符号和主要参数。
2. 简述电容的特性。
3. 如何用万用表检测电容的好坏？

〖课外阅读〗

超级电容器

超级电容器又称电化学电容器、法拉电容，是 20 世纪七八十年代发展起来的一种新型的储能装置。它是一种介于传统电容器与电池之间，具有特殊性能的电源，主要依靠双电层和氧化还原假电容电荷储存电能，因而不同于传统的化学电源。超级电容器的突出优点是相比传统电容器电容量大（0.1～1 000 F）、功率密度高（可达 300～5 000 W/kg，相当于电池的 5～10 倍）、充放电时间短（充电 10 s～10 min 可在其额定容量的 95%以上）、循环使用寿命长（深度充放电循环使用次数可达 50 万次，没有“记忆效应”）、工作温度范围宽（−40～70 ℃）。

超级电容器从诞生到现在，已经历了多年的发展历程。微型超级电容器在小型机械设备上得到广泛应用，如计算机内存系统、照相机、音频设备和间歇性用电的辅助设施。

而大尺寸的柱状超级电容器则多被用于汽车领域和自然能源采集，并可预见在该两大领域的未来市场上，超级电容器有着巨大的发展潜力。

随着我国新能源产业的发展，中国的超级电容器产业发展势头非常强劲。中车新能源与集盛星泰公司的合并，成为世界上最大的超级电容器生产企业之一。同时，中国的超级电容市场规模也位居国际前列。中国超级电容的应用领域，也从传统的超级电容器应用领域(包括电力储能、风力变桨，回收港机的能量，车辆的制动回收能量)，创新地拓展了轨道交通的纯电容驱动，公交车的纯电容驱动，既开拓了巨大的新兴市场，又打破了国际上“超级电容器只能作为辅助电源”的传统观念，从而激发了更多的产业想象。电池型电容新技术的开拓与电源管理技术，则带来了光伏照明行业的新应用与新发展，在使用寿命与使用便捷性方面，大大超越了传统锂离子电池。

任务 1.5 电感的认知与检测

〖任务布置〗

学校实训室有一批电感，判断其是否存在质量问题，并说明具体存在什么问题。

〖任务分析〗(知识模块)

1. 电感线圈

电感线圈是利用电磁感应原理进行工作的元件。当有电流流过一根导线时，这根导线的周围会产生一定的电磁场，而这个电磁场中的导线本身又会对处在这个电磁场范围内的导线产生感应作用。对产生电磁场的导线本身发生的作用，称为自感，即导线自己产生的变化电流产生变化磁场，这个磁场又进一步影响了导线中的电流；对处在这个电磁场范围的其他导线产生的作用，称为互感。常见的电感线圈如图 1-20 所示。

电感元件是从实际的电感线圈抽象出来的理想模型元件，电感元件简称电感。

2. 电感元件

电感元件的符号如图 1-21 所示。

图 1-20　电感线圈

图 1-21　电感元件的符号

电感参数(L)称为自感系数，由电感本身的结构决定，单位为 H(亨利)，常用 mH(毫亨利)表示，1 H=10^3 mH。

3. 电感元件的特点

(1) 储能。电感储能 $W_L=\int_0^i Li\,di=\frac{1}{2}Li^2$ J。

(2) 通直流，阻交流。直流电很容易通过线圈，但交流电难以通过，而且交流电的频率越高，就越难以通过。

4. 电感元件的作用

电感元件可以通直流、阻交流，在电路中主要起扼流、滤波、振荡等作用。

(1) 扼流。电感线圈用来阻止低频交流电、脉动直流电流向纯直流电路，用于整流电路输出端两个滤波电容的中间，以防止高频电流向低频端，如老式再生式收音机中的高频扼流圈。

(2) 滤波。电感线圈阻止整流后的脉动直流电流向纯直流电路。利用电容的充放电作用和电感线圈通直流、阻交流的特性得到波形平滑的直流电。

(3) 振荡。振荡器的波形有正弦波、锯齿波、梯形波，整流就是把交流电转换成直流电，振荡则相反，即把直流电转换成交流电。

电感线圈还有筛选信号、过滤噪声、稳定电流及抑制电磁波干扰等作用。

5. 电感元件好坏的检测

由于电感线圈均为漆包线绕制而成，因此其直流电阻较小，利用这一原理可使用数字万用表快速、简易判断电感元件的好坏，方法如下：将数字万用表置于“通断挡”，将万用表红、黑表笔接在电感元件两个管脚，观察读数，如果较小(一般在零点几欧到几欧之间)，则电感元件是好的；如果测不出来(超量程)，则电感元件已坏。

〖任务实施〗

1. 列出本任务所用材料、仪表、设备及工具清单。

序号	名称	规格型号	单位	数量	备注

2. 外观检查。对电感线圈逐一进行检查并记录。

电感编号	外观是否破裂	线圈是否松动	引脚是否折断	外表是否有标称值	其他外观问题

3. 万用表检测。将万用表置于欧姆挡，用两表笔分别碰接电感线圈的引脚，对电感线圈逐一进行检测并记录。

故障现象	可能存在的问题	此故障现象电感编号
电阻值较正常值小很多	电感线圈内部线路有短路现象	
阻值无穷大	电感线圈或引脚等发生了断路	

4. 故障记录与排除。如实记录工作实施过程中的故障现象及排除过程。

〖任务评价〗

本任务评价包括个人自评、小组互评和教师评价。其中，个人自评和小组互评各占20%，教师评价占60%。任务评价主要从职业素养、专业能力、工作成果三个方面进行。总分90～100为优，80～89为良，70～79为中，60～69为合格，60分以下为不合格。

考核项目	评价内容	分值	评价分数		
			个人自评	小组互评	教师评价
职业素养	穿戴、仪容仪表符合工作要求	5			
	具备安全意识、责任意识、服从意识	6			
	积极参加教学活动，按时完成各种学习任务	6			
	团队合作意识强，善于与人交流和沟通	6			
	遵守纪律、尊重师长、团结同学	6			
	管理现场符合 6S 标准	6			
专业能力	能列出本任务所用工具、材料	10			
	用万用表测量电感方法正确	15			
	会检查电感外观	10			
工作成果	能准确判断电感好坏	20			
	测量数据准确，记录、描绘规范	10			
总分		100			
总评	个人自评×20%+小组互评×20%+教师评价×60%	综合等级			
教师(签名)：					

〖课后作业与思考〗

请查找资料并学习如何自制一定电感量大小的电感线圈。请检索自制视频，并与同组同学分享；如有条件可以自制一个电感线圈。

〖课外阅读〗

钻研，打破高速动车组转向架生产瓶颈难题——宁允展

宁允展出身工匠家庭，在身为工匠的父亲的耳濡目染下，宁允展从小就喜欢手艺。1991 年，19 岁的宁允展从铁路技校毕业，进入当时的四方机车车辆厂(南车四方股份公司前身)，从事车辆钳工工作，一干就是三十多年。

宁允展是高铁首席研磨师，国内第一位从事高铁转向架“定位臂”研磨的工人，也是这道工序最高技能水平的代表，被同行称为“鼻祖”。从他和他的团队手中研磨完成的转向架装上了 673 列高速动车组，奔驰了 9 亿多千米，相当于绕地球 2 万多圈。他执着于创新研究，主持的多项课题和发明的多种工装每年可为公司节约创效近 300 万元。自 1991 年进入公司后，宁允展一直扎根生产一线，主要从事高速动车组转向架研磨、装配工作。从

业以来，他立足本职，兢兢业业，从他手中研磨完成的产品创造了十余年无次品的纪录，为高铁列车的高质量生产作出了突出贡献。

任务 1.6 导线的认知与检测

〖任务布置〗

参照图 1-22 所示接线图，完成实训台导线的连接。

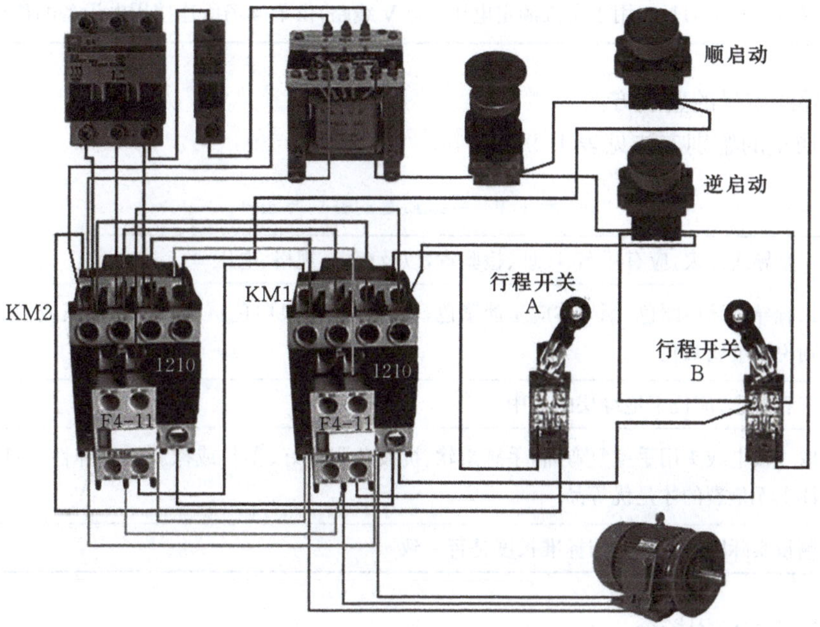

图 1-22　任务接线图

〖任务分析〗（知识模块）

1. 导线和电缆

（1）常见导线的型号及用途

常见导线的型号及用途见表 1-8。

表 1-8　常见导线的型号及用途

名称	型号	主要用途
铜芯塑料线	BV	用于交流额定电压 500 V 或直流额定电压 1 000 V 的室内固定敷设线路
铜芯塑料护套线	BVV	用于交流额定电压 500 V 或直流额定电压 1 000 V 的室内固定敷设线路

续表

名称	型号	主要用途
铜芯塑料软线	BVR	用于交流额定电压 500 V,并要求电线比较柔软的敷设线路
双绞型塑料软线	RVS	用于交流额定电压 250 V,连接小型用电设备的移动或半移动室内敷设线路
橡皮绝缘导线	BX	用于交流额定电压 250 V 或 500 V 线路,供干燥或潮湿的场所固定敷设
铜芯橡皮软线	BXR	用于交流额定电压 500 V 线路,供干燥或潮湿场所连接用电设备的移动部分
铜芯橡皮花线	BXH	用于交流额定电压 250 V 线路,供干燥场所连接用电设备的移动部分

(2) 导线质量的鉴别方法

导线质量的鉴别方法见表 1-9。

表 1-9 导线质量的鉴别方法

三看	一看导线外表,应有厂名、厂址、检验章,以及商标、规格、电压
	二看导线导体颜色,铜导体应呈淡紫色,铝导体应呈银白色。若铜表面发黑或铝表面发白,则说明金属氧化
	三看线芯,应位于绝缘层的正中
一试	取一根电线头用手反复弯曲,手感柔软、抗疲劳强度好、塑料或橡胶手感弹性大且电线绝缘体上无龟裂的才是优等品
一量	测量实际购买的导线与标准长度是否一致

(3) 导线的应用场合

导线的选择应适合于工作条件(如电压、电流、电击的防护,电缆的分组)且受外界影响(如环境温度、存在水或腐蚀性物质和机械应力)较小。

一般情况下,导线为铜质。虽然 1 类导线主要用于固定的部件之间,但它们也可用于出现极小弯曲的场合,条件是截面积小于 0.5 mm^2。易遭受频繁运动(如机械工作每小时运动一次)的所有导线,均应采用 5 类或 6 类绞合软线。导线的应用场合见表 1-10。

表 1-10 导线的应用场合

类别	说明	用法/用途
1 类	铜或铝圆截面硬线,截面积一般大于 16 mm^2	只用于无振动的固定安装
2 类	铜或铝最少股的绞芯线,截面积一般大于 25 mm^2	
5 类	多股细铜绞合线	用于有振动机械的安装(连接移动部件)
6 类	多股极细铜软线	用于频繁运动

(4) 绝缘层常用的材料

绝缘层常用的材料有聚氯乙烯(PVC)、天然或合成橡胶、硅橡胶(SiR)、无机物、交联聚乙烯(XLPE)、乙烯丙烯共聚物(EPR)等。

(5) 导线截面积

导线截面积见表 1-11。

表 1-11　导线截面积

位置	用途	铜导线的最小截面积/mm^2				
		单芯绞线	单芯硬线	双芯屏蔽线	双芯无屏蔽线	三芯或三芯以上屏蔽线或无屏蔽线
外壳外部	正常配线	1	1.5	0.75	0.75	0.75
	频繁运动机械部件的连接	1		1	1	1
	小电流(<2 A)电路中的连接	1	1.5	0.3	0.5	0.3
	数据通信配线					0.08
外壳内部	正常配线	0.75	0.75	0.75	0.75	0.75
	小电流(<2 A)电路中的连接	0.2	0.2	0.2	0.2	0.2
	数据通信配线					0.08

2. 配线技术

(1) 连线和布线的一般要求

① 所有连接,尤其是保护接地电路的连接应牢固,没有意外松脱的危险。

② 连接方法应与被连接导线的截面积及导线的性质相适应。

③ 只有专门设计的端子,才允许一个端子连接两根或多根导线,但一个端子只应连接一根接地电路保护导线。

④ 只有提供的端子适用于焊接工艺要求才允许焊接连线。

⑤ 接线座的端子应清楚标明与电路图上一致的标识。

⑥ 软导线管和电缆的敷设应使液体能排离该装置。

⑦ 当元器件或端子不具备端接多股芯线的条件时,应提供拢合绞芯束的办法。

⑧ 屏蔽导线的端接应防止绞合线磨损并容易拆卸。

⑨ 识别标牌应清晰、耐久,适合于实际环境。

⑩ 接线座的安装和接线应使内部和外部配线不跨越端子。

(2) 导线和电缆的敷设要求

① 导线和电缆的敷设应使两端子之间无接头或拼接点。

② 为满足连接和拆卸电缆与电缆束的需要,应提供足够的附加长度。

③ 如果导线端部会受到一定的张力,则多芯电缆端部应夹牢。

④ 只要可能就应将保护导线靠近有关的负载导线安装,以便减小回路阻抗。

〖任务实施〗

1. 列出本任务所用工具、材料。

序号	名称	规格型号	单位	数量	备注

2. 按照实训台接线图完成导线的连接，并记录过程。

3. 如实记录任务实施过程中的故障现象及排除过程。

〖任务评价〗

本任务评价包括个人自评、小组互评和教师评价。其中，个人自评和小组互评各占20%，教师评价占60%。任务评价主要从职业素养、专业能力、工作成果三个方面进行。总分90～100为优，80～89为良，70～79为中，60～69为合格，60分以下为不合格。

<table>
<tr><th rowspan="2">考核项目</th><th rowspan="2">评价内容</th><th rowspan="2">分值</th><th colspan="3">评价分数</th></tr>
<tr><th>个人自评</th><th>小组互评</th><th>教师评价</th></tr>
<tr><td rowspan="6">职业素养</td><td>穿戴、仪容仪表符合工作要求</td><td>5</td><td></td><td></td><td></td></tr>
<tr><td>具备安全意识、责任意识、服从意识</td><td>6</td><td></td><td></td><td></td></tr>
<tr><td>积极参加教学活动，按时完成各种学习任务</td><td>6</td><td></td><td></td><td></td></tr>
<tr><td>团队合作意识强，善于与人交流和沟通</td><td>6</td><td></td><td></td><td></td></tr>
<tr><td>遵守纪律、尊重师长、团结同学</td><td>6</td><td></td><td></td><td></td></tr>
<tr><td>管理现场符合6S标准</td><td>6</td><td></td><td></td><td></td></tr>
<tr><td rowspan="3">专业能力</td><td>能列出本任务所用工具、材料</td><td>10</td><td></td><td></td><td></td></tr>
<tr><td>会按电路图完成连线</td><td>15</td><td></td><td></td><td></td></tr>
<tr><td>能根据主电路和控制电路选用不同的导线</td><td>10</td><td></td><td></td><td></td></tr>
<tr><td rowspan="2">工作成果</td><td>安装符合规范，线路功能满足要求</td><td>20</td><td></td><td></td><td></td></tr>
<tr><td>测量数据准确，记录、描绘规范</td><td>10</td><td></td><td></td><td></td></tr>
<tr><td colspan="2">总分</td><td>100</td><td></td><td></td><td></td></tr>
<tr><td>总评</td><td>个人自评×20%＋小组互评×20%＋教师评价×60%</td><td>综合等级</td><td colspan="3"></td></tr>
<tr><td colspan="6">教师(签名)：</td></tr>
</table>

〖课后作业与思考〗

某修理厂的照明负载为额定电压220 V，额定功率5 kW，电源总线采用双芯塑料绝缘导线且穿塑料管，若采用铝芯和铜芯时，分别应选择多大的导线截面积？

〖课外阅读〗

35年无悔的坚守——胡双钱

“学技术是其次，学做人是首位，干活儿要凭良心。”胡双钱喜欢把这句话挂在嘴边，这也是他技工生涯的注脚。

胡双钱是上海飞机制造有限公司的高级技师，坚守岗位35年。他对质量的坚守，已经是融入血液的习惯。他用自己总结归纳的“对比复查法”和“反向验证法”，在飞机零件制造岗位上创造了加工数十万个零件零差错的纪录，人称“航空手艺人”。曾获全国劳动模范、全国“五一”劳动奖章、上海市质量金奖等荣誉称号。

任务 1.7 电源的认知与检测

〖任务布置〗

识别与检测实训室提供的5个电池(1.5 V 1号、5号、7号干电池，3 V纽扣电池和9 V仪表电池各1个)。

〖任务分析〗(知识模块)

电源是电路的主要元件之一，是电路中电能的来源。电源的种类较多，按其特性可分为两大类，即电压源(如干电池、蓄电池、发电机等)和电流源(如光电池、稳流电源等)。同时，由于电源参数(电动势、内阻等)是由自身决定的，与外电路无关，故又称其为独立电源(简称独立源)，通常所说的电源特指此类独立电源。

1. 电压源

(1) 理想电压源模型

理想电压源模型如图1-23(a)所示，其电路形式和电动势模型一致，其对外输出电压等于电源电动势。

(2) 伏安特性

理想电压源伏安特性如图1-23(b)所示，其输出电压与输出电流无关，恒等于电源电动势。

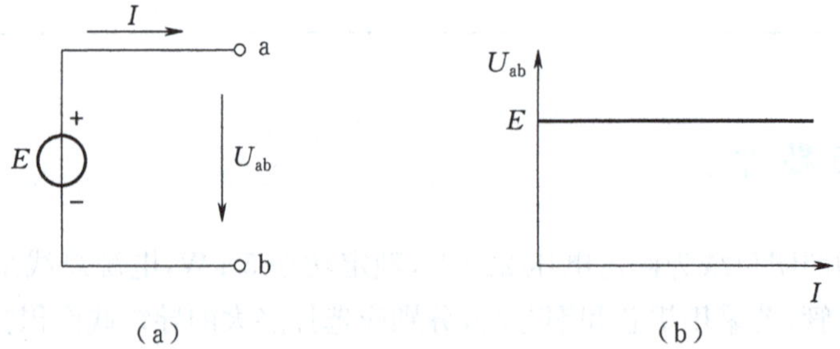

图1-23 理想电压源模型及伏安特性

(3) 特点

① 输出电压不变，其值恒等于电动势，即

$$U_{ab} \equiv E \quad (\text{恒压源})$$

② 电源中的电流 I 由外电路决定，即

$$I=\frac{E}{R_L}$$

2. 实际电压源模型与伏安特性

实际电压源模型如图 1-24(a)所示，由欧姆定律可得其输出电压 U 与输出电流 I 关系为

$$U=E-IR_0$$

可见，实际电压源内阻越大，输出电流越大，其端电压越低。

实际电压源伏安特性如图 1-24(b)所示，从图中可以看出：内阻越大，输出电流越大，其端电压越低；电源内阻 R_0 越小，特性越平，电压源性能越好。当 $R_0=0$ 时为理想电压源。

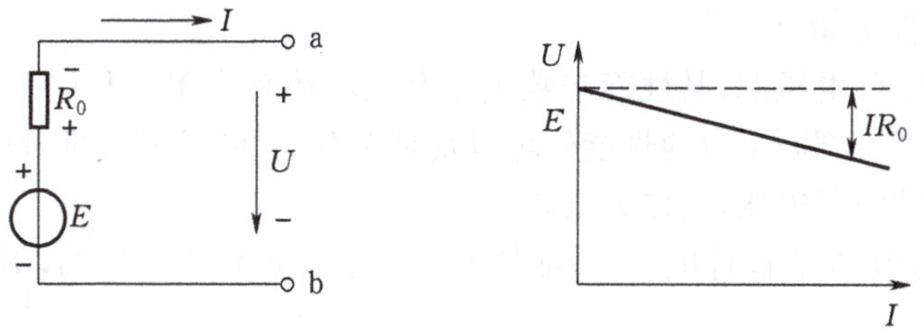

（a）　（b）

图 1-24　实际电压源模型及伏安特性

3. 电流源

(1) 理想电流源模型与伏安特性

理想电流源模型如图 1-25(a)所示，理想电流源伏安特性如图 1-25(b)所示。从图 1-25可以看出，理想电流源输出电流与输出电压无关，等于恒流源 I_S。

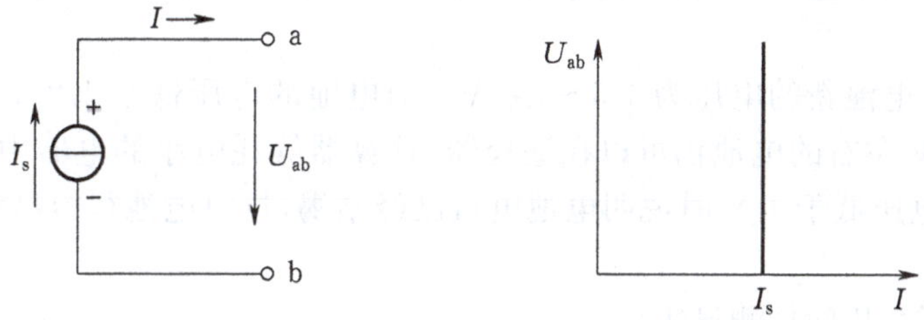

（a）　（b）

图 1-25　理想电流源模型及伏安特性

(2) 理想电流源特点

① 输出电流不变，其值恒等于电流源电流 I_S(恒流源)。

② 输出电压由外电路决定，即 $U_{ab}=I_SR_L$。

4. 实际电流源模型与伏安特性

实际电流源模型如图 1-26(a)所示，由欧姆定律可得其输出电流 I 与输出电压 U 关系为

$$I=I_S-\frac{U_{ab}}{R_0}$$

可见，实际电流源内阻越大，其输出电流变化越小，电流源性能越好。

实际电流源伏安特性如图 1-26(b)所示，从图中可以看出：电源内阻 R_0越大，特性越陡，电流源性能越好。当 $R_0=\infty$时为理想电流源。

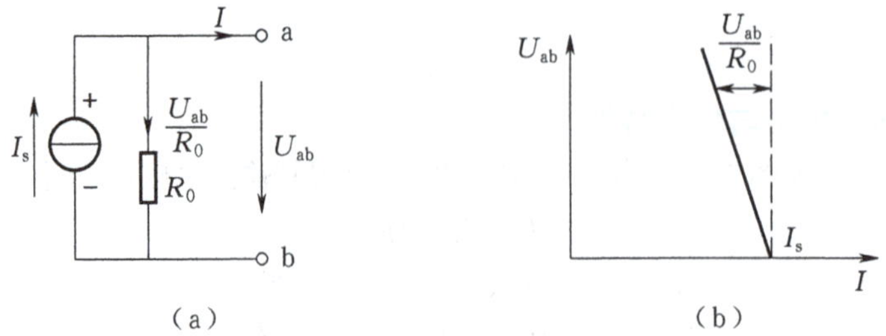

图 1-26　实际电流源模型及伏安特性

5. 干电池性能测量

干电池属于实际电压源，其性能参数主要有电动势和内阻。利用万用表测量干电池的电动势和内阻即可判断干电池性能好坏以及是否有电(可以正常使用)。电动势可以利用万用表测量电池空载电压，具体方法如下。

(1) 先确定干电池的标称电压，通常是 1.5 V(也有 6 V 或 9 V 的，不常见)，一般标在电池外壳上。

(2) 将万用表按正确的位置水平或垂直放置。

(3) 选择直流电压挡，并根据先前的估读，选择合适的量程。大部分万用表都有直流电压 2 V 或 2.5 V 的量程，如待测电池是 1.5 V 干电池，就选上述量程即可。

(4) 将红表笔插入"+"端口，黑表笔接入"COM"或"＊"端口。不同型号的万用表接线插口标识繁多，应注意分辨。

(5) 将黑表笔连接电池负极，红表笔连接电池正极，待指针摆动停止后读数，读数时应保持指针与表盘垂直，或者有些表盘上带有减小读数误差的反光镜，这时应使表针与镜中的像重合。

(6) 通常干电池新的电压为 1.5～1.6 V。旧电池的电压低于 1.2 V 时基本可以认为没电了，1.4 V 左右的电池仍可以在遥控器、计算器等耗电小的电器中继续使用一段时间。当电池电压低于 1 V 时说明电池电量已经枯竭，这时电池很容易漏液，应及时从电器中取出。

内阻测量需采用间接测量法。

〖任务实施〗

1. 列出本任务所用材料、仪表、设备及工具清单。

序号	名称	规格型号	单位	数量	备注

2. 实训室提供了 5 个电池(1.5 V 1 号、5 号、7 号干电池,3 V 纽扣电池和 9 V 仪表电池各 1 个),用万用表检测其电动势(开路电压)并判断它们的好坏,填入下表中。

序号	电池名称	电动势(开路电压)测量值	判断好坏(是否可用)
1			
2			
3			
4			
5			

3. 实训室提供了 5 个电池(1.5 V 1 号、5 号、7 号干电池,3 V 纽扣电池和 9 V 仪表电池各 1 个),用万用表检测其短路电流,计算其内阻,并判断它们的好坏,填入下表中。

序号	电池名称	短路电流测量值	计算其内阻	判断好坏(是否可用)
1				
2				
3				
4				
5				

〖任务评价〗

本任务评价包括个人自评、小组互评和教师评价。其中,个人自评和小组互评各占 20%,教师评价占 60%。任务评价主要从职业素养、专业能力、工作成果三个方面进行。总分 90~100 为优,80~89 为良,70~79 为中,60~69 为合格,60 分以下为不合格。

考核项目	评价内容	分值	评价分数		
			个人自评	小组互评	教师评价
职业素养	穿戴、仪容仪表符合工作要求	5			
	具备安全意识、责任意识、服从意识	6			
	积极参加教学活动,按时完成各种学习任务	6			
	团队合作意识强,善于与人交流和沟通	6			
	遵守纪律、尊重师长、团结同学	6			
	管理现场符合 6S 标准	6			
专业能力	能列出本任务所用工具、材料	10			
	会用万用表测量电池开路电压和短路电流	15			
	会区分电池种类	10			

续表

考核项目	评价内容	分值	评价分数		
			个人自评	小组互评	教师评价
工作成果	能根据测量结果判断电池好坏	20			
	测量数据准确，记录、描绘规范	10			
总分		100			
总评	个人自评×20%＋小组互评×20%＋教师评价×60%	综合等级			
教师(签名)：					

〖课后作业与思考〗

请上网检索干电池、蓄电池内阻的测量方法，以及判断干电池、蓄电池电量是否充足的标准。

〖课外阅读〗

深海钳工——管延安

管延安以匠人之心追求技艺的极致，让海底隧道成为他实现梦想的平台。港珠澳大桥是在“一国两制”框架下粤、港、澳三地首次合作共建的超大型跨海交通工程。岛隧工程是大桥的控制性工程，是我国首条外海沉管隧道，也是世界上最长的公路沉管隧道。工程严格采用世界最高标准，设计、施工难度均为世界之最，被誉为“超级工程”。岛隧工程的建设标志着中国从桥梁建设大国走向桥梁建设强国。管延安是中交港珠澳大桥岛隧工程Ⅴ工区航修队的钳工，负责沉管舾装和管内压载水系统安装等相关作业。经他安装的沉管设备，已成功完成18次海底隧道对接任务，从未出现问题。

18岁时，管延安就开始跟着师傅学习钳工。“干一行，爱一行，钻一行”是他对自己的要求；有空的时候就看书学习，是他最大的工余爱好。二十多年的勤学苦练和对工作的专注，心灵手巧的他不但精通錾、削、钻、铰、攻、套、铆、磨、矫正、弯形等各门钳工工艺，而且对电器安装调试、设备维修也得心应手。2013年初，管延安来到珠海牛头岛，成为岛隧工程建设大军中的一员。他负责的沉管舾装作业，导向杆和导向托架安装精度要求极高，接缝处间隙误差不得超过±1 mm，管延安做到了零缝隙。每次安装，他带领舾装班组同测量人员密切配合，利用千斤顶边安装边调整，从最初需要调整五六次到只需调整两次就可以达到“零误差”标准。

任务 1.8 识别与检测其他常用元器件

〖任务布置〗

用万用表检测各种开关元件、保险元件、接插件、电声器件、晶振等元器件的性能好坏。

〖任务分析〗(知识模块)

1. 开关元件

(1) 开关的种类

① 按极、位数可以分为单极单位开关、单极双位开关、双极双位开关、单极多位开关、多极多位开关等,开关的电路符号如图 1-27 所示。开关的活动触点称为“极”,俗称“刀”,对应同一活动触点的静止触点(活动触点各种可能的位置)称为“位”,俗称“掷”。

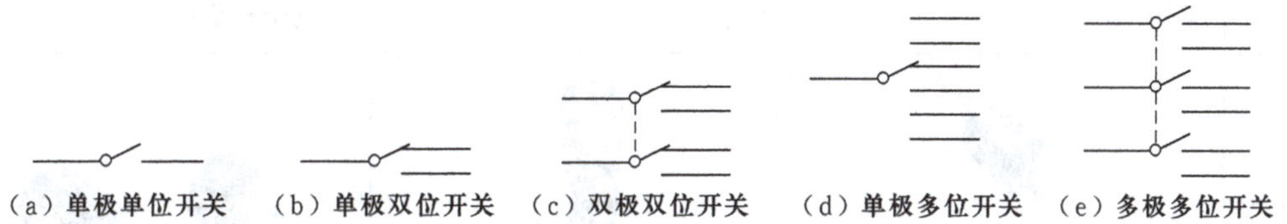

图 1-27 开关的电路符号

② 按特性、大小可以分为普通开关、微型开关、电源开关、高压开关等。

③ 按结构特点可以分为钮子开关、拨动开关、波段开关、直键开关、船型开关、按钮开关、轻触开关、薄膜开关、接近开关等。

(2) 开关的检测

开关的检测见表 1-12。

表 1-12 开关的检测

序号	步骤	具体操作
1	外观检查	观察开关的手柄是否活动自如,是否有松动现象,能否转换到位。观察引脚是否折断,紧固螺栓是否有松动现象
2	测量开关的接通电阻值	将万用表置于 R×1 挡,一支表笔接开关的“极”触点的引脚,另一支表笔接开关的“位”触点的引脚,并使开关处于接通状态。此时测得的阻值低于 0.5 Ω,若大于 0.5 Ω,表明触点之间接触不良
3	测量开关的断开电阻	将万用表置于 R×10k 挡,一支表笔接开关的“极”触点的引脚,另一支表笔接开关的“位”触点的引脚,让开关处于断开状态。此时测得的阻值为∞,若小于几百欧,表明开关触点之间有漏电
4	测量各触点之间的电阻	将万用表置于 R×10k 挡,测量各组独立触点之间的电阻值,其阻值为∞,各触点与外壳之间的电阻值也应为∞。若测出有一定阻值,则表明有漏电

(3) 开关常见故障的解决方法

开关常见故障的解决方法见表 1-13。

表 1-13　开关常见故障的解决方法

故障类型	故障现象	故障原因及解决方法
接触不良	时通、时断	触点氧化或触点表面脏污，可通过用细砂纸打磨或用无水酒精清洗触点的方法来解决
无法接通	无法接通	触点打火损坏、触点之间有漏电、工作状态无法转化等，需要更换开关

2. 保险元件

(1) 保险元件的种类

保险元件的种类见表 1-14。

表 1-14　保险元件的种类

种类	普通玻璃管熔丝(保险管)	快速熔断元件	延迟型熔丝
用途	价格低廉，使用方便，十分常用	适用于要求快速切断电路的场合	主要用在开机瞬时电流较大的电子整机中
外观			
用途	兼具电阻和熔断器的双重功能	通常安装在易发热的电子整机的变压器、功率管、电吹风、电饭锅、电钻中	常应用于音响设备
外观		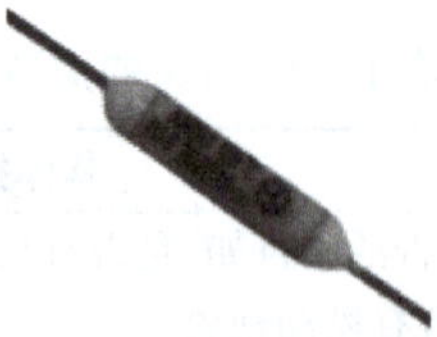	

(2) 保险元件的电路符号

保险元件的电路符号如图 1-28 所示。

(3) 保险元件的测量

通常，可用万用表电阻挡检测保险元件的好坏，测量和判断方法比较简单。导通(阻值极小)即为正常；若不通或电阻较大或忽大忽小，则表明保险元件已损坏，不能继续使用。

图 1-28　保险元件的电路符号

3. 接插件

接插件的分类如下：

(1) 按工作频率高低可分为低频接插件和高频接插件。工作频率低于100 MHz的接插件称为低频接插件，工作频率大于 100 MHz 的接插件称为高频接插件。

(2) 按外形结构可分为圆形、矩形、印制电路板与带状电缆接插件等。

4. 电声器件

(1) 驻极体电容式传声器

传声器俗称话筒。驻极体是一种永久性极化的电介质，利用这种材料制成的电容式传声器称为驻极体电容式传声器，俗称驻极体话筒。驻极体电容式传声器的外观、内部结构及电路符号如图 1-29 所示。

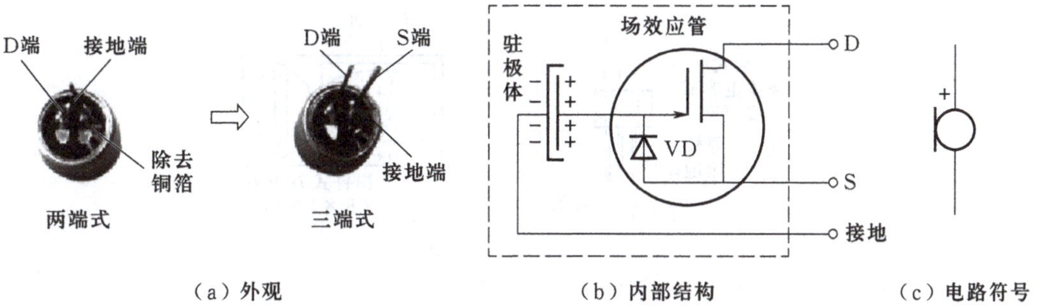

图 1-29　驻极体电容式传声器的外观、内部结构及电路符号

驻极体电容式传声器的检测方法如下：

① 判断极性。由于驻极体电容式传声器内部场效应管的漏极 D 和源极 S 直接作为电容式传声器的引出电极，所以只要判断出漏极 D 和源极 S，也就不难确定驻极体电容式传声器的电极。

如图 1-30(a)所示，将万用表拨至 R×100 或 R×1k 挡，将黑表笔接任意一极，红表笔接另外一极，读出电阻值；对调两表笔后，再次读出电阻值，比较两次测量结果，阻值较小的一次中，黑表笔所接为源极 S，红表笔所接为漏极 D。

② 检测好坏。在以上判断极性的操作中，驻极体电容式传声器正常测得的电阻值应该是一大一小。

③ 检测灵敏度。将万用表拨至 R×100 或 R×1k 挡，按照图 1-30(b)所示，黑表笔(万用表内部接电池正极)接被测两端式驻极体电容式传声器的漏极 D，红表笔接接地端(或红表笔接源极 S，黑表笔接接地端)，此时万用表指针指示在某一刻度上。再用嘴对着驻极体电容式传声器正面的入声孔吹一口气，万用表指针应有较大摆动。指针摆动范围越大，说明被测驻极体电容式传声器的灵敏度越高。如果没有反应或反应不明显，则说明被测驻极体电容式传声器已经损坏或性能下降。对于三端式驻极体电容式传声器，按照图 1-30(c)所示，黑表笔仍接被测驻极体电容式传声器的漏极 D，红表笔同时接通源极 S 和接地端(金属外壳)，然后按相同方法吹气检测即可。

(2) 动圈式话筒

动圈式话筒由磁铁、音圈、振膜和升压变压器等组成，是一种圆形音圈作为运动导体的电动式话筒。动圈式话筒的外观、内部结构及电路符号如图 1-31 所示。

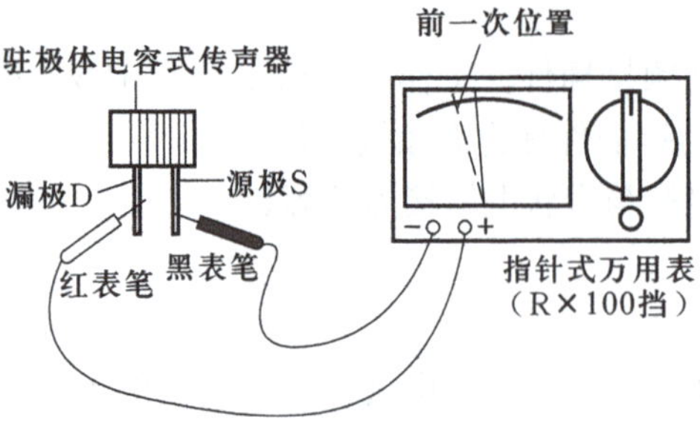

（a）判断极性与检测好坏

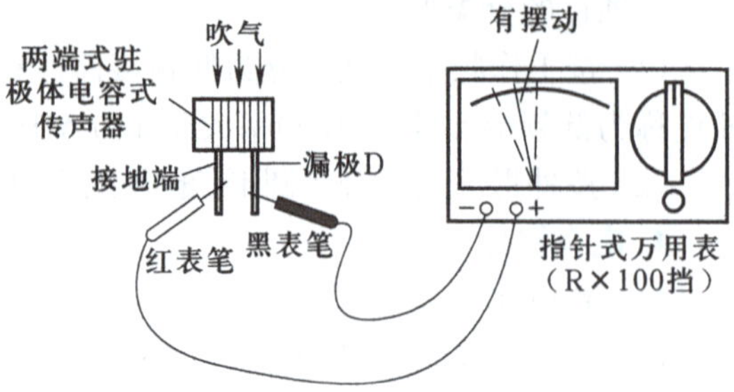

（b）检测两端式电容式传声器灵敏度

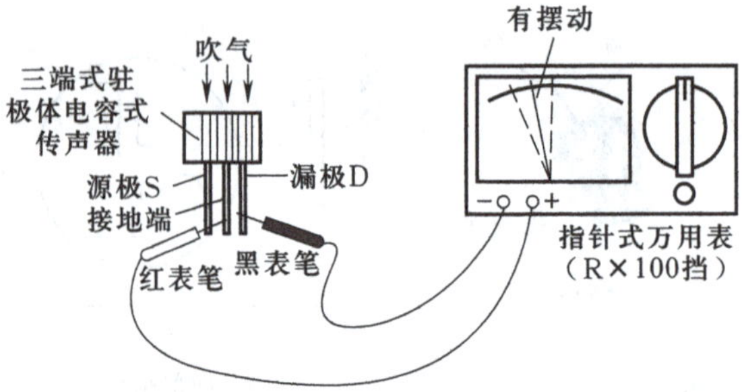

（c）检测三端式电容式传声器灵敏度

图 1-30　驻极体电容式传声器的三种检测方法

（a）外观

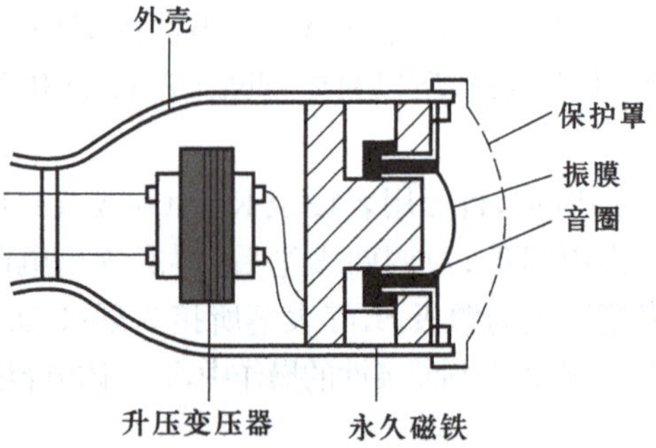

（b）内部结构

（c）电路符号

图 1-31　动圈式话筒的外观、内部结构及电路符号

动圈式话筒的检测方法如下：

① 检测低阻抗话筒。将万用表拨至 R×1 挡，高阻抗时拨至 R×100 或 R×1k 挡，两表笔分别接话筒插头里面芯线与接地屏蔽线。

② 检测动圈式话筒的灵敏度时，万用表两表笔分别接话筒插头里面芯线与接地屏蔽线。对着话筒吹气，若万用表指针摆动，说明话筒是好的，指针摆动幅度越大，话筒灵敏度越高；若指针无摆动或摆动幅度极小，说明话筒质量差或已损坏。

(3) 电动式扬声器

电动式扬声器的外观、内部结构及电路符号如图 1-32 所示。

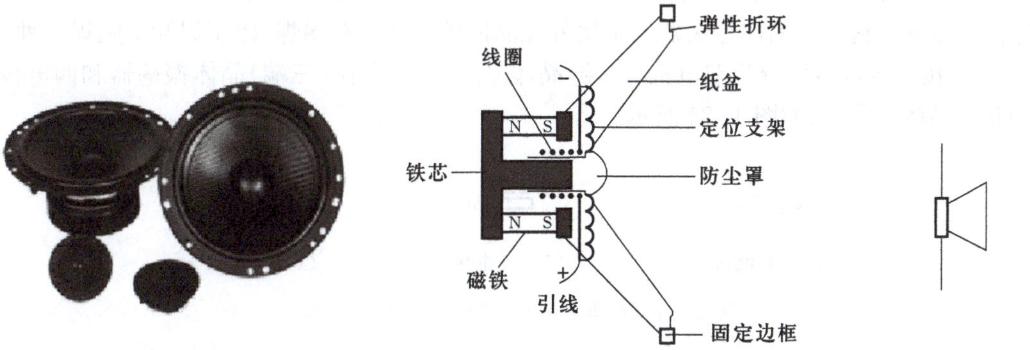

（a）外观　　（b）内部结构　　（c）电路符号

图 1-32　电动式扬声器的外观、内部结构及电路符号

① 电动式扬声器好坏的测量。用万用表测量扬声器两引脚之间的直流电阻，正常时应比铭牌所示扬声器阻抗略小。例如，8 Ω 扬声器测得的电阻正常为 7 Ω 左右。若测量阻值为无穷大，或远大于标称阻抗，说明扬声器已经损坏。

② 电动式扬声器质量的判定。测量直流电阻时，用一支表笔断续接触引脚，应该能听到扬声器发出声音，声音越大越好，若无声音，则说明扬声器音圈没有被擦圈或被卡死。

③ 电动式扬声器相位的判定。测定扬声器相位最简单的方法是使用高灵敏度表头或万用表的 50～250 μA 电流挡。将测试表与扬声器的接线头相连接，一只手扶住扬声器，另一只手用力推动一下纸盆，这时就可从表针的摆动方向来判定它们的相位。若相位相同，则表针向一个方向摆动。此时可把与红表笔相连的音圈引出头作为“+”级。

5. 石英晶体振荡器

石英晶体振荡器，简称晶振，是利用石英晶体的压电效应制成的一种频率元件，一般由石英晶体管片、支架、电极、引线、外壳等构成。石英晶体振荡器的外观、内部结构及电路符号如图 1-33 所示。

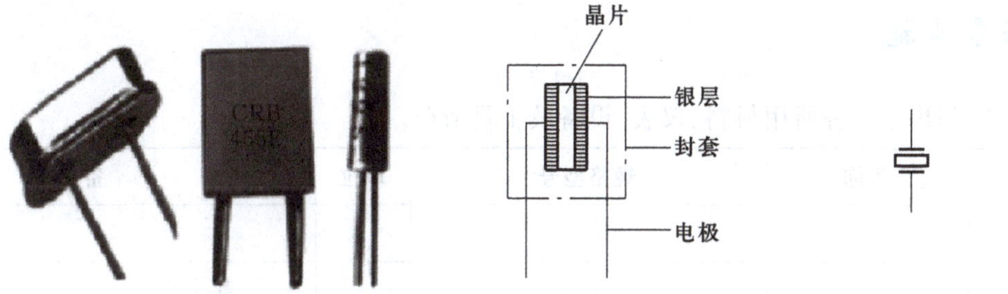

（a）外观　　（b）内部结构　　（c）电路符号

图 1-33　石英晶体振荡器的外观、内部结构及电路符号

（1）石英晶体振荡器的分类

① 按精度可分为普通石英晶体振荡器、精密石英晶体振荡器、中精密石英晶体振荡

器和高精密石英晶体振荡器。

② 按封装结构及外形可分为金属外壳晶体振荡器、玻璃外壳晶体振荡器、胶木壳晶体振荡器和塑料外壳晶体振荡器。金属外壳晶体振荡器又有锡焊、冷压焊和电阻焊三种。

③ 按电极数目可分为双电极(二端)晶体振荡器、三电极(三端)晶体振荡器和四电极(四端)晶体振荡器,如图 1-34 所示。

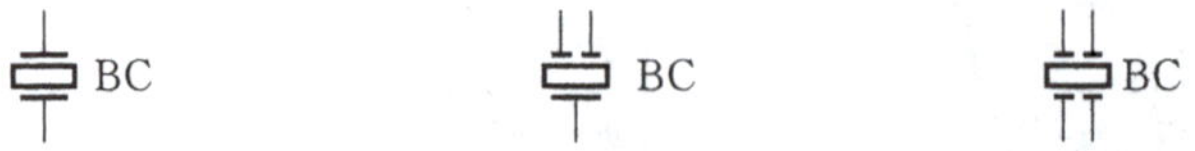

(a) 双电极　(b) 三电极　(c) 四电极

图 1-34　石英晶体振荡器按电极数目分类

④ 按用途可分为彩色电视机用晶体振荡器、影碟机用晶体振荡器、无线通信用晶体振荡器、电子钟表用晶体振荡器等。

⑤ 按基本谐振电路可分为并联晶体振荡器和串联晶体振荡器。

(2) 石英晶体振荡器的检测方法

① 用指针式万用表检测。将指针式万用表置于 R×10k 挡,用表笔接晶振的两个引脚,测量晶振的阻值,应为无穷大;若阻值过小,说明晶体漏电或短路。

② 用数字万用表检测。用数字万用表的电容挡测量晶体的容量,通过测得的容量值判断该石英晶体振荡器是否正常。常用晶体振荡器的容量参考值见表 1-15。

表 1-15　常用晶振的容量参考值

序号	频率	容量/pF(塑料或陶瓷)	容量/pF(金属)
1	400～503 kHz	320～900	—
2	3.58 MHz	56	3.8
3	4.40 MHz	42	3.3
4	4.43 MHz	40	3.0

[任务实施]

1. 列出本任务所用材料、仪表、设备及工具清单。

序号	名称	规格型号	单位	数量	备注

2. 实训室提供的 5 个不同种类的保险管、5 个不同种类的接插件，请写出保险管及接插件的名称，用万用表检测并判断它们的好坏，填入下表中。

序号	保险管名称	测量值	判断好坏	序号	接插件名称	测量值	判断好坏
1				1			
2				2			
3				3			
4				4			
5				5			

3. 实训室提供驻极体话筒、动圈式话筒、电动式扬声器、石英晶体振荡器各 1 个，请用指针式万用表检测它们的好坏，填入下表中。

序号	元器件名称	选择挡位	正向测量值	反向测量值	判断好坏
1					
2					
3					
4					
5					

〖任务评价〗

本任务评价包括个人自评、小组互评和教师评价。其中，个人自评和小组互评各占 20%，教师评价占 60%。任务评价主要从职业素养、专业能力、工作成果三个方面进行。总分 90～100 为优，80～89 为良，70～79 为中，60～69 为合格，60 分以下为不合格。

考核项目	评价内容	分值	评价分数		
			个人自评	小组互评	教师评价
职业素养	穿戴、仪容仪表符合工作要求	5			
	具备安全意识、责任意识、服从意识	6			
	积极参加教学活动，按时完成各种学习任务	6			
	团队合作意识强，善于与人交流和沟通	6			
	遵守纪律、尊重师长、团结同学	6			
	管理现场符合 6S 标准	6			

续表

考核项目	评价内容	分值	评价分数		
			个人自评	小组互评	教师评价
专业能力	能列出本任务所用工具、材料	10			
	能正确识别保险、接插件等器件种类	15			
	会用万用表检测保险、接插件等器件	10			
工作成果	能根据测量结果判断保险、接插件等器件好坏	20			
	测量数据准确,记录、描绘规范,成果质量高	10			
总分		100			
总评	个人自评×20%+小组互评×20%+教师评价×60%	综合等级			
教师(签名):					

〖课后作业与思考〗

1. 如何检测开关的好坏?
2. 如何检测保险丝(熔断器)的好坏?

〖课外阅读〗

大国工匠之大任担当的王进

王进,男,1979年生,汉族,中共党员,国网山东省电力公司检修公司输电检修中心带电班副班长,高级技师,全国第十二届青联常委,中国能源化学地质工会兼职副主席。

带电作业属于高危工种,除了对身体条件要求比较高以外,对经验、技术、心理素质要求都很高。王进相信熟能生巧,多年来,他专心学习理论知识,苦心练习技能本领,潜心练就了“一眼定、一心平、一招准”三大绝活。带电作业最怕冬天和夏天,但往往就是这两个季节作业多,夏天40 ℃的高温,王进在线上作业,嗓子干得直冒烟,一瓶水一口气喝下去,出的汗比那瓶水还多,顺着衣服流到鞋子里,一走就哗啦哗啦响。寒冬腊月,零下十几摄氏度的低温,薄薄的屏蔽服里只能套一件羽绒坎肩,王进在50 m高的风口处,感觉像没穿衣服,寒风像刀子割得脸生疼。王进凭着一不怕苦,二不怕累的精神,多次在寒冷的冬天和炎热的夏天执行供电线路检修任务。

20年来,王进经历过的带电作业一百余次,累计减少停电时间三百多个小时,多次完成抗冰抢险,奥运、全运保电,党的十八大保电,线路防舞动治理等重大任务,为社会节省电量1 000万度,避免经济损失数以亿元计。

任务 1.9 欧姆定律验证

〖任务布置〗

某复杂电路如图 1-35 所示，$E_1=6$ V，$E_2=12$ V，$R_1=1$ kΩ，$R_2=4$ kΩ，$R_3=1$ kΩ。请利用电工实训台提供的电阻、电源等元件完成电路的连接，利用万用表完成测试，并验证欧姆定律。

(1) 分别测量流过 R_1、R_2、R_3 的电流 I_1、I_2、I_3，以及 R_1、R_2、R_3 两端的电压 U_{CA}、U_{DA}、U_{AB}，验证一段无源电路欧姆定律和一段含源电路欧姆定律。

(2)断开 $R_3(I_3)$ 支路，测量流过 R_1、R_2 的电流 I_1、I_2，验证全电路欧姆定律。

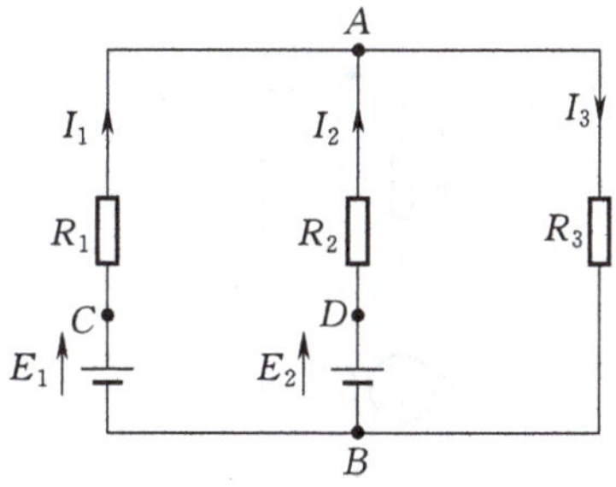

图 1-35　任务电路

〖任务分析〗(知识模块)

欧姆定律有三种形式，即一段无源电路欧姆定律(又称部分不含源电路欧姆定律)、一段含源电路欧姆定律(又称部分含源电路欧姆定律)和全电路欧姆定律。

1. 一段无源电路欧姆定律

电路如图 1-36(a)所示，当通过导体中的电流与导体两端电压参考方向一致时，导体电阻 R、导体中电流 I，以及导体两端电压 U 三者的关系是

$$U=IR$$

电路如图 1-36(b)所示，当通过导体中的电流与导体两端电压参考方向不一致时，导体电阻 R、导体中电流 I，以及导体两端电压 U 三者的关系是

$$U=-IR$$

图 1-36　一段无源电路中电流、电压参考方向

2. 一段含源电路欧姆定律

部分含源电路如图 1-37 所示，则：

(1) 已知电流 I，求电压 U，则用“极性法”：以待求量 U 为比较标准，分电压与之同极性取正，反极性取负，故

$$U=IR+E$$

(2) 已知电压 U，求电流 I，则用"箭头法"：以待求量 I 为比较标准，分子电压与电动势与 I 同向取正，反向取负，故

$$I=\frac{U-E}{R}$$

其他部分含源电路形式如图 1-38 所示。

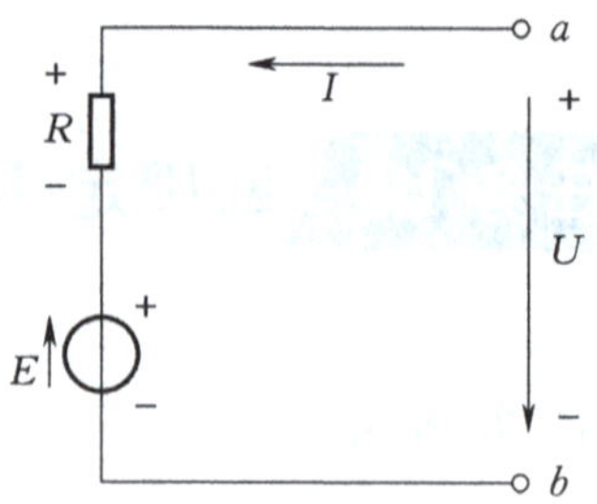

图 1-37　一段含源电路

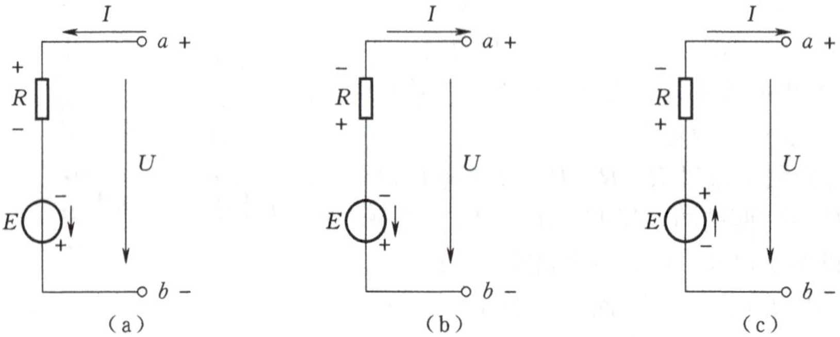

图 1-38　其他部分含源电路形式

对应欧姆定律表达式如下：

图 1-38(a)中：$U=IR-E$，$I=\dfrac{U+E}{R}$。

图 1-38(b)中：$U=-IR-E$，$I=\dfrac{-U-E}{R}$。

图 1-38(c)中：$U=-IR+E$，$I=\dfrac{-U+E}{R}$。

3. 全电路欧姆定律(仅适用于单一回路)

单一回路电路如图 1-39 所示，则电路中电流为

$$I=\frac{\sum E}{\sum R}=\frac{E_1-E_2}{R_1+R_2}$$

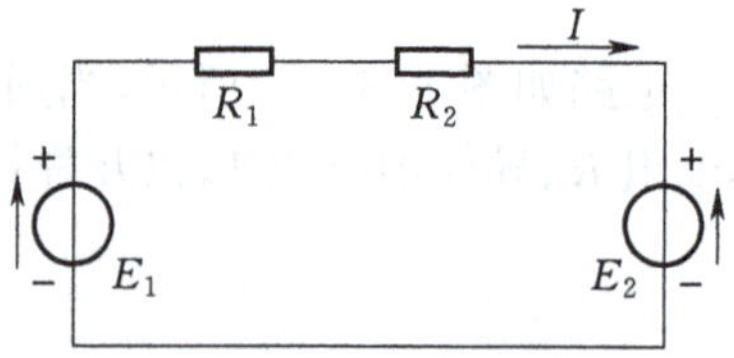

图 1-39　单一回路电路

〖任务实施〗

1. 列出本任务所用材料、仪表、设备及工具清单。

序号	名称	规格型号	单位	数量	备注

2. 利用电工实训台提供的电阻、电源等元件完成电路的连接。合上电源，接通电路，利用万用表分别测量流过 R_1、R_2、R_3 的电流 I_1、I_2、I_3，以及 R_1、R_2、R_3 两端的电压 U_{CA}、U_{DA}、U_{AB}。

测量对象	测量值
I_1	
I_2	
I_3	
U_{CA}	
U_{DA}	
U_{AB}	

3. 利用测得的电流、电压验证一段无源电路欧姆定律(又称部分不含源电路欧姆定律)。

验证对象	验证情况
R_1	
R_2	
R_3	
结论	

4. 利用测得的电流、电压验证一段含源电路欧姆定律(部分含源电路欧姆定律)。

验证对象	验证情况
E_1、R_1 部分电路	
E_2、R_2 部分电路	
结论	

5. 断开 $R_3(I_3)$ 支路，测试此时流过 R_1、R_2 的电流 I_1、I_2，验证全电路欧姆定律。

对象	理论计算值	测量值
I_1		
I_2		
结论		

〖任务评价〗

本任务评价包括个人自评、小组互评和教师评价。其中，个人自评和小组互评各占 20%，教师评价占 60%。任务评价主要从职业素养、专业能力、工作成果三个方面进行。总分 90～100 为优，80～89 为良，70～79 为中，60～69 为合格，60 分以下为不合格。

考核项目	评价内容	分值	评价分数		
			个人自评	小组互评	教师评价
职业素养	穿戴、仪容仪表符合工作要求	5			
	具备安全意识、责任意识、服从意识	6			
	积极参加教学活动，按时完成各种学习任务	6			
	团队合作意识强，善于与人交流和沟通	6			
	遵守纪律、尊重师长、团结同学	6			
	管理现场符合 6S 标准	6			
专业能力	能列出本任务所用工具、材料	10			
	能正确完成任务电路连接	15			
	能利用万用表测量所需的电压、电流	10			
工作成果	能利用测量的电压、电流验证欧姆定律	20			
	测量数据准确，记录、描绘规范	10			
总分		100			
总评	个人自评×20%＋小组互评×20%＋教师评价×60%	综合等级			
教师(签名)：					

〖课后作业与思考〗

1. 部分电路如图 1-40 所示，计算电路中 I 和 U。

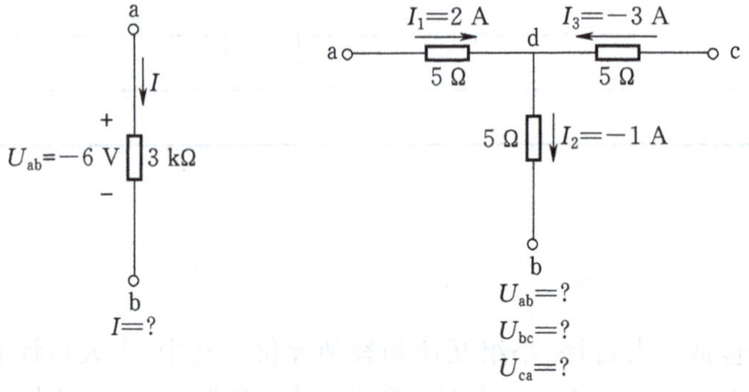

图 1-40　题 1 图

2. 电路如图 1-41 所示，求 I 及 U_{AB}。

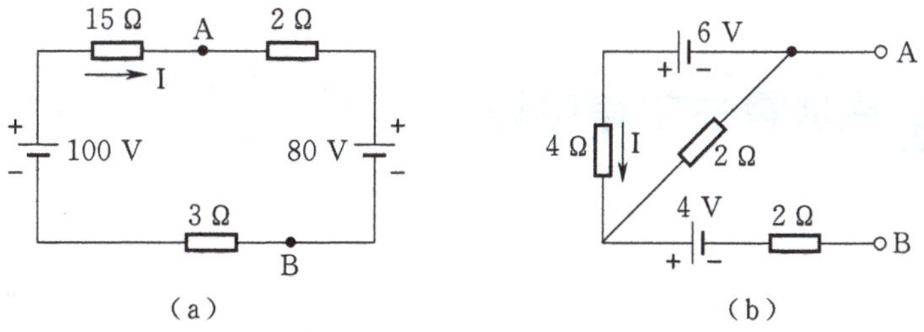

图 1-41　题 2 图

〖课外阅读〗

欧姆的故事

乔治·西蒙·欧姆(Georg Simon Ohm)，德国物理学家、科学家，1787 年 3 月 16 日生于德国埃尔兰根城。在大学期间，欧姆因生活困难，不得不退学去做家庭教师。但他仍然坚持学习，终于获得了博士学位。他曾在几处中学任教，并在繁重的工作之余，坚持进行科学研究。

欧姆身处电学飞速发展的时期，新的电学成果不断地涌现，其他科学家的发现激励着他去进一步探索一个重要的问题：使用伏打电池的电路中，电流强度可能随电池数目的增多而增大，但是，这中间到底存在什么规律呢？他决心通过实验寻找答案。当时还没有测量电流强弱的仪器，欧姆曾设想用电流的热效应去测量电流的强弱，但没有成功。1821 年，施魏格尔(Schweiger)和波根多夫(Poggendorf)发明了一种原始的电流计，这个仪器的发明使欧姆受到鼓舞。他利用业余时间，向工人学习多种加工技能，决心制作必要的电学仪器与设备。为了准确地量度电流，他巧妙地利用电流的磁效应设计了一个电流扭秤。用一根扭丝挂一个磁针，让通电的导线与这个磁针平行放置，当导线中有电流通过时，磁针就偏转一定的角度，由此可以判断导线中电流的强弱。他把自己制作的电流计连在电路中，并创造性地在放磁针的度盘上划上刻度，以便记录实验的数据。但是实验结果却得出了错误公式，欧姆一度消沉。波根多夫从欧姆这位中学教师身上看到了追求真理勇于创新的才华，写信鼓励欧姆继续干下去，并建议他在实验中使用更加稳定的塞贝克温差电池。欧姆鼓起勇气，用了温差电池重新认真地做实验，他把一个接头浸入沸水中，温度保持 100 ℃，另一接头埋入冰块，温度保持 0 ℃，从而保证一个能供应稳定电压的电源。多次实验之后，终于在 1827 年提出了一个关系式：$X=a/(b+x)$，式中，X 表示电流强度，a 表示电动势(高中物理中学到)，$b+x$ 表示电阻，b 是电源内部的电阻，x 为外部电路的电阻。这就是欧姆定律，这个在今天看起来很简单的定律，它的发现过程却并非如一般人想象的那么简单。欧姆为此付出了十分艰巨的劳动。在那个年代，人们对电流强度、电压、电阻等概念都还不太清楚，特别是电阻的概念还没有出现，当然也就根本谈不上对它们进行精确测量了；况且欧姆在他的研究过程中，也几乎没有机会跟那个时代的物理学家进行接触，他的这一发现是独立进行的。

欧姆定律及其公式的发现，给电学的计算带来了很大的方便。人们为纪念他，将电阻的单位定为欧姆，简称"欧"，符号为 Ω。

任务 1.10 基尔霍夫定律验证

〖任务布置〗

某复杂电路如图 1-42 所示，$E_1=6$ V，$E_2=12$ V，$R_1=1$ kΩ，$R_2=4$ kΩ，$R_3=1$ kΩ。请利用电工实训台提供的电阻、电源等元件完成电路的连接，利用万用表分别测量流过 R_1、R_2、R_3 的电流 I_1、I_2、I_3，以及 R_1、R_2、R_3 两端的电压 U_{CA}、U_{DA}、U_{AB}，验证基尔霍夫定律。

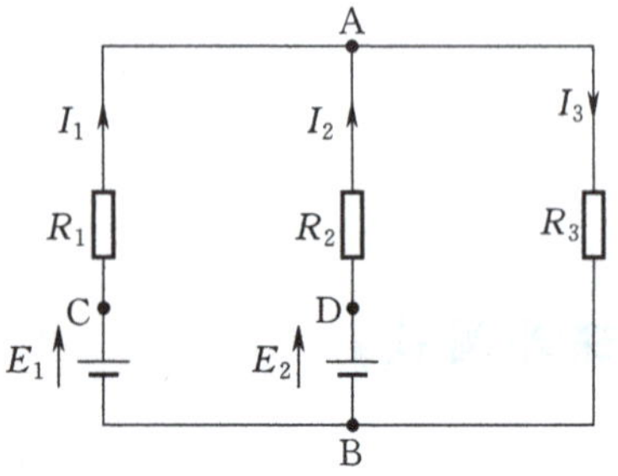

图 1-42　基尔霍夫验证电路

〖任务分析〗(知识模块)

简单电路可以通过电阻串、并联关系和欧姆定律即可求解，但复杂电路则需要利用基尔霍夫定律这一求解电路的有力武器。

1. 电路结构几个重要的概念

现以图 1-43 所示电路为例说明。

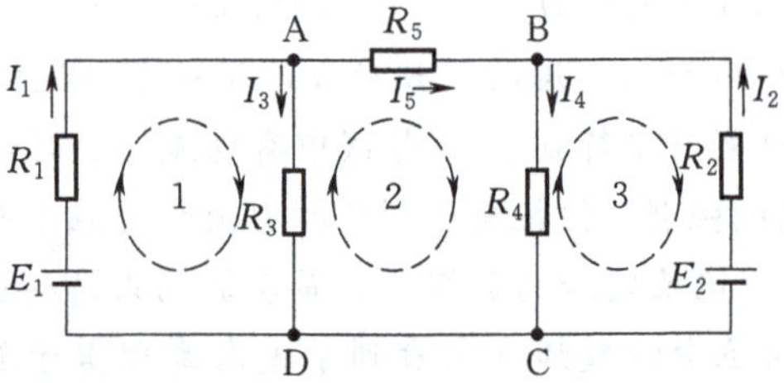

图 1-43　电路结构示例电路

(1) 支路

一段没有分支，流过同一电流且至少含一个元件的电路称为支路。如图 1-43 所示电路中共有 5 条支路，即 $I_1 \sim I_5$。该电路的支路数目 $b=5$。

(2) 节点

电路中 3 条或 3 条以上支路的连接点称为节点。如图 1-43 所示电路中共有 3 个节点，即 A、B、C(或 D)。该电路的节点数目 $n=3$。

(3) 回路

电路中任意闭合的路径，回路有顺时针和逆时针两个方向，可以用箭头表示回路的方向。如图 1-43 所示电路中共有 6 个回路，即 $DE_1R_1AR_3D$、DABCD、$BR_4CE_2R_2B$、$DE_1R_1AR_5BCD$、$AR_5BR_2E_2CDR_3A$、$DE_1R_1AR_5BR_2E_2CD$。该电路的回路数目 $l=6$。

(4) 网孔

不可再分的回路，即最简单的回路。如图 1-43 所示电路中共有 3 个网孔，即 1、2、3。该电路的网孔数目 $m=3$。

2. 基尔霍夫电流定律(KCL)

(1) 基尔霍夫电流定律的两种表述形式

在任一瞬间，流入任一节点的电流之和等于流出该节点的电流之和，即

$$\sum I_{入}=\sum I_{出}$$

或者说，在任一瞬间，一个节点上电流的代数和恒为 0(流入节点时电流值取正号，流出节点时取负号)。

$$\sum I=0$$

例如，图 1-44 中，对于节点有

$$I_1+I_3=I_2+I_4 \quad 或 \quad I_1+I_3-I_2-I_4=0$$

(2) 广义基尔霍夫电流定律

电流定律还可以扩展到电路的任意封闭面。

例如图 1-45 中，对阴影内封闭面，可视为一“广义节点”，由基尔霍夫电流定律可得

$$I_1+I_2=I_3$$

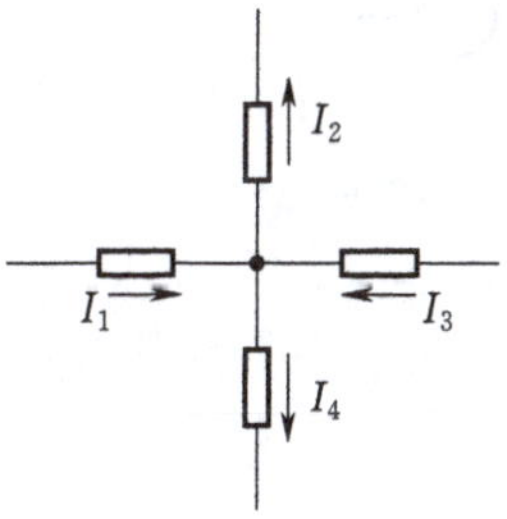

图 1-44　基尔霍夫电流定律示例电路(1)

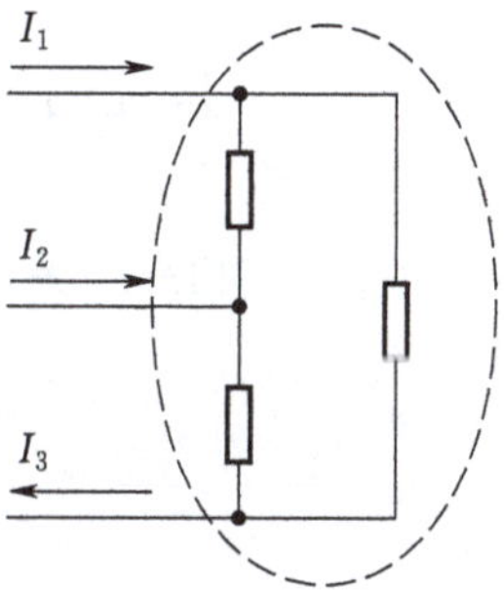

图 1-45　基尔霍夫电流定律示例电路(2)

3. 基尔霍夫电压定律(KVL)

对于任一回路，沿任意绕行方向转一周，电压的代数和为 0，即

$$\sum U=0$$

例如图 1-46 中，由基尔霍夫电压定律可得

$$U_2+U_3-U_4-U_1=0$$

基尔霍夫电压定律第二种表述：对电路中的任一回路，沿任意绕行方向转一周，其电位降等于电位升，即

$$\sum IR=\sum E$$

例如图 1-47 中，由基尔霍夫电压定律第二种表述，可得

$$I_1R_1-I_2R_2=-E_1+E_2$$

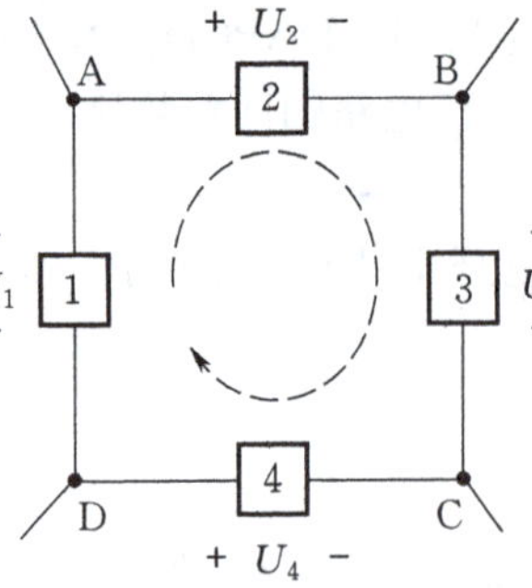

图 1-46　基尔霍夫电压定律示例电路(1)

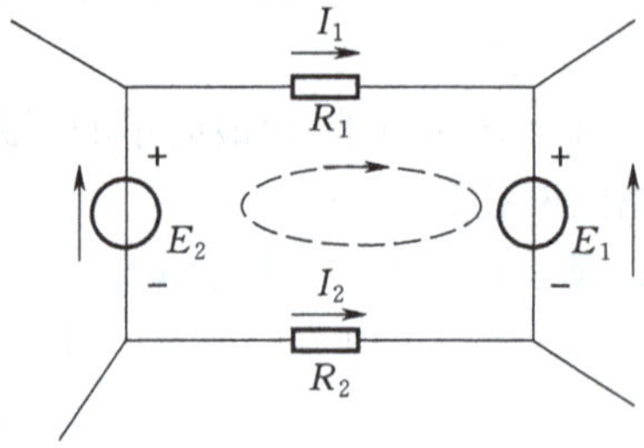

图 1-47　基尔霍夫电压定律示例电路(2)

KVL 不仅适用于闭合回路，对于开口回路仍然成立。在分析开口回路时，我们认为它是一假想的闭合回路，然后将开口处电压列入方程。

例如图 1-48 中，沿图中虚线绕行，根据 KVL 有

$$U-U_{S2}+I_3R_3+I_2R_2-I_1R_1+U_{S1}=0$$

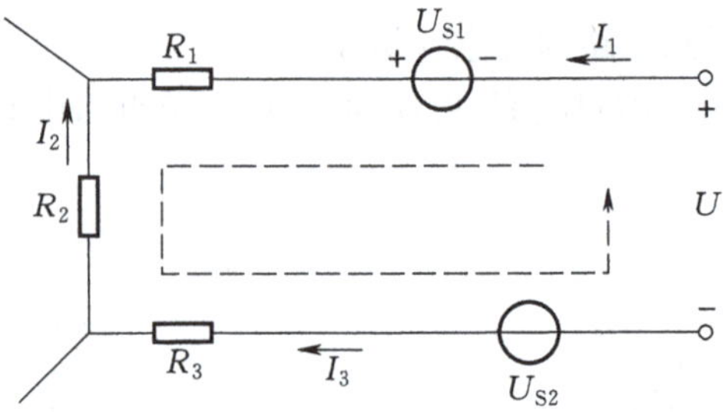

图 1-48　基尔霍夫电压定律示例电路(3)

〖任务实施〗

1. 列出本任务所用材料、仪表、设备及工具清单。

序号	名称	规格型号	单位	数量	备注

2. 指出任务图 1-42 电路中支路、节点、回路、网孔。

支路	
节点	
回路	
网孔	

3. 利用电工实训台提供的电阻、电源等元件完成电路的连接。合上电源，接通电路，利用万用表分别测量任务图 1-42 中电流 I_1、I_2、I_3 以及电压 U_{CA}、U_{DA}、U_{AB}。

测量对象	测量值
I_1	
I_2	
I_3	
U_{CA}	
U_{DA}	
U_{AB}	

4. 利用测得的电流、电压验证基尔霍夫电流定律(KCL)。

验证对象	验证情况
对节点 A	
对节点 B	
结论	

5. 利用测得的电流、电压验证基尔霍夫电压定律(KVL)。

验证对象	回路名称	验证情况
回路 1		
回路 2		
回路 3		
结论		

〖任务评价〗

本任务评价包括个人自评、小组互评和教师评价。其中，个人自评和小组互评各占 20%，教师评价占 60%。任务评价主要从职业素养、专业能力、工作成果三个方面进行。总分 90～100 为优，80～89 为良，70～79 为中，60～69 为合格，60 分以下为不合格。

考核项目	评价内容	分值	评价分数		
			个人自评	小组互评	教师评价
职业素养	穿戴、仪容仪表符合工作要求	5			
	具备安全意识、责任意识、服从意识	6			
	积极参加教学活动，按时完成各种学习任务	6			
	团队合作意识强，善于与人交流和沟通	6			
	遵守纪律、尊重师长、团结同学	6			
	管理现场符合 6S 标准	6			

续表

考核项目	评价内容	分值	评价分数		
			个人自评	小组互评	教师评价
专业能力	能列出本任务所用工具、材料	10			
	能正确完成任务电路连接	15			
	能利用万用表测量所需的电压、电流	10			
工作成果	能利用测量的电压、电流按要求验证基尔霍夫电流和电压定律	20			
	测量数据准确，记录、描绘规范	10			
总分		100			
总评	个人自评×20%＋小组互评×20%＋教师评价×60%	综合等级			
教师(签名)：					

〖课后作业与思考〗

1. 电路如图 1-49 所示，已知 $I_a=1$ mA，$I_b=10$ mA，$I_c=2$ mA，求电流 I_d。

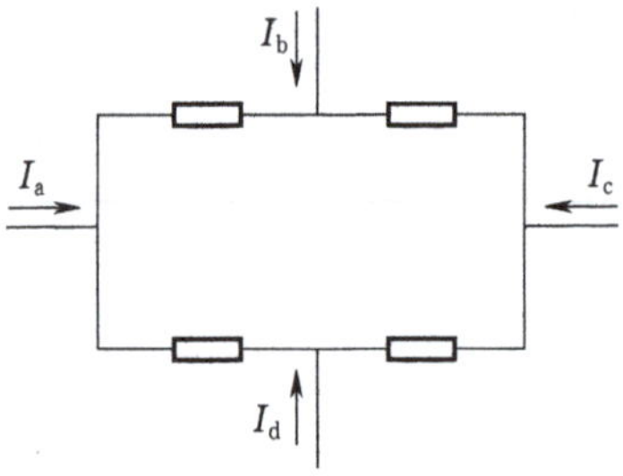

图 1-49　题 1 图

2. 有一闭合回路如图 1-50 所示，已知 $U_1=15$ V，$U_2=-4$ V，$U_3=8$ V，试求电压 U_4 和 U_{AC}。

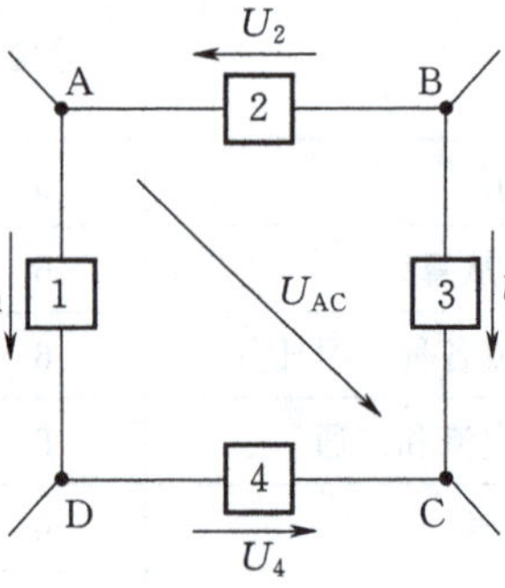

图 1-50　题 2 图

〖课外阅读〗

电路求解大师——基尔霍夫

基尔霍夫(Gustav Robert Kirchhoff,1824—1887 年),德国物理学家。他提出了稳恒电路网络中电流、电压、电阻关系的两条电路定律,即著名的基尔霍夫电流定律(KCL)和基尔霍夫电压定律(KVL),解决了电气设计中电路方面的难题。

19 世纪 40 年代,由于电气技术发展得十分迅速,电路变得越来越复杂。某些电路呈现出网络形状,并且网络中还存在一些由 3 条或 3 条以上支路形成的交点(节点)。这种复杂电路不是串、并联电路的公式所能解决的。刚从德国哥尼斯堡大学毕业,年仅 21 岁的基尔霍夫在他的第一篇论文中提出了适用于这种网络状电路计算的两个定律,即著名的基尔霍夫定律。该定律能够迅速地求解任何复杂电路,从而成功地解决了这个阻碍电气技术发展的难题。基尔霍夫被世人尊称为"电路求解大师"。

基尔霍夫年纪轻轻就取得了巨大的成就,告诉我们"有志不在年高",年轻人正处在思维最活跃、创造力最强的阶段。切莫虚度光阴,应该创造出属于我们自己的荣光。

任务 1.11 支路电流法分析电路

〖任务布置〗

某复杂电路如图 1-51 所示,$E_1=6\ \text{V}$,$E_2=12\ \text{V}$,$R_1=1\ \text{k}\Omega$,$R_2=4\ \text{k}\Omega$,$R_3=1\ \text{k}\Omega$。请利用电工实训台提供的电阻、电源等元件完成电路的连接,利用万用表分别测量 R_1、R_2、R_3 的电流 I_1、I_2、I_3,并与利用支路电流法求解的理论计算值进行比较。

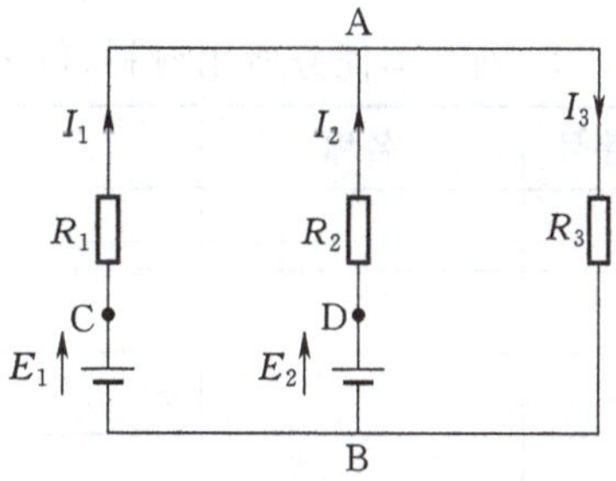

图 1-51 支路电流法验证电路

〖任务分析〗(知识模块)

以各支路电流为未知量,应用基尔霍夫定律列出节点电流方程和回路电压方程,联立求解,解出各支路电流,从而可确定各支路(或各元件)的电压及功率,这种解决电路问题的方法称为支路电流法。

对于具有 b 条支路、n 个节点的电路,可列出$(n-1)$个独立的电流方程和 $b-(n-1)$ 个独立的电压方程。

如图 1-52 所示电路,该电路支路数 $b=3$,节点数 $n=2$,所以应列出 1 个独立的节点电流方程和 2 个独立的回路电压方程。

节点 a: $$I_1+I_2=I_3 \quad (1)$$

#1 $$I_1R_1+I_3R_3=E_1 \quad (2)$$

#2 $$I_2R_2+I_3R_3=E_2 \tag{3}$$

联立式(1)、式(2)、式(3)，即可求出各支路电流 I_1、I_2、I_3。

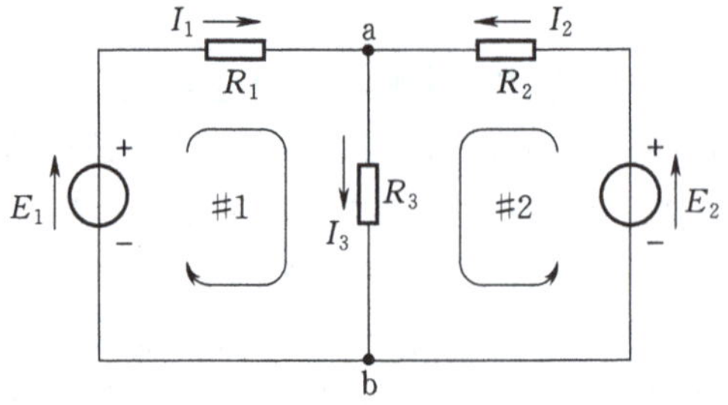

图 1-52　支路电流法示例电路

应用支路电流法求解电路的步骤如下：

(1) 对每一支路假设一未知电流。注意：假设未知数时，正方向可任意选择；原则上，有 b 个支路就设 b 个未知数(恒流源支路除外)。

(2) 根据基尔霍夫电流定律列独立的节点电流方程。若电路有 n 个节点，则可以列出 $(n-1)$ 个 KCL 方程。

(3) 根据基尔霍夫电压定律列独立的回路电压方程。未知数 $=b$，已有 $(n-1)$ 个节点方程，需补足 $b-(n-1)$ 个方程。独立回路，一般按网孔选择。

(4) 解联立方程组求出各支路电流。根据未知数的正、负决定电流的实际方向。

〖任务实施〗

1. 列出本任务所用材料、仪表、设备及工具清单。

序号	名称	规格型号	单位	数量	备注

2. 列出图 1-51 所示电路中独立的电流方程和独立的电压方程，并联立求解。

独立电流方程	
独立电压方程 1	
独立电压方程 2	
联立求解结果	

3. 利用电工实训台提供的电阻、电源等元件完成电路的连接。合上电源，接通电路，利用万用表分别测量图中电流 I_1、I_2、I_3，并与支路电流法求解结果比较。

测量对象	测量值	理论计算值
I_1		
I_2		
I_3		
结论		

〖任务评价〗

本任务评价包括个人自评、小组互评和教师评价三者相结合。其中，个人自评和小组互评各占 20%，教师评价占 60%。任务评价主要从职业素养、专业能力、工作成果三个方面进行。总分 90～100 为优，80～89 为良，70～79 为中，60～69 为合格，60 分以下为不合格。

考核项目	评价内容	分值	评价分数		
			个人自评	小组互评	教师评价
职业素养	穿戴、仪容仪表符合工作要求	5			
	安全意识、责任意识、服从意识	6			
	积极参加教学活动，按时完成各种学习任务	6			
	团队合作意识强，善于与人交流和沟通	6			
	遵守纪律、尊重师长、团结同学	6			
	管理现场符合 6S 标准	6			
专业能力	能列出本任务所用工具、材料	10			
	能列出独立的电流方程和电压方程	15			
	能利用万用表测量所需的电压、电流	10			
工作成果	能利用测量的电压、电流验证支路电流法	20			
	测量数据准确，记录、描绘规范	10			
总分		100			
总评	个人自评×20%＋小组互评×20%＋教师评价×60%	综合等级			
教师(签名)：					

〖课后作业与思考〗

1. 简述支路电流法求解复杂电路步骤。
2. 支路电流法求解电路有什么优缺点？

〖课外阅读〗

大国工匠之“独手焊侠”卢仁峰

卢仁峰,男,汉族,中共党员,内蒙古第一机械集团有限公司(以下简称“一机集团”)大成装备制造公司高级焊接技师,第9届全国技术能手中焊接界唯一一位“中华技能大奖”获奖者。

卢仁峰16岁那年,下乡知青回城,他来到一机集团做了焊工,他给自己定的目标是,要学好、学精焊接技术。从此他学理论,重实践。在师傅和工友们休息、下班后,他拿起焊枪继续实践操作。同时,从基础开始,他认真苦读《机械制图》《电工基础》《焊接材料》《焊工手册》等书,学习各种焊接技术方法。正当在焊接岗位上潜心钻研焊接方法技术并开始大显身手的时候,1986年的一场事故让卢仁峰险些彻底失去左手,大拇指、食指、中指被勉强缝合后,基本不能工作。但他没有被吓倒,反而更加坚定,他给自己定下了每天焊完50根焊条的任务。他常常一连几个月吃住在车间,一蹲就是数小时,直到厂房里空无一人。他左手残疾,仅靠右手练就一身电焊绝活,手工电弧焊单面焊双面成型技术堪称一绝:微束等离子弧焊接、火花塞电极板与电极杆熔溶技术、钨极氩弧焊焊接技术;各类管道和容器所产生的泄漏的顶压补焊,压力容器焊接缺陷返修合格率为百分之百;各种有色金属和低、中、高合金钢的焊接及大型铸铁,铸钢的补焊,特别是其手工电弧焊单面焊双面成形技术堪称一绝。他几十年如一日,用一只手执着追求焊接技术革新,被誉为“独手焊侠”,入选2021年“大国工匠年度人物”。

任务1.12 戴维南定理验证

〖任务布置〗

某复杂电路如图1-53所示,$E_1=6\ \text{V}$,$E_2=12\ \text{V}$,$R_1=1\ \text{k}\Omega$,$R_2=4\ \text{k}\Omega$,$R_3=1\ \text{k}\Omega$。请利用电工实训台提供的电阻、电源等元件完成电路的连接,将AB右边的R_3支路视为外电路,AB左边的部分电路视为有源二端网络,验证戴维南定理。

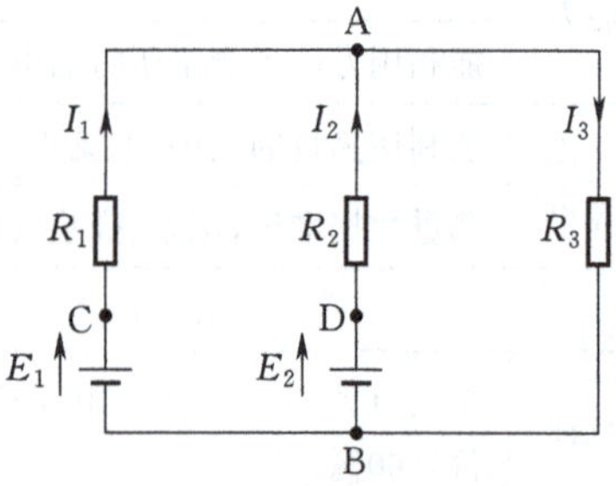

图1-53 戴维南定理验证电路

〖任务分析〗(知识模块)

在电路问题的分析中,如果只需求出某一支路或负载元件的电流或电压,就可以用戴维南定理求解。可以这样想象,若将指定的支路或负载元件从原来的电路中去掉,电路的其余部分就成为一个有源二端网络。如果能用一个电压源与电阻的串联组合来等效代替这个有源二端网络,再将去掉的支路或负载元件接在这个等效电路上,则该支路或负载元件的电流或电压就很容易求得了。问题的关键在于如何求得这个等效电路呢？戴维南定理给出了解决这类问题的方法。

1. 相关名词

(1) 二端网络。若一个电路只通过两个输出端与外电路相连，则该电路称为二端网络(Two－terminals)或一端口(One port)。

(2) 无源二端网络。二端网络中没有电源。

(3) 有源二端网络。二端网络中含有电源。

如图 1-54 所示，图 1-54(a)为无源二端网络，图 1-54(b)为有源二端网络。

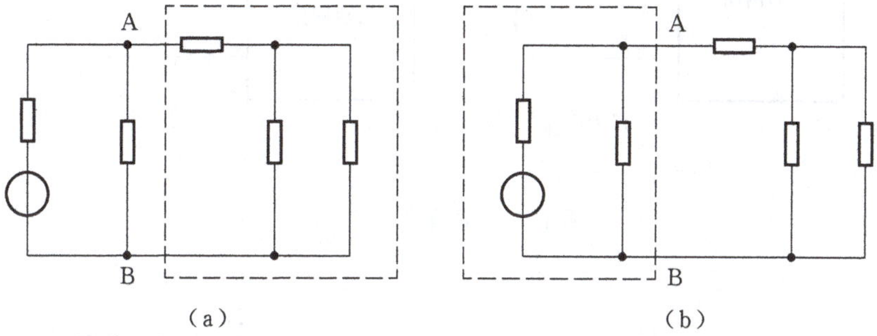

图 1-54　二端网络

2. 戴维南定理

任何一个线性有源二端网络，对外电路而言，可以用一个理想电压源和电阻串联的电压源模型等效代替。等效电压源的电动势(E_0)等于有源二端网络的开路电压 U_{OC}；等效电压源的内阻 R_0 等于有源二端网络中所有电源置零(恒压源短路，恒流源开路)后所得的无源二端网络的输入电阻。

如图 1-55 所示，图 1-55(a)中有源二端网络可用图 1-55(b)中虚线框内电压源模型等效代替。其中 E_0、R_0 如图 1-55(c)和图 1-55(d)所示。

用戴维南定理求某一条支路电流或电压的解题步骤：

(1) 把复杂电路分成待求支路(外电路)和有源二端网络(内电路)两部分。

(2) 把待求支路断开，求出有源二端网络的开路电压 U_{OC}(等效电压源的电动势 E_0)。

(3) 将有源二端网络作无源处理(恒压源短路，恒流源开路)，求出端点之间的等效电阻 R_{AB}(等效电压源的内阻 R_0)。

(4) 绘制等效电压源与待求支路串联的电路(等效电路)，求出待求支路的电流或电压。

例 1-1　电路如图 1-56(a)所示，应用戴维南定理计算通过电阻 R_3 的电流 I_3。

解　图 1-56(a)为原电路，其中待求电流 I_3 所在的 R_3 支路为外电路，其余的为含源二端网络。图 1-56(b)为断开外电路后的含源二端网络，其开路电压 U_{OC} 即为等效电压源的电动势 E_0。图 1-56(b)中利用全电路欧姆定律可求出电流 I_0，再利用部分含源电路欧姆定律可求出开路电压 U_{OC}。即

$$I_0=\frac{U_{S1}-U_{S2}}{R_1+R_2}=-2\ (\mathrm{A})$$

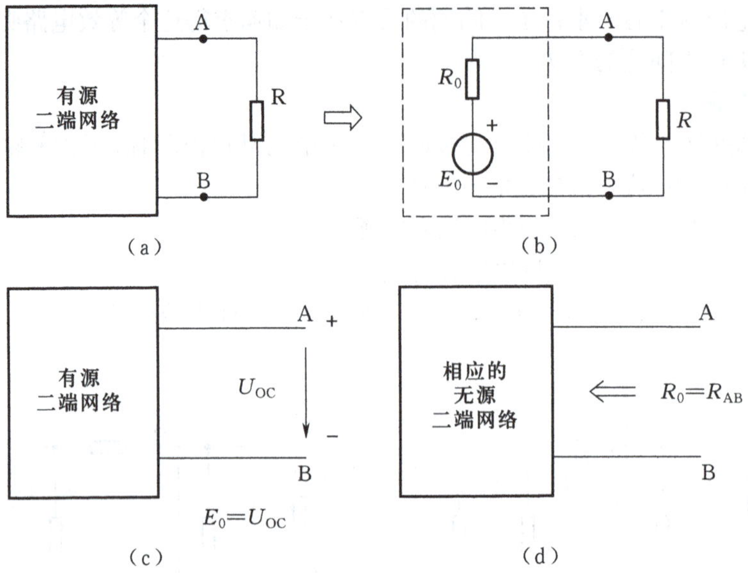

图 1-55　戴维南定理示意

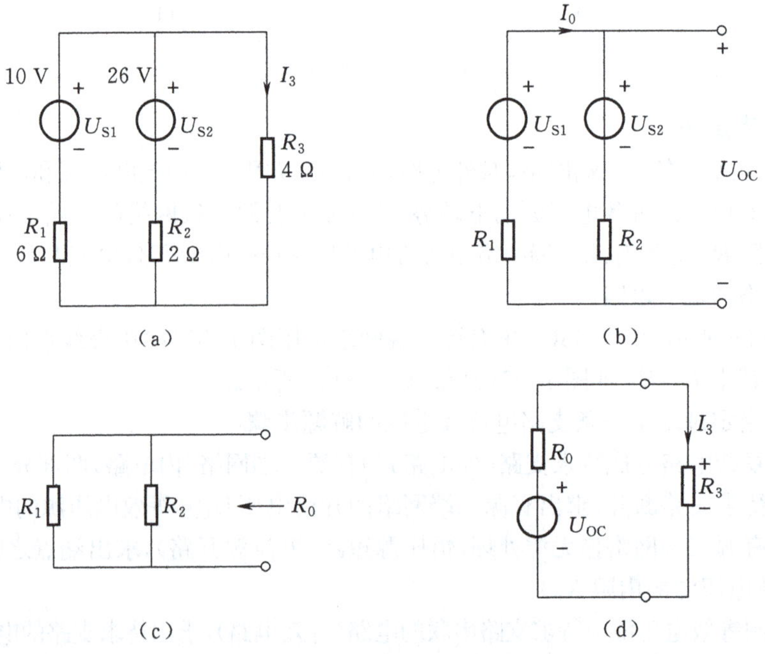

图 1-56　戴维南定理举例电路

$$U_{OC}=U_{S2}+I_0R_2=22\ (\text{V})$$

图 1-56(c)为将有源二端网络作无源处理(恒压源短路),求出端点之间的等效电阻 R_{AB} 即为等效电压源的内阻 R_0。即

$$R_0=R_1//R_2=\frac{R_1R_2}{R_1+R_2}=1.5\ (\Omega)$$

图 1-56(d)为等效电压源与待求支路串联后的等效电路，利用等效电路可求出待求支路的电流 I_3。即

$$I_3=\frac{U_{OC}}{R_0+R_3}=4\ (\mathrm{A})$$

〖任务实施〗

1. 列出本任务所用材料、仪表、设备及工具清单。

序号	名称	规格型号	单位	数量	备注

2. 利用电工实训台提供的电阻、电源等元件完成电路的连接。合上电源，接通电路，利用万用表测量图中电流 I_3。

测量对象	测量值
I_3	

3. 将外电路 R_3 支路断开，用万用表测量含源二端网络的开路电压 U_{OC}，并与理论计算值比较。

测量对象	理论计算值	测量值
U_{OC}		
结论		

4. 将外电路 R_3 支路断开，电压源 E_1、E_2 所在位置短接，用万用表测量无源二端网络端点之间的等效电阻 R_{AB}，并与理论计算值比较。

测量对象	理论计算值	测量值
R_{AB}		
结论		

5. 绘制等效电压源与待求支路串联后的等效电路图，按照等效电路在电工实训台上重新连接电路，合上电源通电，用万用表测量通过 R_3 的电流 I_3，并与原电路测出值比较。

测量对象	等效电路中测量值	原电路中测量值
通过 R_3 的电流 I_3		
结论		

〖任务评价〗

本任务评价包括个人自评、小组互评和教师评价。其中，个人自评和小组互评各占20%，教师评价占60%。任务评价主要从职业素养、专业能力、工作成果三个方面进行。总分90～100为优，80～89为良，70～79为中，60～69为合格，60分以下为不合格。

考核项目	评价内容	分值	评价分数		
			个人自评	小组互评	教师评价
职业素养	穿戴、仪容仪表符合工作要求	5			
	具备安全意识、责任意识、服从意识	6			
	积极参加教学活动，按时完成各种学习任务	6			
	团队合作意识强，善于与人交流和沟通	6			
	遵守纪律、尊重师长、团结同学	6			
	管理现场符合6S标准	6			
专业能力	能列出本任务所用工具、材料	10			
	能正确完成任务电路连接	15			
	能利用万用表测量所需的电压、电流	10			
工作成果	能利用测量的电压、电流验证戴维南定律	20			
	测量数据准确，记录、描绘规范	10			
总分		100			
总评	个人自评×20%＋小组互评×20%＋教师评价×60%	综合等级			
教师(签名)：					

〖课后作业与思考〗

1. 简述戴维南定理求解复杂电路步骤。
2. 戴维南定理适合求解什么类型的电路？

〖课外阅读〗

大国工匠之大勇不惧的彭祥华

彭祥华，1969 年出生于重庆铜梁的一户乡村人家。1994 年 7 月 8 日，25 岁的彭祥华来到福建，进入中铁二局工作，他被分配到一个隧道工程组做木工。短短一年，彭祥华就因踏实肯干，逐渐掌握了许多先进工法，被推选为木工班班长。1997 年，在山西参加朔黄铁路建设时，彭祥华开始接触隧道爆破技术，并产生了浓厚兴趣。他一边从事木工工作，一边深入开挖班学习，并熟练掌握了隧道开挖爆破技术，成为一名爆破工。2001 年，32 岁的彭祥华参建了青藏铁路，当时的青藏高原汇集了全国无数顶尖的专家和技师。彭祥华积极参加各类培训，将心中长时间积攒的疑惑一一解决，也就是这一时期，他结合现场实际情况解决了冻土条件下的爆破难题，被公司认定为爆破中级工。6 年后，彭祥华参加古城水电站建设，通过优化炮眼孔距，获得较好的光面爆破效果，节约了施工成本，被公司认定为高级爆破工。自此，彭祥华迎来了自己职业生涯的“黄金时代”，逐步成长为闻名全国的“大国工匠”。

彭祥华的绝技之一是可实施精确到毫秒级的隧道开挖爆破技术，曾在青藏高原软若豆腐的岩层上实施精准爆破。2015 年，彭祥华参建川藏铁路拉林段，他所在的标段是其中最难的一段，路段地质非常复杂，生态脆弱，施工要求非常高。有一次地质勘探，需要技工沿绳索从五六十米高的悬崖上顺势而下，脚下就是波涛汹涌的雅鲁藏布江。不少工友都不愿去接这份“苦差事”，但彭祥华却挺身而出，独自一人“飞舞”在悬崖峭壁之上，并顺利地勘探出了所需的资料，为以后的成功爆破打下了坚实的基础。一次爆破后，青藏高原充沛的山体内蓄水大量地涌出来，这是隧道爆破最怕出现的情况。一旦水势过大，泡软岩体，很可能出现塌方，这将导致已经完成的工作完全报废，影响整个线路的工期。设计院、监理、施工单位等多方紧急召开研讨会，讨论最终一致认为彭祥华“再爆一炮”的建议是最佳解决方案。而彭祥华在接过任务后也提出了自己的条件，那就是这一切必须要由他自己来完成，即使最细微处都要他亲手操作。装炸药填雷管，一切都是他独自操作。这一次，他又一次实现了精准爆破。

彭祥华多年奋斗在祖国偏远地区，不怕艰辛，为祖国建设付出了青春与热血。

任务 1.13 叠加定理验证

〖任务布置〗

某复杂电路如图 1-57 所示，$E_1=6$ V，$E_2=12$ V，$R_1=1$ kΩ，$R_2=4$ kΩ，$R_3=1$ kΩ。请利用电工实训台提供的电阻、电源等元件完成电路的连接，利用万用表分别测量流过 R_1、R_2、R_3 的电流 I_1、I_2、I_3，以及 R_1、R_2、R_3 两端的电压 U_{CA}、U_{DA}、U_{AB}，验证叠加定理。

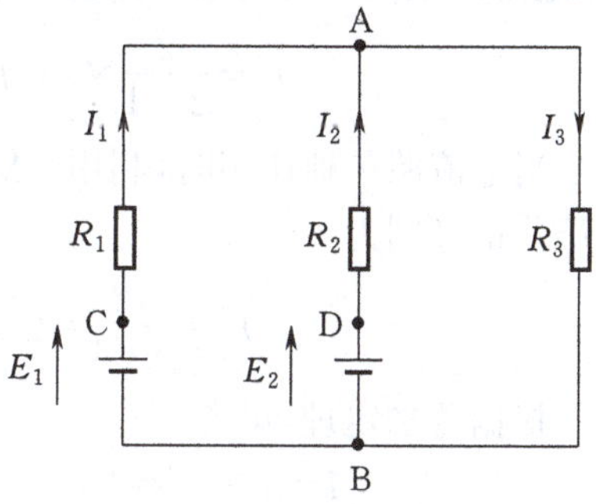

图 1-57　叠加定理验证电路

〖任务分析〗（知识模块）

叠加定理是线性电路的一个基本定理，也是电路分析中的常用方法之一。叠加定理实质上是将一个含有多个电源作用的较复杂的电路分解成多个简单的分电路，对这些分电路一一进行求解，再对结果进行代数求和。叠加定理是哲学中“化繁为简”思想在电工技术领域的具体体现，它给我们提供了一种解决复杂问题的思路——“先分解，再统合”。

叠加定理可表述为：在由多个独立源组成的线性电路中，任一支路的电流（或两点之间电压），等于各独立源单独作用时在该支路中产生的各电流（或电压）分量的代数和。

在应用叠加定理时，应注意以下几点：

(1) 叠加定理仅适用于线性电路，不适用于非线性电路。即使在线性电路中，也只能用来计算电流或电压，而不能用来计算功率，因为功率与电压或电流之间不是线性关系。

(2) 各独立源单独作用时，对那些暂时不起作用的独立源都应视为零值，即独立电压源用短路代替，独立电流源用开路代替，其他元件的大小和连接方式都不应有变动。

(3) 代数和时各电流（或电压）分量前取“+”或“−”，取决于所选定的参考方向，若该分量的参考方向与原电路该量的参考方向一致，则取“+”，反之取“−”。

现在通过举例对叠加定理作进一步的说明。

例 1-2　电路如图 1-58(a)所示，试用叠加定理求流过 4 Ω 电阻的电流 I 和两端电压 U。

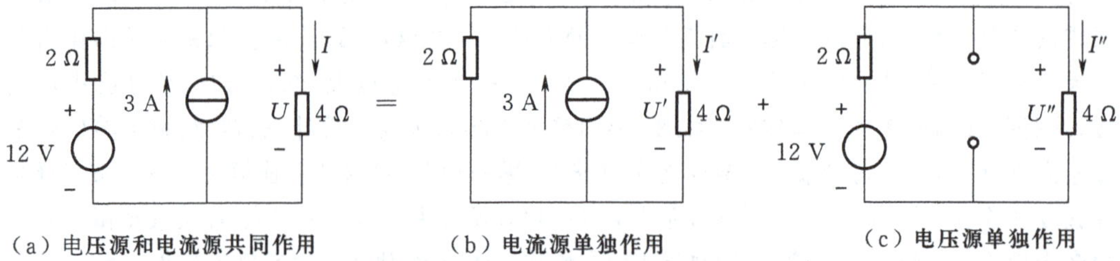

图 1-58　叠加定理举例电路

解　按叠加定理绘制每个独立源单独作用时的电路图，如图 1-58(b)、图 1-58(c)所示。

当电流源单独作用时，利用并联电阻分流公式和欧姆定律，由图 1-58(b)可得流过 4 Ω电阻的电流和两端电压分量分别为

$$I'=\frac{2}{2+1}\times 3=I\ (\text{A}),\quad U'=4\times I'=4\times 1=4\ (\text{V})$$

当电流源单独作用时，利用欧姆定律，由图 1-58(c)可得流过 4 Ω 电阻的电流和两端电压分量分别为

$$I''=\frac{12}{2+4}=2\ (\text{A}),\quad U''=4\times I''=4\times 1=8\ (\text{V})$$

根据叠加定理，可得

$$I=I'+I''=1+2=3\ (\text{A}),\quad U=U'+U''=4+8=12\ (\text{V})$$

〖任务实施〗

1. 列出本任务所用材料、仪表、设备及工具清单。

序号	名称	规格型号	单位	数量	备注

2. 利用电工实训台提供的电阻、电源等元件完成电路的连接。合上电源，接通电路，利用万用表分别测量图中电流 I_1、I_2、I_3，以及电压 U_{CA}、U_{DA}、U_{AB}。

测量对象	测量值
I_1	
I_2	
I_3	
U_{CA}	
U_{DA}	
U_{AB}	

3. 请绘制电压源 E_1 单独作用时的分电路电路图，标出分电流 I'_1、I'_2、I'_3，以及分电压 U'_{CA}、U'_{DA}、U'_{AB}。

4. 在原电路中改动电路，完成电压源 E_1 单独作用时的分电路连接。合上电源，接通电路，利用万用表分别测量分电流 I'_1、I'_2、I'_3，以及分电压 U'_{CA}、U'_{DA}、U'_{AB}。

测量对象	测量值
I'_1	
I'_2	
I'_3	
U'_{CA}	
U'_{DA}	
U'_{AB}	

5. 绘制电压源 E_2 单独作用时的分电路电路图，标出分电流 I''_1、I''_2、I''_3，以及分电压 U''_{CA}、U''_{DA}、U''_{AB}。

6. 在原电路中改动电路，完成电压源 E_1 单独作用时的分电路连接。合上电源，接通电路，利用万用表分别测量分电流 I''_1、I''_2、I''_3，以及分电压 U''_{CA}、U''_{DA}、U''_{AB}。

测量对象	测量值
I''_1	
I''_2	
I''_3	
U''_{CA}	
U''_{DA}	
U''_{AB}	

7. 利用测出的电流、电压验证叠加定理。

验证对象	验证过程
I_1	
I_2	
I_3	
U_{CA}	
U_{DA}	
U_{AB}	

〖任务评价〗

本任务评价包括个人自评、小组互评和教师评价。其中，个人自评和小组互评各占20%，教师评价占60%。任务评价主要从职业素养、专业能力、工作成果三个方面进行。总分90～100为优，80～89为良，70～79为中，60～69为合格，60分以下为不合格。

考核项目	评价内容	分值	评价分数		
			个人自评	小组互评	教师评价
职业素养	穿戴、仪容仪表符合工作要求	5			
	具备安全意识、责任意识、服从意识	6			
	积极参加教学活动，按时完成各种学习任务	6			
	团队合作意识强，善于与人交流和沟通	6			
	遵守纪律、尊重师长、团结同学	6			
	管理现场符合6S标准	6			
专业能力	能列出本任务所用工具、材料	10			
	能正确完成任务电路连接	15			
	能利用万用表测量所需的电压、电流	10			
工作成果	能利用测量的电压、电流验证叠加定律	20			
	测量数据准确，记录、描绘规范	10			
总分		100			
总评	个人自评×20%＋小组互评×20%＋教师评价×60%	综合等级			
教师(签名)：					

〖课后作业与思考〗

1. 简述叠加定理求解复杂电路步骤。
2. 叠加定理适合求解什么类型的电路?

〖课外阅读〗

为火箭铸"心",为民族筑梦——高凤林

高凤林,1962 年出生于北京,任首都航天机械有限公司高凤林班组组长,航天特种熔融焊接工,2018 年"大国工匠年度人物"。他常挂嘴边的一句话就是:"岗位不同,作用不同,仅此而已。心中只要装着国家,什么岗位都光荣,有台前就有幕后。"

在"长二捆"运载火箭研制生产中,高达 80 m 的全箭振动试验塔是"长二捆"研制中的关键,而塔中用于支撑火箭振动大梁的焊接是关键的关键,该材料特殊,要求一级焊缝。高凤林经过反复试验,提出了多层快速连续堆焊加机械导热等一系列保证工艺性能的工艺方法,出色地完成了振动大梁的焊接攻关工作,保证了振动塔的按时竣工和"长二捆"火箭的如期试验,保证了澳星的成功发射,该工程获得部级项目一等奖。在载人航天工程升级测试中,振动大梁焊接质量良好,承力从 360 t 提高到 420 t,大梁安然无恙。

项目2 正弦交流电路的认知与测试

项目描述

现代社会，在工农业生产和日常生活中应用更广泛的是正弦交流电。正弦交流电之所以能广泛应用，是因为与直流电相比，其在电能的产生、输送和使用方面都具有很大的优越性：① 交流电机比直流电机结构简单、价格便宜、运行可靠、维修方便；② 在电能传输方面，交流电可以通过变压器方便变压，以解决高压输电和低压配电的矛盾，实现远距离高压输电经济、低压配电安全可靠；③ 正弦交流电变化平滑，同频率的几个正弦量相加或相减，其结果仍为同频率正弦量；④ 非正弦交流电，可以分解为许多不同频率的正弦分量的和，为电路分析、设计带来方便。

本项目以正弦交流电为例，分析交流电的三要素和表示方法，以及交流电路的特点和性质，指出提高功率因数的方法，为解决交流电路的基本问题打下坚实的基础。

项目知识目标

1. 掌握正弦交流电的三要素及表示方法。
2. 掌握正弦交流电路中电阻、电感、电容的电压、电流之间关系及功率的计算。
3. 掌握 RLC 串联电路中电压、电流之间关系及功率的计算。
4. 掌握日光灯的工作原理，了解提高电路功率因数的方法和意义。

项目技能与素质目标

1. 能够根据波形图、表达式熟练找出三要素。
2. 能够用交流电压表、电流表、功率表进行正确的测量。
3. 能够熟练连接日光灯电路等基本交流电路。
4. 具备安全用电的职业操守，养成严谨、认真的职业素养。

任务 2.1 正弦交流电信号的观察与测量

〖任务布置〗

利用实训室提供的“Multisim 虚拟仿真平台”(安装在实训台配套的计算机上),搭建如图 2-1 所示虚拟仿真电路。其中,U1 为直流电压源,u2 为正弦交流电压源,XSC1 为虚拟示波器。

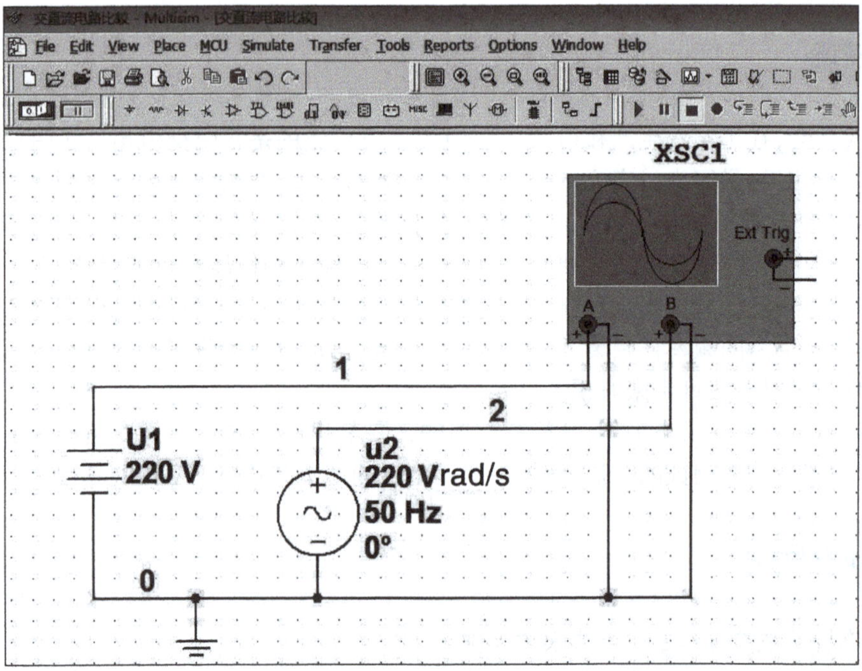

图 2-1 任务虚拟仿真电路

(1) 用示波器观察 U1、u2 波形,指出直流电和交流电有何区别。

(2) 利用示波器单独观察 u2 波形,并从示波器显示波形中读出正弦交流电压源 u2 的三要素,写出 u2 的瞬时值表达式。

(3) 改变正弦交流电压源 u2 的三要素,用示波器观察波形变化,体会三要素的含义。

〖任务分析〗(知识模块)

1. 直流电、交流电的概念

(1) 大小和方向都不随时间变化的电流、电压和电动势是直流电。

直流电流、直流电压的波形如图 2-2 所示。需要注意的是,电流、电压和电动势在直流电中都是用英文大写字母 I、U、E 表示。

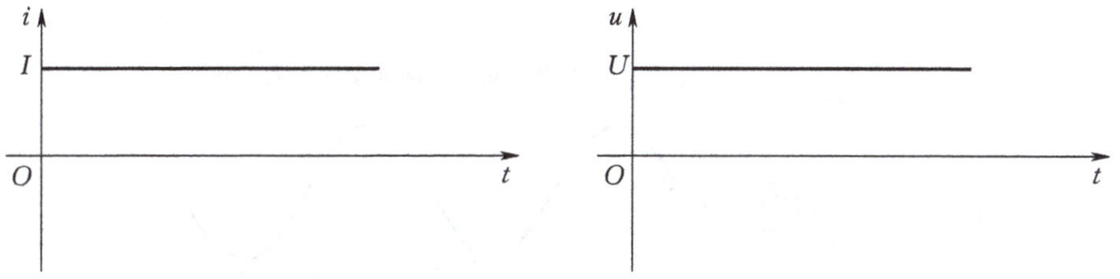

（a）直流电流波形　　（b）直流电压波形

图 2-2　直流电波形

(2) 大小和方向随时间做周期性变化的电流、电压和电动势统称为交流电。

常见的几种交流电波形如图 2-3 所示。需要注意的是，电流、电压和电动势在交流电中都是用英文小写字母 i、u、e 表示。

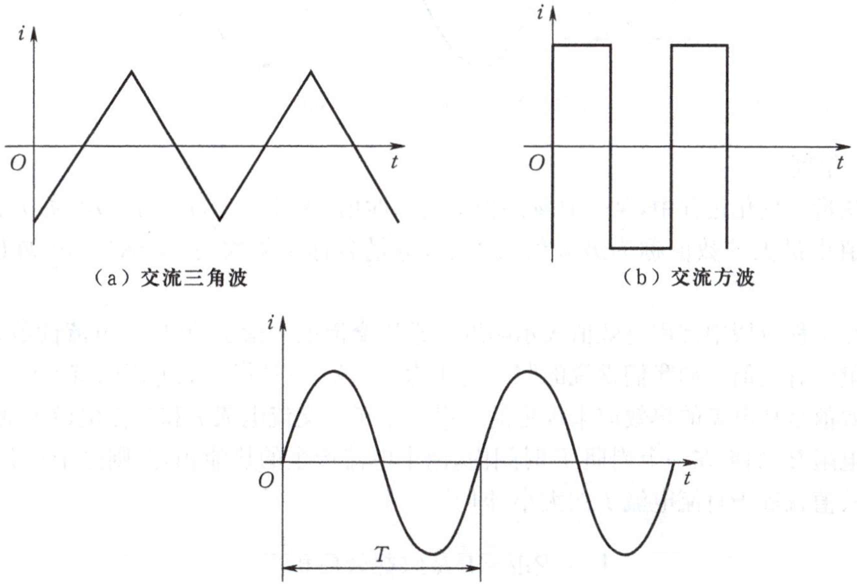

（c）正弦交流电

图 2-3　交流电波形

(3) 如果在电路中电动势的大小与方向均随时间按正弦规律变化，由此产生的电流、电压大小和方向也是正弦的，这样的电路称为正弦交流电路。

2. 正弦交流电的方向

由于交流电的方向是周期性变化的，必须在电路中事先选定正弦交流电的参考方向。当正弦交流电与参考方向一致时，称为正半周；反之称为负半周，如图 2-4 所示。

3. 正弦交流电的三要素

正弦交流电可以用正弦曲线和正弦函数表示。图 2-5 为正弦交流电的波形，其正弦函数表达式为

$$i=I_m\sin(\omega t+\varphi)$$

式中，I_m、ω、φ 一经确定，则电流随时间的变化关系也就确定了，因此这三个量称为正弦交流电的三要素。

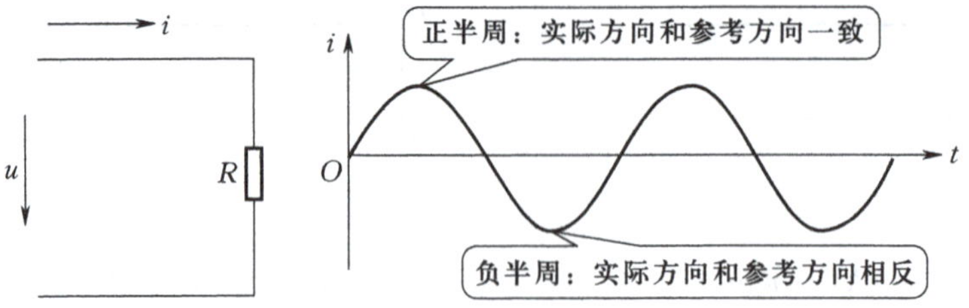

图 2-4　正弦交流电的方向

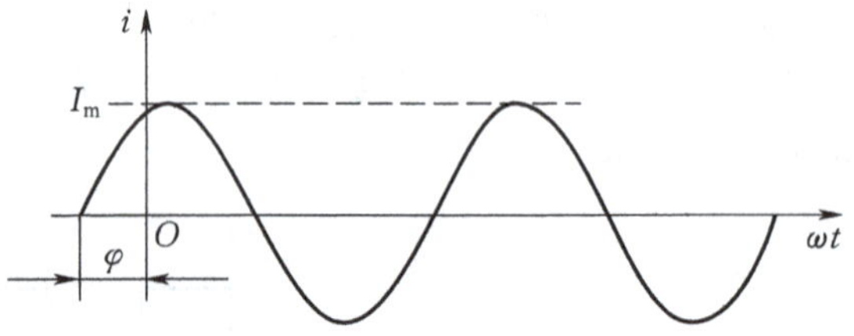

图 2-5　正弦交流电的波形

（1）幅度

正弦量在变化过程中，某一时刻的值称为瞬时值，用英文小写字母表示，如 i、u、e 等。而瞬时值中最大的数值称为最大值或幅值，电量名称必须大写，下标加 m，如 U_m、I_m、E_m 等。

但在工程应用中常用有效值表示幅度。常用交流电表指示的电压、电流读数，就是被测物理量的有效值。如我们常说的照明电压为 220 V，也是指供电电压的有效值。

有效值是从电流的热效应来规定的。设一个正弦交流电流 i 和直流电流 I 通过同样大小的电阻 R，如果在一个周期 T 时间内，两个电流产生的热能相等，则这个正弦交流电流的有效值就等于直流电流 I 的大小，即

$$\int_0^T i^2 R\,\mathrm{d}t = I^2 RT\text{（热效应相当）}$$

则有

$$I = \sqrt{\frac{1}{T}\int_0^T i^2\,\mathrm{d}t}$$

当 $i = I_m \sin(\omega t + \varphi)$，可得

$$I = \frac{I_m}{\sqrt{2}} = 0.707 I_m$$

同理，有

$$U = \frac{U_m}{\sqrt{2}},\quad E = \frac{E_m}{\sqrt{2}}$$

例 2-1　若购得一台耐压为 300 V 的电器，是否可用于 220 V 的市电线路上？

解　因市电是正弦交流电，220 V 是电压的有效值，则电压的最大值 $U_m = 220\sqrt{2} = 311$ V。该用电器最高耐压 300 V 低于电源电压的最大值 311 V，所以不能用。

(2) 角频率

单位时间内交流电变化的弧度称为正弦量的角频率，用 ω 表示，单位是 rad/s(弧度/秒)。角频率是表示正弦量变化快慢的参数，而与之相关的另外两个参数——周期和频率，同样可以表示正弦量变化的快慢。

周期 T 指变化一周所需要的时间，单位为 s(秒)，ms(毫秒)等。

频率 f 指每秒变化的次数，单位为 Hz(赫兹)，kHz(千赫兹)等。

关系式为

$$f=\frac{1}{T},\quad \omega=\frac{2\pi}{T}=2\pi f$$

小常识：

电网频率(工频)：中国为 50 Hz，美国、日本为 60 Hz。

有线通信频率：300～5 000 Hz。

无线通信频率：30 kHz～3×10^4 MHz，如收音机的中波段一般为 100～1 500 kHz，短波为 6～30 MHz；手机 GSM 有两种频段：900 MHz 频段和 1 800 MHz 频段；4G 标准 LTE：2 010～2 025 MHz、2 570～2 620 MHz 和 2 320～2 370 MHz、1 880～1 920 MHz。

(3) 初相位

在正弦交流电流瞬时值表达式 $i=I_m\sin(\omega t+\varphi)$ 中，$(\omega t+\varphi)$ 是正弦交流电随时间变化的角度，称为该正弦量的相位角或相位。$t=0$ 时的相位角 φ，称为初相位或初相角。φ 给出了观察正弦波的起点或参考点(计时起点)，几种不同初相位(计时起点)的正弦电流波形如图 2-6 所示。

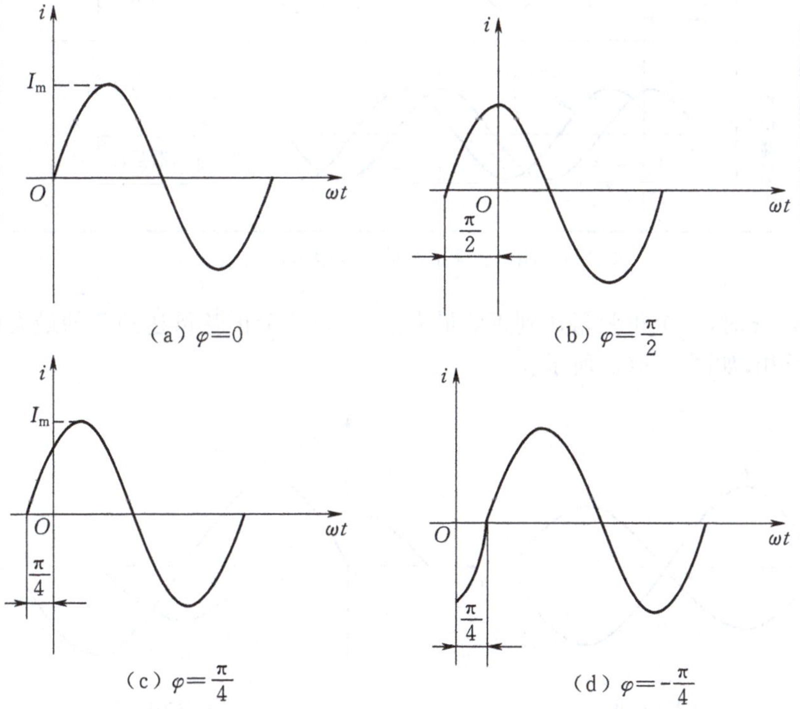

图 2-6 不同初相位(计时起点)的正弦电流波形

初相位 φ 常用于描述多个正弦波相互间的关系，即可以利用两个同频率正弦量之间的相位差（初相差）判定这两个同频率正弦量之间的相位关系。

如图 2-7 所示，设 $i_1=I_{m1}\sin(\omega t+\varphi_1)$，$i_2=I_{m2}\sin(\omega t+\varphi_2)$，则

$$\Delta\varphi=(\omega t+\varphi_2)-(\omega t+\varphi_1)=\varphi_2-\varphi_1$$

由 $\Delta\varphi$ 可以确定两种正弦信号的相位关系，如图 2-8 所示。

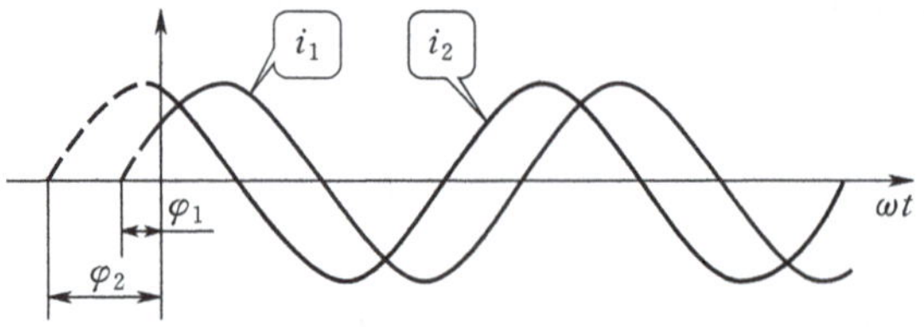

图 2-7　两个同频率正弦量之间的相位关系

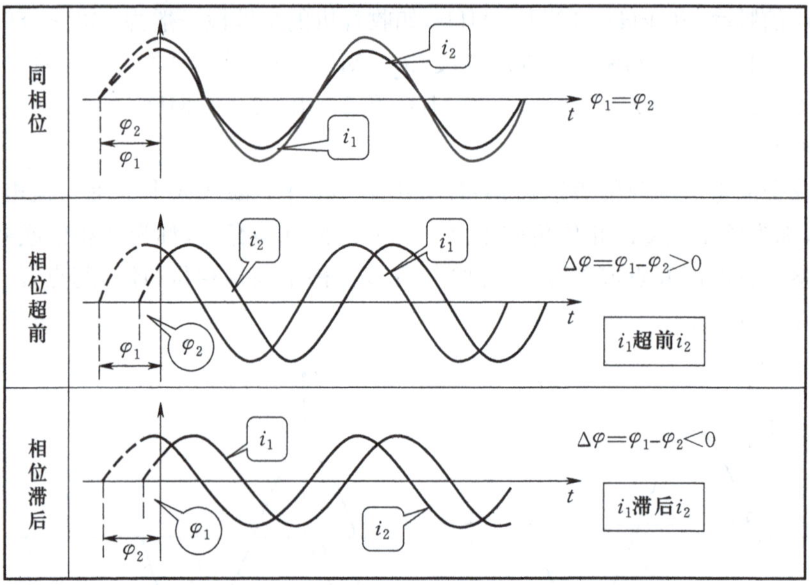

图 2-8　由 $\Delta\varphi$ 确定两种正弦信号的相位关系

当 $\Delta\varphi=\pi$ 时，一个正弦量达到正的最大值时，另一个正弦量达到负的最大值，称这两个正弦量反相，如图 2-9(a)所示。

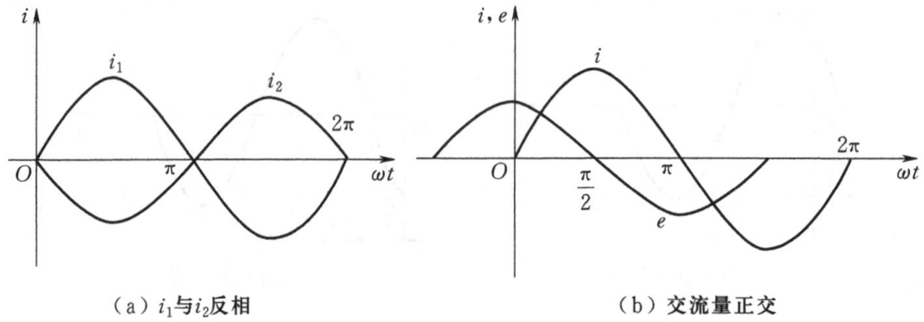

图 2-9　两种特殊的相位关系

当 $\Delta\varphi=\pi/2$ 时，一个正弦量较另一个正弦量超前 90°，称这两个正弦量正交，如图 2-9(b) 所示。

例 2-2 写出图 2-10 中 e_1、e_2 的最大值、初相和角频率，以及 e_1、e_2 之间的相位关系。

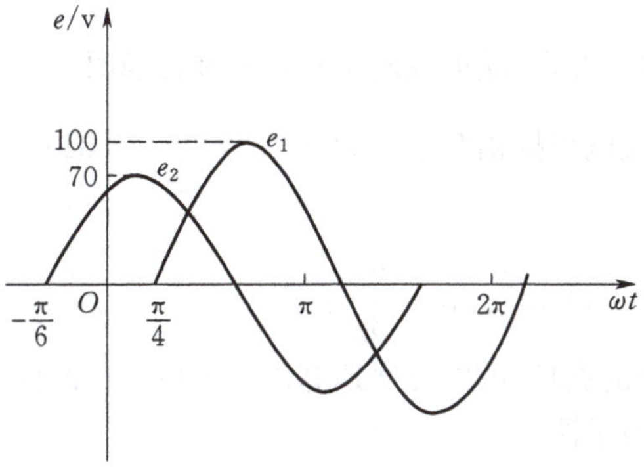

图 2-10 例 2-2 图

解 e_1 的最大值是 100 V、初相是 $-\pi/4$、角频率是 ω。

e_2 的最大值是 70 V、初相是 $\pi/6$、角频率是 ω。

e_1 的初相是 $-\pi/4$，e_2 的初相是 $\pi/6$，所以 e_2 超前 e_1，超前 $5\pi/12$。

4. 正弦量的表示方法

(1) 波形图表示法

波形图表示法的横坐标表示角度 ωt（或时间 t），纵坐标表示随时间变化的电动势、电压或电流的瞬时值，如图 2-11 所示。

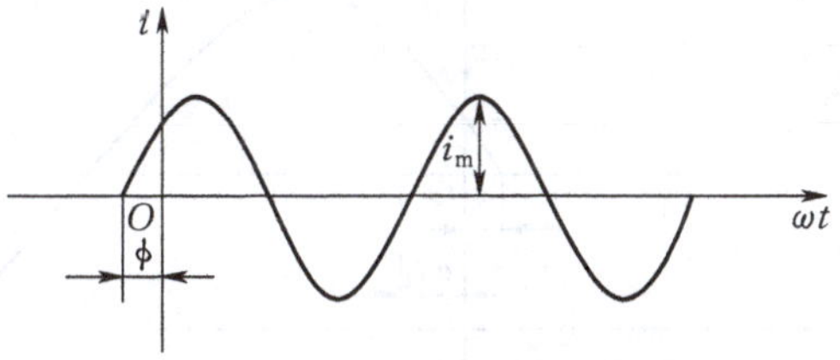

图 2-11 交流电的波形图

波形图表示法的优点是：能反映出交流电的最大值、初相和角频率；能直接看出交流电随时间的变化趋势，以及同频率的不同正弦量间的超前和滞后关系；能用示波器观察。

(2) 解析式表示法

解析式表示法，即函数表示法（瞬间值表达式表达法）。正弦交流电的标准解析式为

$$u=U_m\sin(\omega t+\varphi)$$

$$i=I_m\sin(\omega t+\varphi)$$

$$e=E_m\sin(\omega t+\varphi)$$

① 知道了解析式，就可以确定交流电的三要素及任意时刻值（瞬时值）。

例 2-3 已知电流解析式 $i=10\sin\left(314t-\frac{\pi}{6}\right)$ A，求交流电三要素。

解 振幅 $I_m=10$ A，角频率 $\omega=314$ rad/s，频率 $f=\frac{\omega}{2\pi}=50$ Hz，周期 $T=\frac{1}{f}=0.02$ s，初相位 $\varphi=-\frac{\pi}{6}$。

② 知道了交流电的三要素，就可以确定解析式及任意时刻值（瞬时值）。

例 2-4 某正弦交流电压振幅 $U_m=311$ V，角频率 $\omega=314$ rad/s，初相位 $\varphi=\frac{2}{3}\pi$，求其解析式。

解 其解析式为 $u=311\sin\left(314t-\frac{2}{3}\pi\right)$ V。

③ 解析式表示法的优点是：可以方便地算出交流电任何瞬间的值。

(3) 正弦量的相量表示法

相量（矢量）在平面上指有向线段。正弦量用相量表示，关键在于如何用相量的形式来表示正弦量的三要素——幅值、频率和初相位。

设正弦量 $i=I_m\sin(\omega t+\varphi)$，如图 2-12 所示，在复平面上作矢量，起点位于原点，其线段长度按比例等于 i 的最大值 I_m，其与横轴的夹角等于 i 的初相位 φ。让其以 ω 的角速度绕原点逆时针旋转，则初始时矢量在纵轴上的投影 $Oa=I_m\sin\varphi$，即 i 在 $t=0$ 时的值；经过时间 t_1 投影为 $Ob=I_m\sin(\omega t_1+\varphi)$，即 i 在 t_1 时刻的值。这样，一个旋转的矢量即可表示一个正弦量。

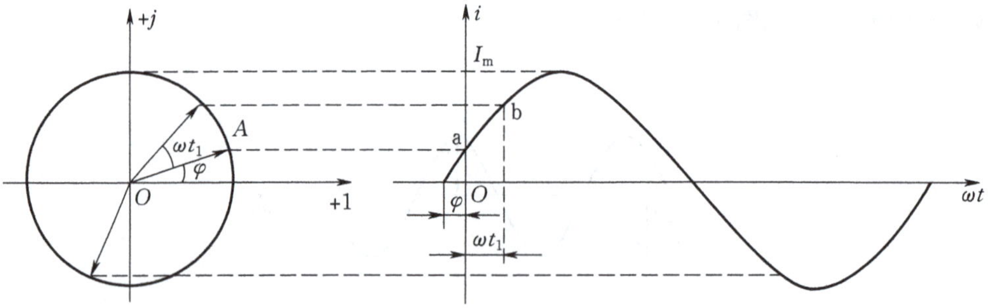

图 2-12 正弦量的相量表示法

描述正弦量的有向线段称为相量。若其幅度用最大值表示，则最大值相量用符号 $\dot{U}_m$、$\dot{I}_m$ 表示。在实际应用中，幅度更多采用有效值，则有效值相量用符号 $\dot{U}$、$\dot{I}$ 表示。需要注意的是，相量符号 $\dot{U}$、$\dot{I}$ 同时包含幅度与相位信息，与有效值 U、I 的含义是不同的。

例 2-5 将 u_1、u_2 用相量表示。

$$u_1=\sqrt{2}U_1\sin(\omega t+\varphi_1)$$

$$u_2=\sqrt{2}U_2\sin(\omega t+\varphi_2)$$

已知 $U_2>U_1$，$\varphi_2>\varphi_1$

解 u_1、u_2 相量图如图 2-13 所示。

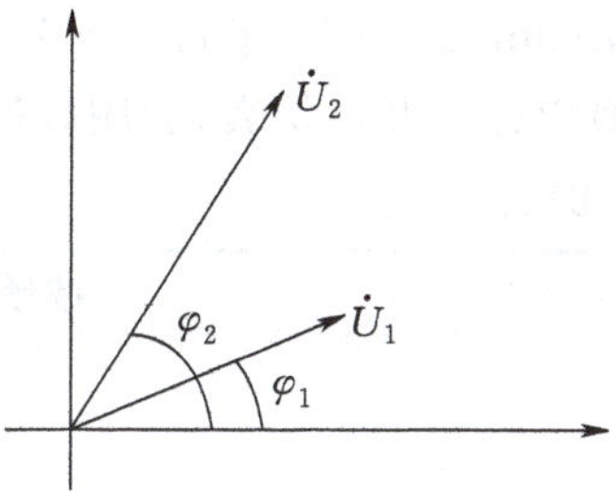

图 2-13　例 2-5 相量图

由于 $\varphi_2>\varphi_1$，故 u_2 超前 u_1，图中 $\dot{U}_2$ 在 $\dot{U}_1$ 的逆时针方向。

正弦量的相量除了可以用图形表示，还可以用式子表示。例如，$i=I_m\sin(\omega t+\varphi)=\sqrt{2}I\sin(\omega t+\varphi)$，对应的最大值相量表示为 $\dot{I}_m=I_m\angle\varphi$，有效值相量表示为 $\dot{I}=I\angle\varphi$。

例 2-6　设已知正弦电压 $u_1=141\sin\left(\omega t+\frac{\pi}{3}\right)$ V，$u_2=70.7\sin\left(\omega t-\frac{\pi}{3}\right)$ V，写出 u_1 和 u_2 的有效值相量并绘制相量图。

解　$\dot{U}_1=\frac{141}{\sqrt{2}}\angle\frac{\pi}{3}=100\angle\frac{\pi}{3}$

$\dot{U}_2=\frac{70.7}{\sqrt{2}}\angle-\frac{\pi}{3}=50\angle-\frac{\pi}{3}$

相量图如图 2-14 所示。

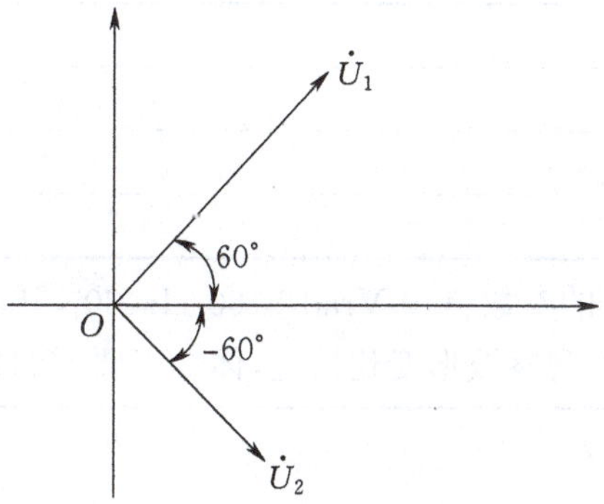

图 2-14　例 2-6 相量图

〖任务实施〗

1. 列出本任务所用材料、仪表、设备及工具清单。

序号	名称	规格型号	单位	数量	备注

2. 利用实训室提供的“Multisim 虚拟仿真平台”(安装在实训台配套的计算机上),搭建任务布置中(图 2-1)虚拟仿真电路。开启仿真,利用虚拟示波器分别观察 U1、u2 的波形,并指出直流电与交流电的区别。

观测对象	波形
U1	
u2	
直流电与交流电的区别	

3. 开启仿真,利用虚拟示波器观察正弦电压 u2 的波形,从波形中读出该正弦电压的三要素,并写出该正弦电压瞬时值表达式。

幅度	
频率	
初相位	
瞬时值表达式	

4. 改变交流电压源 u2 的参数:110 Vrad/s、60 Hz、30°,开启仿真,利用虚拟示波器观察此时正弦电压 u2 的波形,观察波形变化情况,体会三要素的含义。

5. 写出前、后两次 u2 的相量表达式，并绘制对应的相量图。

参数改变前 *u*2 的相量表达式	
参数改变前 *u*2 的相量图	
参数改变后 *u*2 的相量表达式	
参数改变后 *u*2 的相量图	

〖任务评价〗

本任务评价包括个人自评、小组互评和教师评价。其中，个人自评和小组互评各占 20%，教师评价占 60%。任务评价主要从职业素养、专业能力、工作成果三个方面进行。总分 90～100 为优，80～89 为良，70～79 为中，60～69 为合格，60 分以下为不合格。

考核项目	评价内容	分值	评价分数		
			个人自评	小组互评	教师评价
职业素养	穿戴、仪容仪表符合工作要求	5			
	具备安全意识、责任意识、服从意识	6			
	积极参加教学活动，按时完成各种学习任务	6			
	团队合作意识强，善于与人交流和沟通	6			
	遵守纪律、尊重师长、团结同学	6			
	管理现场符合 6S 标准	6			
专业能力	能列出本任务所用工具、材料	10			
	能利用“Multisim 虚拟仿真平台”正确完成任务电路搭建	15			
	能利用虚拟示波器观测所需的波形	10			
工作成果	能利用观测波形读出三要素，写出表达式，绘制相量图	20			
	测量数据准确，记录、波形描绘规范	10			
总分		100			
总评	个人自评×20%＋小组互评×20%＋教师评价×60%	综合等级			
教师(签名)：					

〖课后作业与思考〗

1. 简述正弦交流电三要素及其物理含义。
2. 上网检索世界上主流国家所采用正弦交流电标准。
3. 在日本旅行时，购买了当地的电动抽水马桶，请问可以直接在我国使用吗？为什么？

〖课外阅读〗

西电东送工程

西电东送工程是中国实施西部大开发战略，将西部地区资源优势转化为经济优势的重大举措，是西部大开发的标志性工程和骨干工程，由南、中、北三大通道构成，从2001年到2010年，10年总投资5 300亿元以上(不包括三峡电站)。南通道是指开发西南地区的水电和云南、贵州的火电，相应建设输电工程联合向广东送电；中通道是指以三峡电力送出为龙头，将输电网络向西延伸至长江上游地区，实现川渝和华中地区共同向华东、广东送电；北通道是指在山西北部、内蒙古西部向京津唐地区送电的基础上，逐步实现黄河上游水电和“三西”地区火电向华北、山东地区送电。截至2008年底，西电东送三大通道送电能力已达6 318万kW，其中，南通道2 018万kW，中通道1 750万kW，北通道2 550万kW。

后续国家批准了第二批西电东送项目开工建设，其中包括装机容量420万kW的广西红水河龙滩水电站和北通道火电项目。西电东送南通道新增向广东送电1 000万kW，其中，云、贵地区送电广东700万kW，三峡及华中地区送电广东300万kW，建成了800万kW电源项目和贵州至广东、三峡至广东等500 kV交、直流输电工程，其中，天广500 kV直流输电工程双极建成投运，开创了中国大容量交直流输电系统混合运行的先河。随着三峡水电站机组陆续投产，中通道新增向华东送电420万kW和广东送电300万kW，建成了三峡至华东及川电东送等输电工程，实现了川渝电网与华中电网交流联网。北通道新增向京津唐和河北南网送电500万kW，其中，蒙西300万kW、山西200万kW，建成了蒙西至京津唐、山西至京津唐和山西至山东等500千伏交流线路。2007年底，贵州至广东第二回±500千伏直流输电工程双极建成投运，标志着南方电网“六交四直”10条500千伏西电东送南部大通道的形成。该工程是中国第一个直流输电自主化依托项目，系统研究、成套设计、主要设备制造等综合自主化率在70%以上，标志着我国电力行业重大技术装备国产化工作取得了重要突破。

任务2.2 单一元件的单相交流电路的认知与测试

〖任务布置〗

利用实训室提供的“Multisim虚拟仿真平台”(安装在实训台配套的计算机上)，搭建如图2-15所示单一参数(纯电阻、纯电感、纯电容)正弦交流电路的虚拟仿真电路(可分别搭建)。

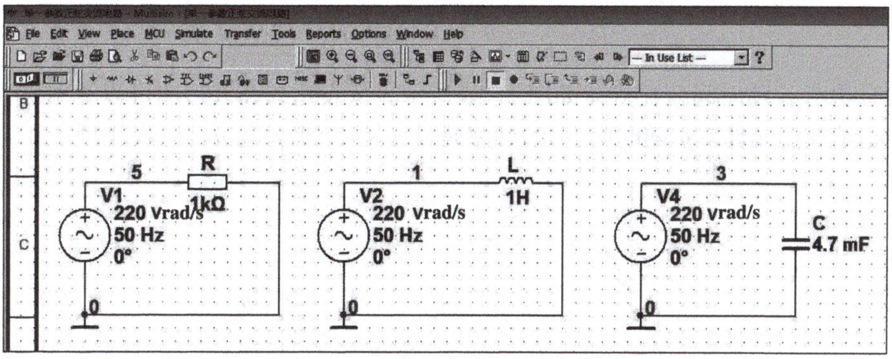

图 2-15　任务虚拟仿真电路

(1) 利用万用表测试纯电阻电路中电流、电压，利用示波器观察其波形，研究纯电阻电路中电流、电压之间关系；利用功率表测量其功率。

(2) 利用万用表测试纯电感电路中电流、电压，利用示波器观察其波形，研究纯电感电路中电流、电压之间关系；利用功率表测量其功率。

(3) 利用万用表测试纯电容电路中电流、电压，利用示波器观察其波形，研究纯电容电路中电流、电压之间关系；利用功率表测量其功率。

〖任务分析〗(知识模块)

1. 纯电阻正弦交流电路

(1) 电流、电压的关系

纯电阻正弦交流电路如图 2-16 所示。根据欧姆定律，$u=iR$。设 $u=\sqrt{2}U\sin\omega t$，则

$$i=\frac{u}{R}=\sqrt{2}\frac{U}{R}\sin\omega t=\sqrt{2}I\sin\omega t$$

可见，纯电阻正弦交流电路中电流、电压的关系如下：

① 频率相同；

② 相位相同；

③ 有效值关系为 $U=IR$（满足欧姆定律）。

④ 相量关系如图 2-17 所示。

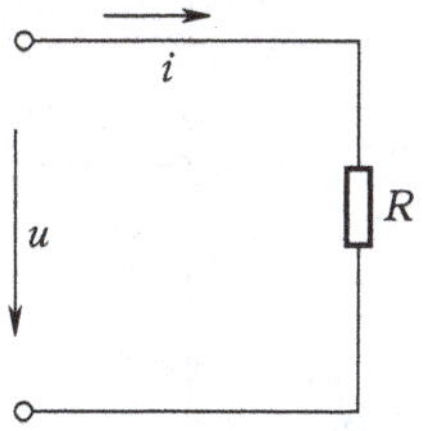

图 2-16　纯电阻正弦交流电路

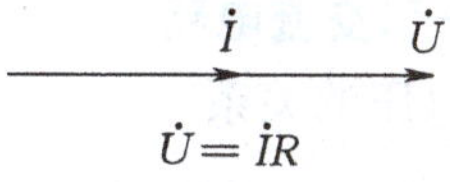

图 2-17　纯电阻正弦交流电路中相量关系

(2) 纯电阻正弦交流电路中的功率

① 瞬时功率 p 为瞬时电压 u 与瞬时电流 i 的乘积，即

$$p=ui=i^2R=\frac{u^2}{R}=2UI\sin^2\omega t=UI(1-\cos^2\omega t)$$

瞬时功率 p 随时间变化规律如图 2-18 所示。从表达式和波形图可以看出：$p\geqslant 0$(说明电阻是纯耗能元件)；p 随时间变化，频率是 u、i 的 2 倍；p 与 u_2、i_2 成比例。

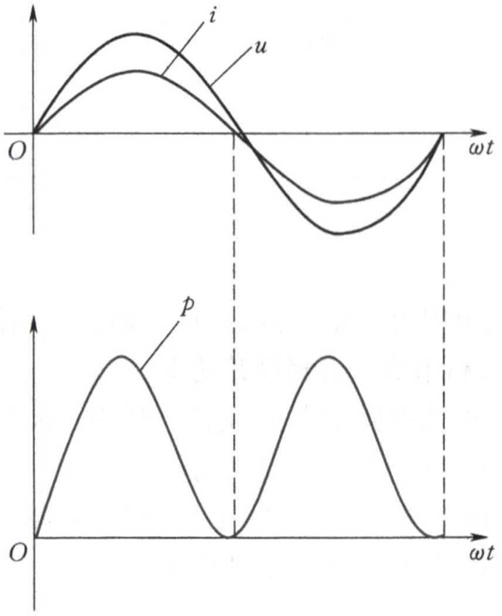

图 2-18　纯电阻正弦交流电路中瞬时功率变化规律

② 平均功率(有功功率)P

瞬时功率在一个周期内的平均值称为平均功率，又称有功功率，用 P 表示，即

$$\begin{aligned}P&=\frac{1}{T}\int_0^T p\,\mathrm{d}t=\frac{1}{T}\int_0^T ui\,\mathrm{d}t\\&=\frac{1}{T}\int_0^T UI(1-\cos^2\omega t)\mathrm{d}t\\&=UI=I^2R=\frac{U^2}{R}\end{aligned}$$

平均功率(有功功率)P 反映了电路中实际消耗的功率，其单位为 W(瓦特)。

例 2-7　有一电阻 $R=100\ \Omega$，通过的电流 $i=1.1\sqrt{2}\sin(100t-120°)\,\mathrm{A}$，求电阻两端电压 u 瞬时值表达式，以及电阻消耗的功率。

解　$I=1.1\ \mathrm{A}$，$U=IR=1.1\times 100=110\ \mathrm{V}$。所以

$$u=110\sqrt{2}\sin(100t-120°)$$

$$P=UI=110\times 1.1=121\ \mathrm{W}$$

2. 纯电感正弦交流电路

(1) 电流、电压的关系

纯电感正弦交流电路如图 2-19 所示。设 $i=\sqrt{2}I\sin\omega t$，则

$$\begin{aligned}u&=L\frac{\mathrm{d}i}{\mathrm{d}t}=\sqrt{2}I\omega L\cos\omega t\\&=\sqrt{2}I\omega L\sin(\omega t+90°)\end{aligned}$$

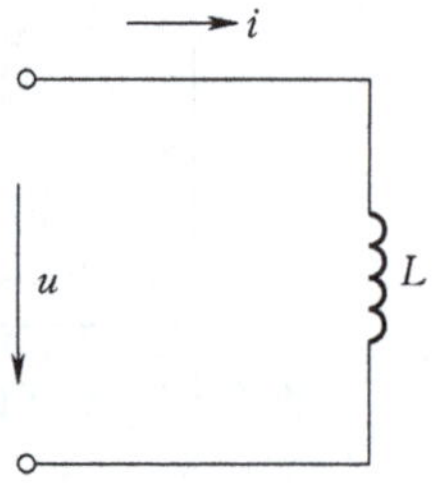

图 2-19　纯电感正弦交流电路

$$=\sqrt{2}U\sin(\omega t+90°)$$

可见，纯电感正弦交流电路中电流、电压的关系如下：

① 频率相同。

② 相位相差 90°（u 超前 i 90°），如图 2-20(a)所示。

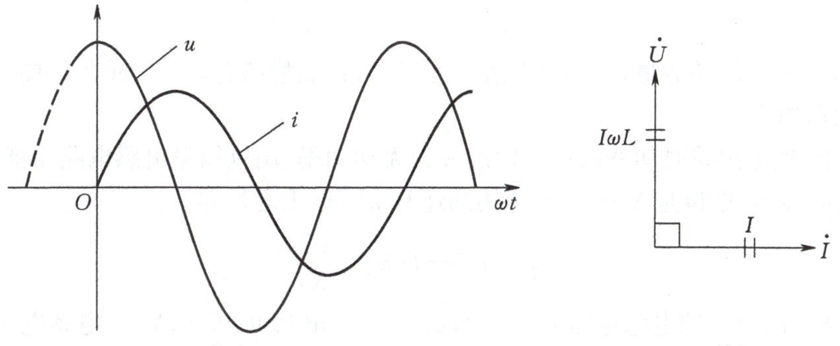

图 2-20　纯电感正弦交流电路中电流、电压的关系

③ 有效值关系为 $U=I\cdot\omega L$

$X_L=\omega L$，称为感抗，单位是 Ω（欧姆）。感抗是频率的函数，表示电感电路中电压、电流有效值之间的关系，且只对正弦波有效。X_L 与 ω 成正比。因此电感有“通低频阻高频”的特性，当 $\omega=0$ 时，$X_L=0$，故电感在直流电路中视为短路。

定义感抗 X_L 后，则纯电感电路中电压、电流有效值的关系为

$$U=IX_L（满足欧姆定律）$$

④ 相量关系如图 2-20(b)所示。

(2) 纯电感正弦交流电路中的功率

① 瞬时功率 p 为

$$p=ui=2UI\sin\omega t\cos\omega t=UI\sin 2\omega t$$

瞬时功率 p 随时间的变化规律如图 2-21 所示。可见，电感电路中，电能与磁场能之间轮流进行可逆的能量转换过程。

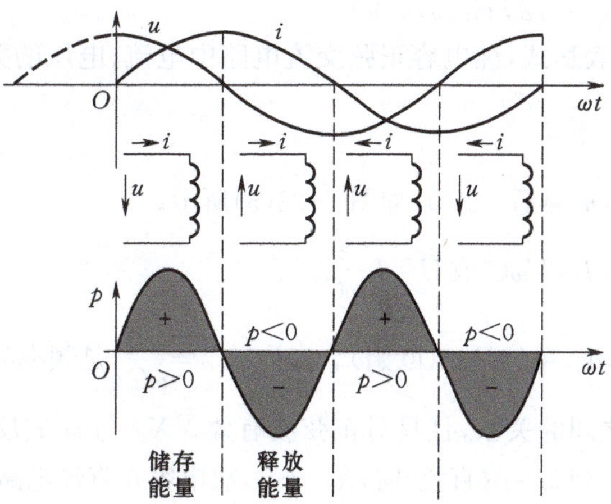

图 2-21　纯电感正弦交流电路中瞬时功率的变化规律

② 平均功率（有功功率）P 为

$$P=\frac{1}{T}\int_0^T p\,\mathrm{d}t$$
$$=\frac{1}{T}\int_0^T UI\sin(2\omega t)\,\mathrm{d}t$$
$$=0$$

可见，电感不消耗能量，只和电源进行能量交换（能量的吞吐），电感是储能元件。

③ 无功功率

工程上，把电感瞬时功率的最大值定义为无功功率，用以衡量电感电路中能量交换的规模，用 Q_L 表示，单位是 Var（乏），常用的还有 kVar（千乏），即

$$Q_L=UI=I^2X_L=\frac{U^2}{X_L}$$

例 2-8 已知一纯电感电路 $L=2$ H，$u_L=311\sin(100t-30°)$ V，求电感电流 i_L（电流 i_L 与电压 u_L 的参考方向一致）。

解 $U=\frac{311}{\sqrt{2}}=220$ V

$X_L=\omega L=200\ \Omega$

$I=\frac{U}{X_L}=\frac{220}{200}=1.1$ A

因为电流滞后电压 90°，所以 $\varphi_i=-30°-90°=-120°$，故

$$i_L=1.1\sqrt{2}\sin(100t-120°)\text{A}$$

3. 纯电容正弦交流电路

(1) 电流、电压的关系

纯电容正弦交流电路如图 2-22 所示。设 $u=\sqrt{2}U\sin\omega t$，则

$$i=C\frac{\mathrm{d}u}{\mathrm{d}t}=\sqrt{2}U\omega C\cos\omega t$$
$$=\sqrt{2}U\omega C\sin(\omega t+90°)$$
$$=\sqrt{2}I\sin(\omega t+90°)$$

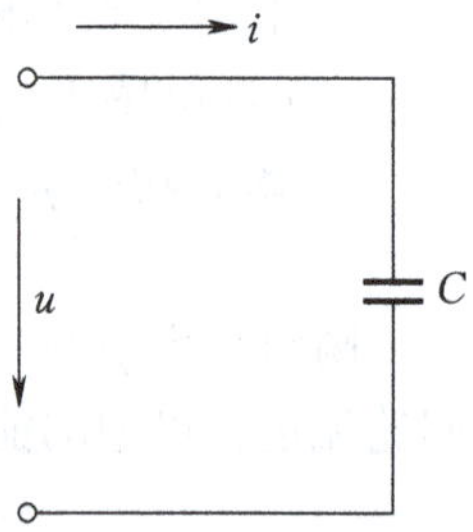

图 2-22 纯电容正弦交流电路

比较 u、i 瞬时值表达式，纯电容正弦交流电路中电流、电压的关系如下：

① 频率相同。

② 相位相差 90°（u 滞后 i 90°），如图 2-23(a) 所示。

③ 有效值关系为 $I=U\omega C$ 或 $U=I\frac{1}{\omega C}$。

$X_C=\frac{1}{\omega C}$，称为容抗，单位是 Ω（欧姆）。容抗 $\left(X_C=\frac{1}{\omega C}\right)$ 是频率的函数，表示电容电路中电压、电流有效值之间的关系，且只对正弦波有效。X_C 与 ω 成反比。因此电容有“通高频阻低频”的特性。当 $\omega=0$（直流）时，$X_C\to\infty$，故电容在直流电路中视为开路。

定义容抗 X_C 后，则纯电容电路中电压、电流有效值的关系为

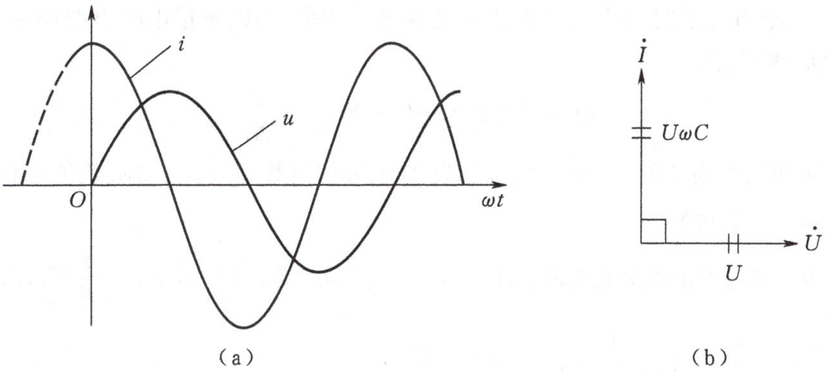

图 2-23　纯电容正弦交流电路中电流、电压的关系

$$U=I\cdot X_{\mathrm{C}}\text{(满足欧姆定律)}$$

④ 相量关系如图 2-23(b)所示。

(2) 纯电容正弦交流电路中的功率

① 瞬时功率 p 为

$$p=ui=-2UI\sin\omega t\cos\omega t=-UI\sin 2\omega t$$

瞬时功率 p 随时间变化规律如图 2-24 所示，可见。电容电路中，电能与电场能之间轮流进行可逆的能量转换过程。

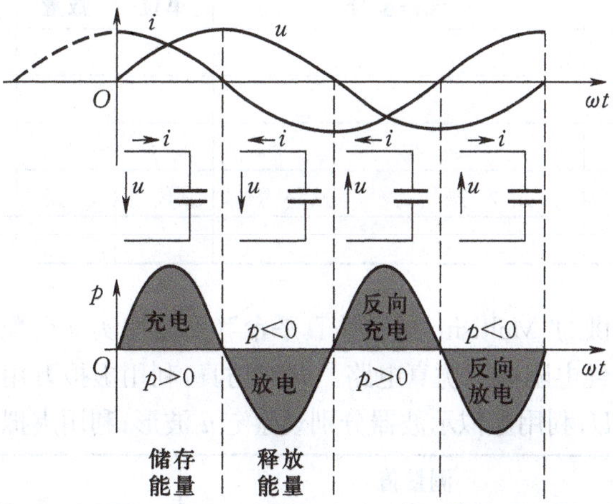

图 2-24　纯电容正弦交流电路中瞬时功率的变化规律

② 平均功率(有功功率)P 为

$$\begin{aligned}P&=\frac{1}{T}\int_0^T p\,\mathrm{d}t\\&=\frac{1}{T}\int_0^T -UI\sin(2\omega t)\,\mathrm{d}t\\&=0\end{aligned}$$

可见，电容不消耗能量，只和电源进行能量交换(能量的吞吐)，电容是储能元件。

③ 无功功率

工程上，把电容瞬时功率的最大值定义为无功功率，用以衡量电感电路中能量交换的规模，用 Q_C 表示，即

$$Q_C = -UI = -I^2 \cdot X_C = -\frac{U^2}{X_C}$$

电容无功功率为负值，表明它与电感转换能量的过程相反，电感吸收能量的同时，电容释放能量，反之亦然。

例 2-9 纯电容正弦交流电路中，已知 $C=1\ \mu F$，$u=70.7\sqrt{2}\sin\left(314t-\frac{\pi}{6}\right)$ V，求 I、i。

解 $X_C=\frac{1}{\omega C}=\frac{1}{314\times 1\times 10^{-6}}=3\ 180\ \Omega$

电流有效值 $I=\frac{U}{X_C}=\frac{70.7}{3\ 180}=0.022$ A

在纯电容电路中，i 超前于 u 90°，

故电流瞬时值 $i=0.022\sqrt{2}\sin\left(314t-\frac{\pi}{6}+\frac{\pi}{2}\right)=0.022\sqrt{2}\sin\left(314t+\frac{\pi}{3}\right)$。

〖任务实施〗

1. 列出本任务所用材料、仪表、设备及工具清单。

序号	名称	规格型号	单位	数量	备注

2. 利用实训室提供的“Multisim 虚拟仿真平台”(安装在实训台配套的计算机上)，搭建任务布置中(图 2-15)纯电阻虚拟仿真电路。开启仿真，利用虚拟万用表测量电路中电流有效值 I 和电压有效值 U；利用虚拟示波器分别观察 i、u 波形；利用虚拟功率表测量功率。

项目	测量值	理论值
I		
U		
有功功率 P		
u、i 波形示意图		
结论		

3. 利用实训室提供的“Multisim 虚拟仿真平台”(安装在实训台配套的计算机上),搭建任务布置中(图 2-15)纯电感虚拟仿真电路。开启仿真,利用虚拟万用表测量电路中电流有效值 I 和电压有效值 U;利用虚拟示波器分别观察 i、u 波形;利用虚拟功率表测量功率。

项目	测量值	理论值
I		
U		
无功功率 Q_L		
u、i 波形示意图		
结论		

4. 利用实训室提供的“Multisim 虚拟仿真平台”(安装在实训台配套的计算机上),搭建任务布置中(图 2-15)纯电容虚拟仿真电路。开启仿真,利用虚拟万用表测量电路中电流有效值 I 和电压有效值 U;利用虚拟示波器分别观察 i、u 波形;利用虚拟功率表测量功率。

项目	测量值	理论值
I		
U		
无功功率 Q_C		
u、i 波形示意图		
结论		

〖任务评价〗

本任务评价包括个人自评、小组互评和教师评价。其中,个人自评和小组互评各占 20%,教师评价占 60%。任务评价主要从职业素养、专业能力、工作成果三个方面进行。总分 90~100 为优,80~89 为良,70~79 为中,60~69 为合格,60 分以下为不合格。

考核项目	评价内容	分值	评价分数		
			个人自评	小组互评	教师评价
职业素养	穿戴、仪容仪表符合工作要求	5			
	安全意识、责任意识、服从意识	6			
	积极参加教学活动，按时完成各种学习任务	6			
	团队合作意识强，善于与人交流和沟通	6			
	遵守纪律、尊重师长、团结同学	6			
	管理现场符合6S标准	6			
专业能力	能列出本任务所用工具、材料	10			
	能利用"Multisim"正确完成任务电路搭建	15			
	能利用虚拟万用表测量电压、电流；能利用虚拟示波器观测所需的波形；能利用虚拟功率表测量功率	10			
工作成果	能利用测量电压、电流、功率与理论计算值比较，总结纯电阻电路、纯电感电路、纯电容电路特性	20			
	测量数据准确，记录、波形描绘规范	10			
总分		100			
总评	个人自评×20%＋小组互评×20%＋教师评价×60%	综合等级			
教师(签名)：					

〖课后作业与思考〗

1. 简述电阻、电感、电容在正弦交流电路的特性。
2. 无功功率是无用功率吗？它与有功功率有什么区别？

〖课外阅读〗

超级工程——海上巨型风力发电机

在人类开发利用的清洁能源中，风能是在可知范围内对环境影响最小的绿色能源之一。在中国市场，一部5 MW的风力发电机可以不消耗任何燃料，从空气中最终获取超过4亿元的电能。2010年，中国风电装机容量超越美国，成为世界第一风电大国。2017年8月，当时世界上最大的海上风力发电机SL5000投入试运行。值得骄傲的是，从设计图纸到零件的组装全过程都是由我国自行完成的，此技术位居世界首位。其巨大的机箱可以让直升机完成正常起降，螺旋桨叶片长达128 m，相当于一艘054护卫舰的长度，风机叶片的外壳是玻璃钢材料，对轴承要求更加苛刻，所要求的硬度是一把不锈钢菜刀的5倍，检测硬度的检测仪检测头由红宝石做成，使轴承误差在0.8 μm以内，相当于头发丝直径的二十分之一。安装风机是最难的，和陆地相比在海面上施工难度就更大了。和陆上风相比，海上风更平稳,风向几乎没什么变化,可以达到持续发电作用。海上风场基本建设在沿海一二百公里,加之常年有风,能较好地满足东南沿海的需求。

“十四五”规划和2035年远景目标纲要提出,大力提升风力发电规模、有序发展海上风电。我国在风电发展的道路上已经取得了一系列傲人的成绩。2009年,我国在上海附近发展高难度的海上风电,一年之后亚洲最大海上风电场出现在东海大桥东侧,并且在上海世博会之前成功并网发电。值得一提的是,在风力发电其他领域,我国也取得了国际领先地位。位列世界前10的陆上风机制造商,中国占了4位,上海电气更是成为世界上最大的海上风机制造商,在2016年占据了全球风机制造数量的一半以上。此外,全球首艘一步式海上风机运输安装船在通州湾下水,该船可以直接在指定海域对风机进行投放式安装,大大提高了安装效率。中国的风电技术让很多国家望尘莫及。

任务2.3 含有多个电路元件的单相交流电路的分析

〖任务布置〗

利用实训室提供的“Multisim虚拟仿真平台”(安装在实训台配套的计算机上),搭建如图2-25所示RLC串联正弦交流电路的虚拟仿真电路。

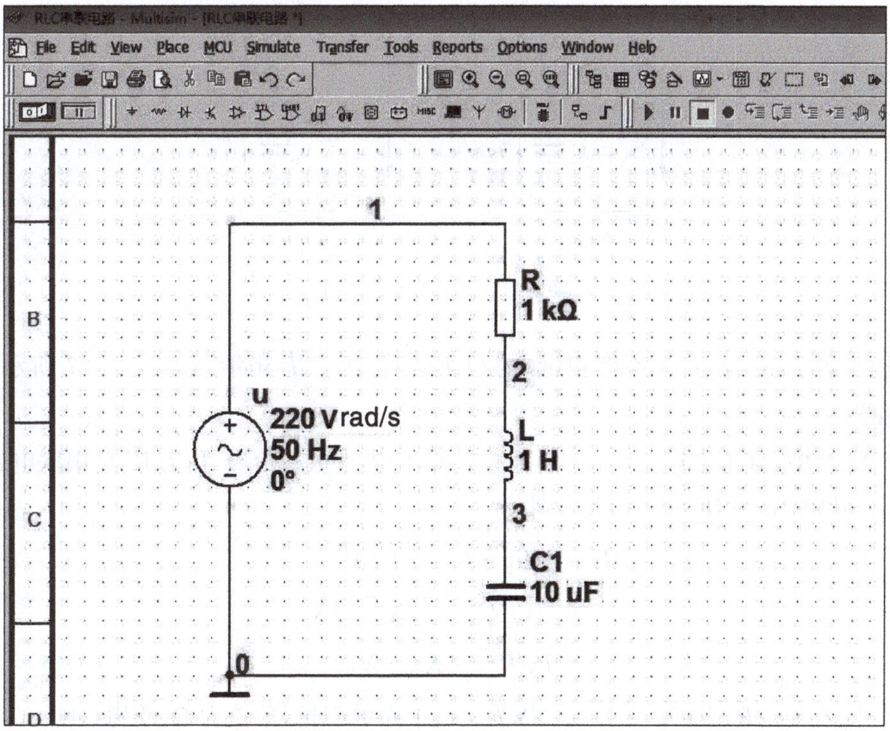

图2-25 虚拟仿真电路

(1) 利用虚拟万用表测试 RLC 串联电路中电流、总电压 U、各 RLC 元件两端电压 U_R、U_L、U_C，利用示波器观察其波形，研究 RLC 串联电路中电流、电压之间关系，以及总电压与各分电压之间关系。

(2) 利用虚拟功率表测量总有功功率、无功功率，以及各 RLC 元件有功功率、无功功率，研究功率之间的关系。

(3) 改变输入正弦交流电压源频率(50 Hz 改为 100 Hz)，研究 RLC 串联电路性质。

〚任务分析〛(知识模块)

1. RLC 串联电路中电流、电压的关系

(1) 电压三角形、阻抗

RLC 串联电路如图 2-26(a)所示，其相量模型如图 2-26(b)所示。根据基尔霍夫电压定律，可得

$$u=u_R+u_L+u_C$$

其相量形式为 $\dot{U}=\dot{U}_R+\dot{U}_L+\dot{U}_C$。

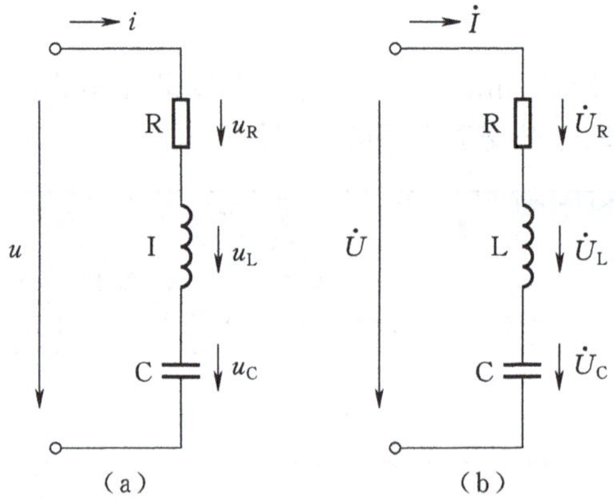

图 2-26　RLC 串联电路

设 $i=\sqrt{2}I\sin\omega t$，$\dot{I}$ 为参考相量，则 $\dot{U}$、$\dot{U}_R$、$\dot{U}_L$、$\dot{U}_C$、$\dot{I}$ 相量图如图 2-27 所示(假设 $U_L>U_C$)。

图 2-27 中，直角边 $\dot{U}_R$、$(\dot{U}_L+\dot{U}_C)$，斜边 $\dot{U}$ 构成直角三角形，称为 RLC 串联电路电压三角形。其中，$U_R=IR$，$U_L=IX_L$，则

$$\begin{aligned}U&=\sqrt{U_R^2+(U_L-U_C)^2}\\&=\sqrt{(IR)^2+(IX_L-IX_C)^2}\\&=I\sqrt{R^2+(X_L-X_C)^2}\end{aligned}$$

定义 $|Z|=\sqrt{R^2+(X_L-X_C)^2}$，称为交流电路的阻抗，单位为 Ω(欧姆)，则

$$U=I|Z| \quad 或 \quad I=\frac{U}{|Z|} \quad (交流电路欧姆定律)$$

(2) 阻抗和电路性质的关系

图 2-27 中，φ 称为阻抗角，表示交流电路中总电压与电流的相位差，有

$$\varphi=\varphi_u-\varphi_i=\text{arctg}\frac{U_L-U_C}{U_R}=\text{arctg}\frac{X_L-X_C}{R},\quad |\varphi|\leqslant\pi$$

根据阻抗角 φ 即可判定电路性质。

① 当 $X_L>X_C$ 时，$\varphi>0$，表示 u 超前 i，电路呈感性。

② 当 $X_L<X_C$ 时，$\varphi<0$，表示 u 滞后 i，电路呈容性。

③ 当 $X_L=X_C$ 时，$\varphi=0$，表示 u、i 同相，电路呈阻性。

(3) 阻抗(Z)三角形

RLC 串联电路中，$|Z|$、R、X 组成一个直角三角形，称为阻抗三角形，如图 2-28 所示。

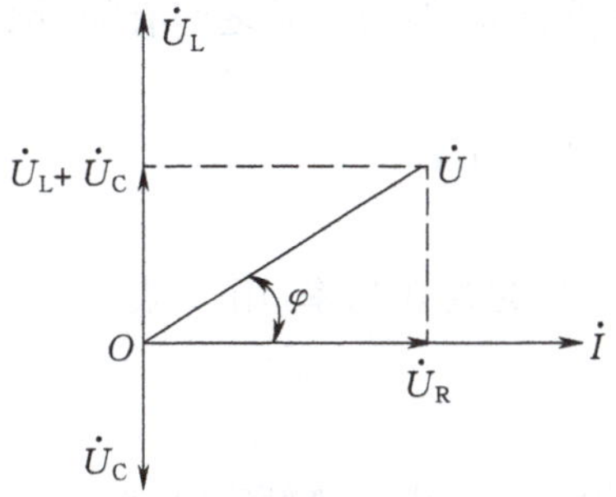

图 2-27 $\dot{U}$、$\dot{U}_R$、$\dot{U}_L$、$\dot{U}_C$、$\dot{I}$ 相量图

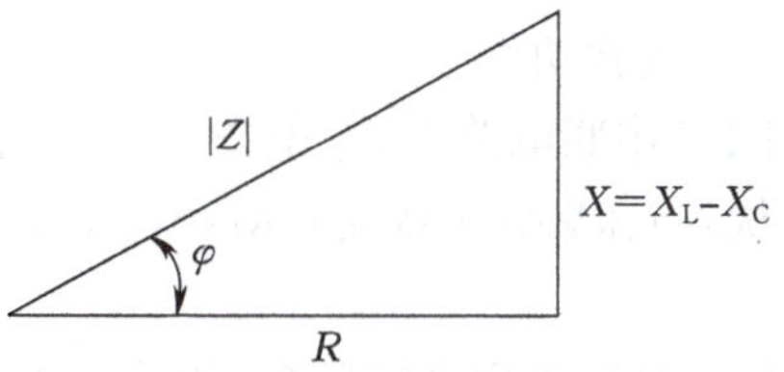

图 2-28 阻抗三角形

利用阻抗三角形，可以方便地求得 RLC 串联电路总阻抗大小。阻抗三角形和电压三角形是相似三角形。

例 2-10 在 RLC 串联电路中，已知 $R=40\ \Omega$，$L=223$ mH，$C=80\ \mu$F。若外加工频电压 $U=220$ V，试求：(1) 电路的阻抗；(2) 电流的有效值；(3) 各元件两端电压的有效值；(4) 判断电路的性质。

解 因工频 $\omega=314$ rad/s，有

(1) 电路的阻抗

$$X_L=\omega L=314\times223\times10^{-3}\approx70\ \Omega$$

$$X_C=\frac{1}{\omega C}=\frac{1}{314\times80\times10^{-6}}\approx40\ \Omega$$

$$|Z|=\sqrt{R^2+(X_L-X_C)^2}=\sqrt{40^2+(70-40)^2}=50\ \Omega$$

(2) 电流的有效值 $I=\dfrac{U}{|Z|}=\dfrac{220}{50}=4.4$ A。

(3) 各元件两端的电压有效值分别为

$$U_R=IR=4.4\times40=176\ \text{V}$$

$$U_L=IX_L=4.4\times70=308\ \text{V}$$

$$U_C=IX_C=4.4\times40=176\ \text{V}$$

(4) 因为 $X_L>X_C$，则 $\varphi>0$，总电压超前电流 φ，所以电路呈电感性。

2. RLC 串联中的功率关系

(1) 瞬时功率 p 为

$$p=ui=p_R+p_L+p_C$$

(2) 平均功率 P(有功功率)为

$$P=\frac{1}{T}\int_0^T p\mathrm{d}t=\frac{1}{T}\int_0^T (p_R+p_L+p_C)\mathrm{d}t$$

电感、电容在电路中不消耗有功功率,电路有功功率为

$$P=P_R=U_RI=I^2R$$

则平均功率 P 与总电压 U、总电流 I 之间的关系为

$$P=UI\cos\varphi$$

其中,φ 为阻抗角,$\cos\varphi$ 为功率因数。

(3) 无功功率 Q

在 RLC 串联的电路中,储能元件 L、C 虽然不消耗能量,但与电源之间有能量交换,交换的规模用无功功率 Q 来表示。其大小为

$$Q=Q_L+Q_C=(U_L-U_C)I=UI\sin\varphi$$

(4) 视在功率

RLC 串联电路中,总电压与总电流有效值的乘积称为视在功率,用 S 表示,单位为 VA(伏安)、kVA(千伏安)、MVA(兆伏安),即

$$S=UI$$

视在功率可用来衡量交流电源可能提供的最大功率(额定电压×额定电流)。

(5) 功率三角形

RLC 串联交流电路中有三种功率,即

① 有功功率 $P=UI\cos\varphi$。

② 无功功率 $Q=UI\sin\varphi$。

③ 视在功率 $S=UI=\sqrt{P^2+Q^2}$。

所以 P、Q、S 组成功率三角形,如图 2-29 所示。

阻抗三角形、电压三角形、功率三角形为一组相似三角形,如图 2-30 所示。

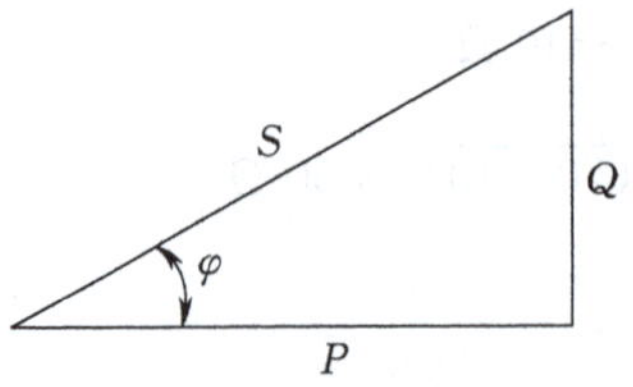

图 2-29 功率三角形

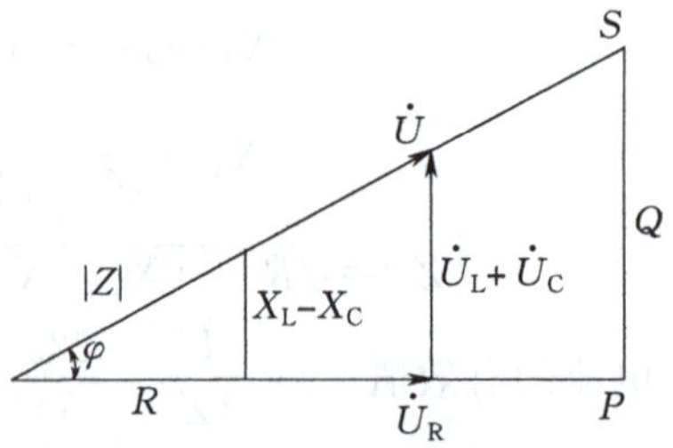

图 2-30 阻抗三角形、电压三角形、功率三角形

例 2-11 由 $R=2\ \Omega$,$L=2\ \text{mH}$,$C=25\ \mu\text{F}$ 组成的 RLC 串联电路,接在 $u=141\sin(10\ 000t+30°)\text{V}$ 的电源上,求电流 I,有功功率 P,无功功率 Q 及视在功率 S。

解 $|Z|=\sqrt{R^2+\left(\omega L-\frac{1}{\omega C}\right)^2}=16.1\ \Omega$

$$I=\frac{U}{|Z|}=\frac{100}{16.1}=6.21\ \text{A}$$

$$P=UI\cos\varphi=100\times6.21\times\frac{2}{16.1}=77.1\ \text{W}$$

$$Q=UI\sin\varphi=100\times6.21\times\frac{16}{16.1}=617.1\ \text{var}$$

$$S=UI=100\times6.21=621\ \text{VA}$$

〖任务实施〗

1. 列出本任务所用材料、仪表、设备及工具清单。

序号	名称	规格型号	单位	数量	备注

2. 利用实训室提供的“Multisim 虚拟仿真平台”(安装在实训台配套的计算机上),搭建任务布置中(图 2-25)RLC 串联电路虚拟仿真电路。开启仿真,利用虚拟万用表测量电路中电流有效值 I 和总电压 U,以及各 RLC 元件两端电压 U_R、U_L、U_C,验证电压三角形。

项目	测量值	理论值
I		
U		
U_R		
U_L		
U_C		
结论		

3. 开启仿真,测量阻抗$|Z|$(间接测量法:利用虚拟万用表测量电路中电流有效值 I 和总电压有效值 U,$|Z|=\frac{U}{I}$),并与利用阻抗三角形计算出的理论值比较;利用虚拟示波器分别观察 i、u 波形,测量阻抗角 φ,并与利用阻抗三角形计算出的理论值比较。

项目	测量值	理论值
$\|Z\|$		
φ		
结论		

4. 开启仿真，利用虚拟功率表测量总有功功率、无功功率、视在功率，验证功率三角形。

项目	测量值	理论值
P		
Q		
S		
结论		

5. 改变频率(50 Hz 改为 100 Hz)，开启仿真，研究 RLC 串联电路性质。

输入交流电压源频率	RLC 串联电路性质
50 Hz	
100 Hz	
结论	

〖任务评价〗

本任务评价包括个人自评、小组互评和教师评价。其中，个人自评和小组互评各占 20%，教师评价占 60%。任务评价主要从职业素养、专业能力、工作成果三个方面进行。总分 90～100 为优，80～89 为良，70～79 为中，60～69 为合格，60 分以下为不合格。

考核项目	评价内容	分值	评价分数		
			个人自评	小组互评	教师评价
职业素养	穿戴、仪容仪表符合工作要求	5			
	安全意识、责任意识、服从意识	6			
	积极参加教学活动，按时完成各种学习任务	6			
	团队合作意识强，善于与人交流和沟通	6			
	遵守纪律、尊重师长、团结同学	6			
	管理现场符合 6S 标准	6			

续表

考核项目	评价内容	分值	评价分数		
			个人自评	小组互评	教师评价
专业能力	能列出本任务所用工具、材料	10			
	能利用“Multisim”正确完成任务电路搭建	15			
	能利用虚拟万用表测量所需电压、电流；能利用虚拟功率表测量所需功率	10			
工作成果	能利用测量电压、电流、功率与理论计算值比较，验证 RLC 串联电路电压三角形、阻抗三角形、功率三角形	20			
	测量数据准确，记录、波形描绘规范	10			
总分		100			
总评	个人自评×20%＋小组互评×20%＋教师评价×60%	综合等级			
教师(签名)：					

〖课后作业与思考〗

1. RLC 串联电路是否会出现 R、L、C 两端的局部电压比总电压高？为什么？
2. 在 RLC 串联电路中，如何判断电路的性质？
3. 简述视在功率和功率因素的物理含义。

〖课外阅读〗

超级工程——三峡水电站

三峡水电站，即长江三峡水利枢纽工程，又称三峡工程，位于中国湖北省宜昌市境内的长江西陵峡段，它与下游的葛洲坝水电站构成梯级电站。三峡水电站是世界上规模最大的水电站和清洁能源基地，也是中国有史以来建设最大型的工程项目。三峡水电站的功能有十多种，包括航运、发电、种植等。三峡水电站于 1992 年获得中国全国人民代表大会批准建设，1994 年正式动工兴建，2003 年 6 月 1 日下午开始蓄水发电，于 2009 年全部完工。前期机组设备主要由德国伏伊特(VOITH)公司、美国通用电气(GE)公司、德国西门子(SIEMENS)公司组成的 VGS 联营体和法国阿尔斯通(ALSTOM)公司、瑞士 ABB 公司组成的 ALSTOM 联营体提供，后期由我国相关厂商生产和制造。三峡工程，促进了我国电力行业的产业升级，特别是在大型电力设备如发电机、变压器等的生产、制造方面。

三峡水电站大坝高程 185 m，蓄水高程 175 m，水库长 2 335 m，总投资 954.6 亿元，安装 32 台单机容量为 70 万 kW 的水电机组。三峡电站最后一台水电机组，2012 年 7 月 4 日投产，这意味着，装机容量达 2 240 万 kW 的三峡水电站，2012 年 7 月 4 日已成为全世界最大的水力发电站和清洁能源生产基地。

任务 2.4 日光灯电路的安装测试及功率因数的提高

〖任务布置〗

熟悉日光灯电路中各元件在电工实训台上的位置，按图 2-31 所示实验原理电路图接线。

(1) 测量日光灯电路的参数。

(2) 提高日光灯电路的功率因数。

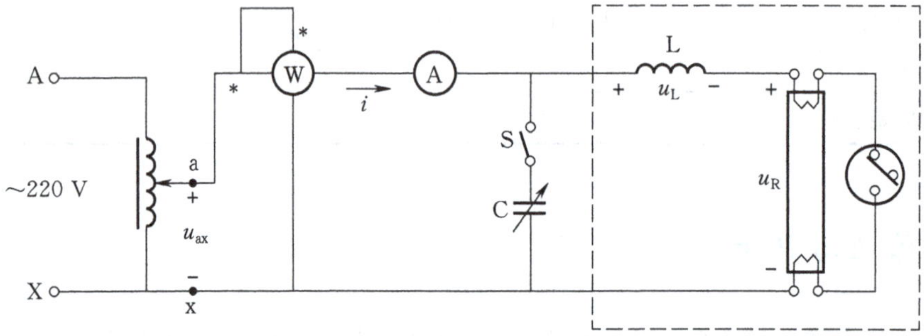

图 2-31 日光灯电路测试电路

〖任务分析〗(知识模块)

日光灯是我们常见的一种光源，它具有发光效率高(白炽灯的 3～4 倍)、使用寿命长、光线柔和、传色性好等特点。因其光谱近似太阳光谱，故称日光灯。日关灯照明电路是一种典型的交流电路。

1. 日光灯电路组成及工作原理

日光灯电路主要由日光灯管、镇流器、启辉器组成，如图 2-32 所示。

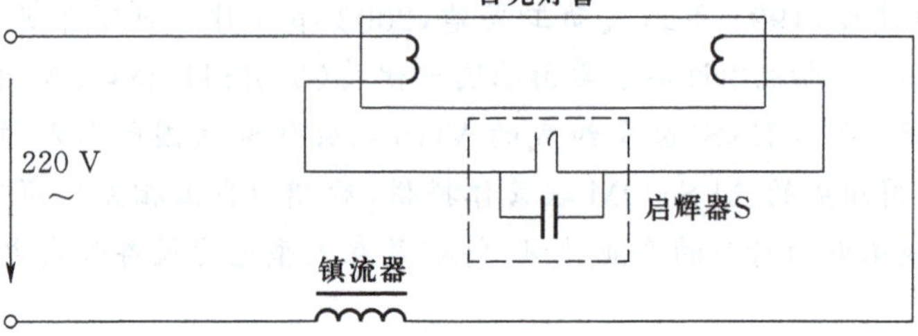

图 2-32 日光灯电路组成

开关接通，电源电压通过镇流器和灯管灯丝加到启辉器的两极。220 V 的电压使启辉器的惰性气体电离，产生辉光放电。辉光产生的热量使 U 形动触片膨胀伸长，与静触片接通，于是镇流器线圈和灯管中的灯丝就有电流通过。电流通过镇流器、启辉器触极和两端灯丝构成通路。灯丝很快被电流加热，发射出大量电子。这时，由于启辉器两极闭合，两极间电压为零，辉光放电消失，管内温度降低；双金属片自动复位，两极断开。在两极断开的瞬间，电路电流突然切断，镇流器产生很大的自感电动势，与电源电压叠加后作用于管两端。灯丝受热时发射出来的大量电子，在灯管两端高电压的作用下，以极大的速度由低电势端向高电势端运动。在加速运动的过程中，碰撞管内氩气分子，使之迅速电离。氩气电离生热，热量使水银产生蒸气，随之水银蒸气也被电离，并发出强烈的紫外线。在紫外线的激发下，管壁内的荧光粉发出近乎白色的可见光。

日光灯正常发光后，由于交流电不断通过镇流器的线圈，线圈中产生自感电动势，自感电动势阻碍线圈中的电流变化。镇流器起到降压限流的作用，使电流稳定在灯管的额定电流范围内，灯管两端电压也稳定在额定工作电压范围内。由于这个电压低于启辉器的电离电压，所以并联在两端的启辉器也就不再起作用了。镇流器在启动时产生瞬时高压，在正常工作时起降压限流作用；启辉器中电容器的作用是避免产生电火花。

2. R-L 串联电路

日光灯电路中镇流器是一个带有铁芯的电感线圈，因此日光灯电路是一种比较典型的感性负载，其等效电路如图 2-33 所示。

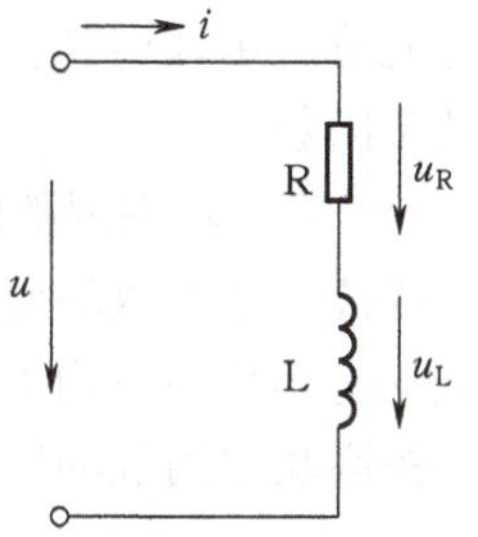

图 2-33　R-L 串联电路

(1) 电流、电压的关系

R-L 串联电路相量电路如图 2-34(a)所示，其电流、电压的相量关系如图 2-34(b)所示。其中，$U_R=IR$，$U_L=IX_L$，则

$$U=\sqrt{U_R^2+U_L^2}=\sqrt{(IR)^2+(IX_L)^2}$$
$$=I\sqrt{R^2+X_L^2}=I|Z|$$

阻抗
$$|Z|=\sqrt{R^2+X_L^2}$$

阻抗角
$$\varphi=\varphi_u-\varphi_i=\arctan\frac{U_L}{U_R}=\arctan\frac{X_L}{R}$$

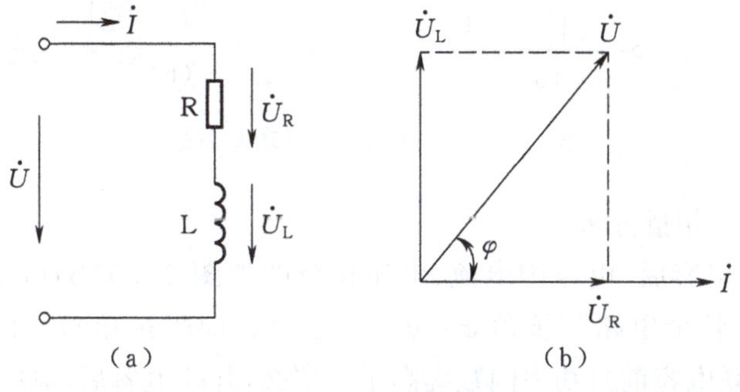

图 2-34　R-L 串联电路电流、电压的相量关系

例 2-12　用伏安法测一线圈，当接入 36 V 直流电源时，流过的电流为 0.6 A；当接入 220 V、50 Hz 交流电源时，流过的电流为 2.2 A。问此线圈的电感为多少？

解 因电感对直流不起作用，所以可求得此线圈的电阻为

$$R=\frac{U}{I}=\frac{36}{0.6}=60\ \Omega$$

当接入交流电源时，线圈的阻抗为

$$|Z|=\frac{U}{I}=\frac{220}{2.2}=100\ \Omega$$

感抗 $$X_L=\sqrt{|Z|^2-R^2}=\sqrt{100^2-60^2}=80\ \Omega$$

线圈电感 $$L=\frac{X_L}{2\pi f}=\frac{80}{314}=255\ \text{mH}$$

(2) 功率

① 有功功率 $$P=UI\cos\varphi$$

② 无功功率 $$Q=UI\sin\varphi$$

③ 视在功率 $$S=UI=\sqrt{P^2+Q^2}$$

3. 功率因数的提高

日光灯电路中存在镇流器，使得日光灯功率因数偏低，以 30 W 的日光灯为例，其功率因数约为 0.4。像日光灯这一类感性负载，由于功率因数偏低，会发电、供电设备的容量不能充分利用，以及增大线路的损耗，降低了输电线路的使用效率，这就要求我们必须提高功率因数。

(1) 提高功率因数的原则与措施

提高功率因数的原则：必须保证负载的工作状态不变，即加到负载上的电压、电流和负载的有功功率等均不变。

提高功率因数的措施：在负载两端并联适当的电容，如图 2-35(a)所示。

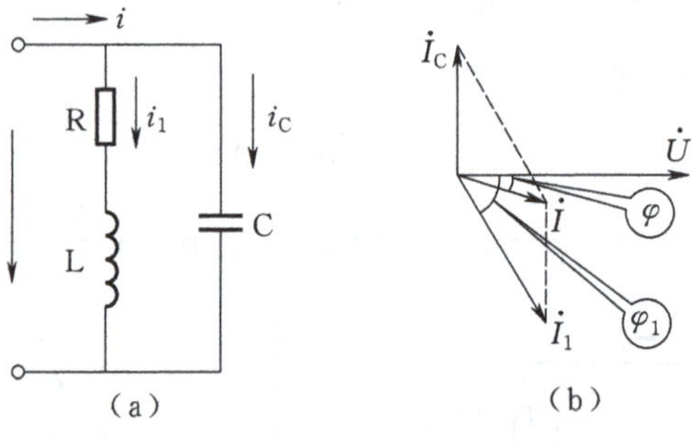

图 2-35 并联电容提高功率因数

(2) 并联电容的相量分析

感性负载并联电容后，电路中电流、电压相量图如图 2-35(b)所示。从图中可以看出，并联电容 C 后，整个电路阻抗角 $\varphi<\varphi_1$(并联电容前阻抗角)，所以并联后功率因数 $\cos\varphi>\cos\varphi_1$(并联电容前)，功率因数提高了。那么，并联电容后，哪些量改变了，哪些量没有改变呢？

从图 2-35 可以看出，没有改变的量包括负载本身的电压、电流、功率因数、有功功率、无功功率以及线路的有功功率；改变的量包括线路的电流、线路功率因数、线路的无功功

率、线路的视在功率。

功率因数的提高也可以用功率三角形进行分析，如图 2-36 所示。

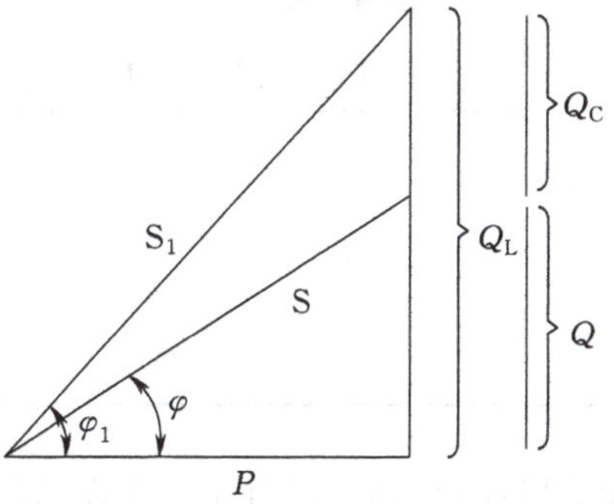

图 2-36　功率三角形分析功率因数的提高

可见，并联电容后 $Q=Q_L-Q_C$，有功功率 P 不变，无功功率 Q 减少。这是因为并联电容，增加了 I_C，相当于增加了无功功率，因此功率因数的提高又称为无功补偿。

(3) 并联电容值的计算

设原电路的电压为 U，有功功率为 P，功率因数为 $\cos\varphi_1$，要求补偿到 $\cos\varphi$，问需要并联多少电容？

通过相量分析图 2-35(b)，可得

$$I_C=I_1\sin\varphi_1-I\sin\varphi$$

其中，$I_C=\dfrac{U}{X_C}=U\omega C$，$I_1=\dfrac{P}{U\cos\varphi_1}$，$I=\dfrac{P}{U\cos\varphi}$。

代入可求得所需并联电容为

$$C-\frac{P}{\omega U^2}(\tan\varphi_1-\tan\varphi)\quad \text{F}$$

〖任务实施〗

1. 列出本任务所用材料、仪表、设备及工具清单。

序号	名称	规格型号	单位	数量	备注

2. 按任务布置中图 2-31 所示实验原理电路图接线，检查无误，确认调压器的调压手柄在最小位置，慢慢调节手柄增大输出电压，同时观察日光灯和启辉器的情况。当日光灯和启辉器开始发光闪烁时，启燃过程开始，继续小心、缓慢地增大输出电压，当日光灯刚好

点亮(不闪烁),启辉器刚好停止闪烁时,即为日光灯启燃状态。测量电路中各部分电压、电流及功率,记入下表中。

项目	测量数据					计算结果
	U_{ax}	U_R	U_L	I	P	$\cos\varphi$
日光灯启燃						
结论(体会)						

3. 继续增大调压器的输出电压,达到日光灯正常工作的额定电压 220 V,测量电路中各部分电压、电流及功率,记入下表中。

项目	测量数据					计算结果
	U_{ax}	U_R	U_L	I	P	$\cos\varphi$
日光灯正常						
结论(体会)						

4. 日光灯正常工作于额定电压 220 V,在图 2-31 所示的日光灯电路的端口之间并联一电容器,当电容器分别取值为 C_1、C_2、C_3 时,观察日光灯的工作情况,测量电路中各部分电压、电流及功率,记入下表中。

项目	测量数据					计算结果
	U_{ax}	U_R	U_L	I	P	$\cos\varphi$
$C_1=$____ μF						
$C_2=$____ μF						
$C_3=$____ μF						
结论(体会)						

〖任务评价〗

本任务评价包括个人自评、小组互评和教师评价。其中,个人自评和小组互评各占 20%,教师评价占 60%。任务评价主要从职业素养、专业能力、工作成果三个方面进行。总分 90~100 为优,80~89 为良,70~79 为中,60~69 为合格,60 分以下为不合格。

考核项目	评价内容	分值	评价分数		
			个人自评	小组互评	教师评价
职业素养	穿戴、仪容仪表符合工作要求	5			
	具备安全意识、责任意识、服从意识	6			
	积极参加教学活动，按时完成各种学习任务	6			
	团队合作意识强，善于与人交流和沟通	6			
	遵守纪律、尊重师长、团结同学	6			
	管理现场符合6S标准	6			
专业能力	能列出本任务所用工具、材料	10			
	能正确完成任务电路连接	15			
	能利用万用表测量所需的电压、电流，能利用功率表测量功率和功率因数	10			
工作成果	能利用测量的电压、电流、功率、功率因数验证提高功率因数原则和方法	20			
	测量数据准确，记录、描绘规范	10			
总分		100			
总评	个人自评×20%＋小组互评×20%＋教师评价×60%	综合等级			
教师(签名)：					

〖课后作业与思考〗

1. 无功补偿可在供电线路的起始端进行，而不是在负载端进行，为什么？
2. 无功补偿后，负载本身的电流是否变小？
3. 是否可采用串联电容器的方法进行无功补偿，为什么？

〖课外阅读〗

人类照明技术发展简史

远古时代的人类使用自然光照明。自从人类学会钻木取火以来，照明经历了从火、油到电的发展历程。照明工具经历过无数的变革，出现过火把、动物油灯、植物油灯、蜡烛、煤油灯到白炽灯、日光灯，发展到现在琳琅满目的装饰灯、节能灯等，可以说一部照明的历史是人类发展历史的见证。

人类使用油灯照明的历史特别长。在这期间，油灯经过了多次改进。油灯用油从动物油改为植物油，最后又被煤油取代。灯芯也经历了草、棉线、多股棉线的变化过程。为了防止风把火吹灭，人们给油灯加上了灯罩。早期的灯罩是用纸糊的，很不安全，后来改用玻璃罩。这样的油灯不怕风吹，在户外也可使用，而且燃烧充分，不冒黑烟。一百多年前英国人发明了煤气灯，使人类的照明方法向前迈了一大步。1879 年，爱迪生点燃了第一盏真正有广泛实用价值的电灯，从此改写了人类照明的历史，人类走向了用电照明的时代。目前，人类使用的电照明灯具主要有白炽灯、日光灯、蒸汽灯、LED 灯等。

白炽灯（电灯泡）电线里的电流进入到极细的金属丝里，金属丝会产生高热，热到一定程度会发光，这是最早的电灯，现在仍然在广泛使用。

日光灯不含红外线，所以它的光是很温和的，不伤眼睛，又因为不含有热线，用起来比较省电。日光灯会发出许多美丽有色的光，这是由荧光粉里所含的化学药品的性质决定的，如涂上钨酸镁的发蓝白色光，涂上硼酸镉的发淡红色光。

蒸汽灯由密封在玻璃管里的各种蒸汽通以电流而发光。它的构造类似日光灯，也能省电。蒸汽灯有水银蒸汽灯、钠蒸汽灯。

LED 灯是用高亮度发光二极管制成的照明灯。它因具有高效、节能、长使用寿命、环保等优点，逐渐占据了市场主体地位。在 LED 灯研发、生产、制造方面，我国走在世界前列。

项目3 三相交流电路的认知与测试

项目描述

现代电力系统大多采用三相交流电，这是因为三相交流电在电能的产生、输送和应用上与单相交流电相比有以下显著优点：

(1) 制造三相交流发电机和三相变压器比制造容量相同的单相发电机和单相变压器节省材料。

(2) 在输送电能时，当输送功率相等、电压相同、输电距离一样且线路上的损耗也相同时，用三相制输电比用单相制输电可大大节省输电线有色金属的消耗量，即输电成本较低。

(3) 三相电流不仅能产生旋转，而且对称三相负载电路的瞬时功率是个常数，从而能制造成结构简单、性能良好的三相交流异步电动机。

因此，三相交流电在工农业生产和人们的日常生活中得到广泛应用。本项目将讨论对称三相电源的连接及特点、三相负载的连接及特点，以及三相电路的功率，引导大家去认识、熟悉三相交流电路，以应对今后可能遇到的三相交流电路相关问题。

项目知识目标

1. 了解三相正弦交流电的产生过程。
2. 掌握三相正弦交流电源相电压、线电压之间的关系。
3. 掌握三相负载星形连接和三角形连接时相电流、线电流之间的关系。
4. 了解三相对称负载和三相不对称负载的特点及连接电路时的区别。
5. 掌握三相对称负载在星形连接和三角形连接时功率的计算方法。

项目技能与素质目标

1. 学会测量相电压、线电压、相电流和线电流。
2. 能够根据负载额定电压选择负载连接方式。
3. 学会测量三相电路的功率。

4. 会安装、测试由三相灯组负载构成的三相电路。
5. 具备安全用电的职业操守，养成严谨、认真的职业素养。

任务 3.1 三相对称电源的认知与测试

〖任务布置〗

利用实训室提供的"Multisim 虚拟仿真平台"（安装在实训台配套的计算机上），搭建如图 3-1 所示三相正弦交流电源的虚拟仿真电路。

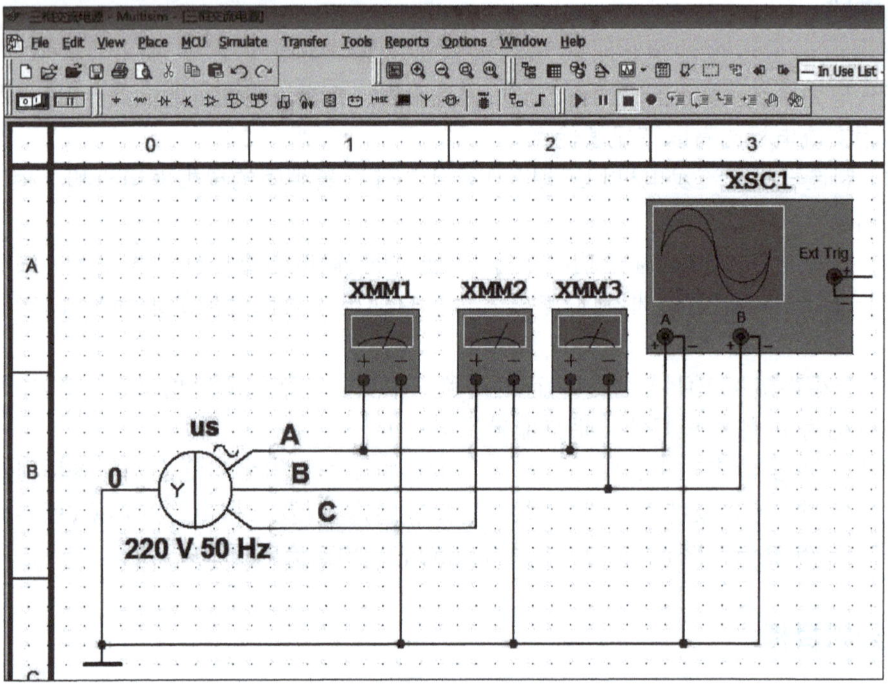

图 3-1 三相正弦交流电源的虚拟仿真电路

(1) 利用虚拟万用表测试三相交流电源相电压 U_A、U_B、U_C，以及线电压 U_{AB}、U_{BC}、U_{CA}，研究线电压与相电压大小之间的关系。

(2) 利用虚拟示波器观察相电压、线电压波形，研究相电压之间、线电压之间，以及相电压和对应线电压之间相位关系。

〖任务分析〗(知识模块)

1. 三相对称电源的产生

(1) 单相交流电动势的产生

单相交流发电机原理如图 3-2 所示。在两磁极中间放一个线圈，让线圈以速度 ω 逆时针旋转，按照法拉第电磁感应定律，在线圈中将会产生一交变电动势。若要使交变电动势(电流)能按正弦规律变化，则要求转子铁芯表面的磁感应强度按正弦规律分布。

如图 3-3 所示，若 $B=B_m\sin\alpha$，则 $e=(2NlvB_m)\sin\alpha=E_m\sin\alpha=\sqrt{2}E\sin\alpha$。

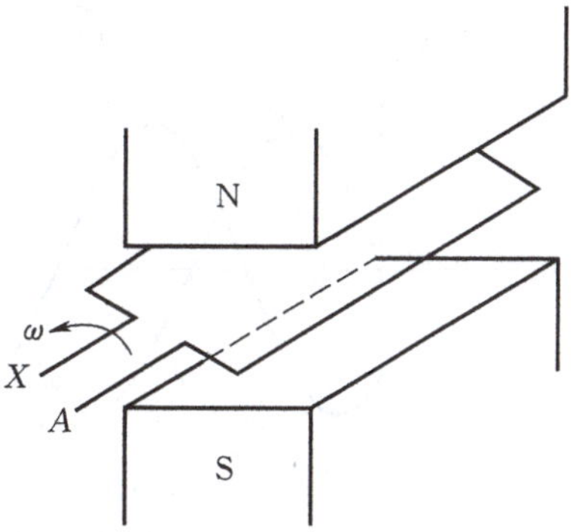

图 3-2　单相交流发电机原理

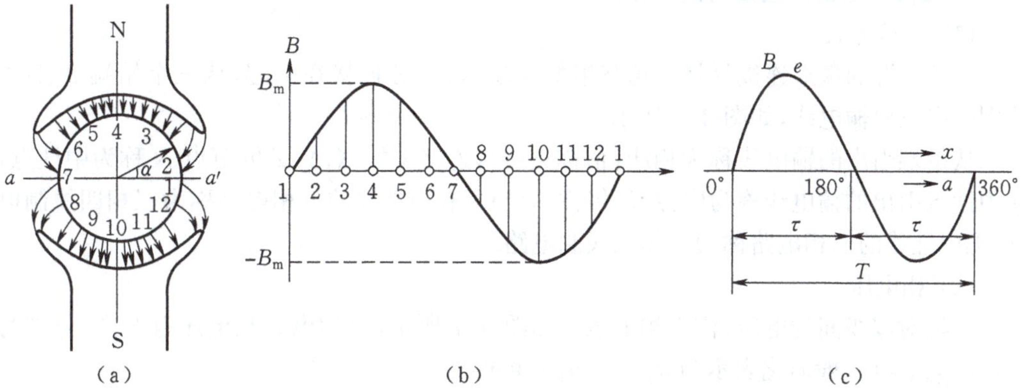

图 3-3　正弦交流电动势的产生

(2) 三相交流电动势的产生

三相交流发电机结构原理如图 3-4 所示。定子中放三个线圈：AX、BY、CZ，其中 A、B、C 为始端(头)，X、Y、Z 为末端(尾)。这三个线圈完全相同，但空间位置互差 120°。转子装有磁极并以 ω 的速度旋转。三个线圈中便产生三个单相电动势为

$$e_A=E_m\sin\omega t$$
$$e_B=E_m\sin(\omega t-120°)$$
$$e_C=E_m\sin(\omega t-240°)=E_m\sin(\omega t+120°)$$

e_A、e_B、e_C 的波形、相量表达式及相互关系如图 3-5 所示。

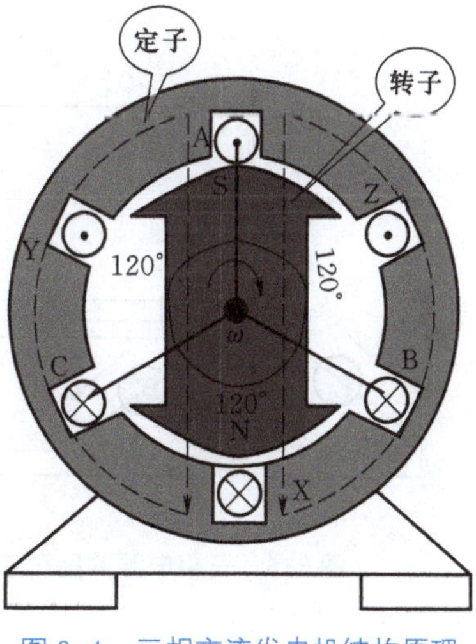

图 3-4　三相交流发电机结构原理

这三个电动势幅值相等，频率相同，相位互差 120°，相量之和等于零，称为三相对称电动势。

三相电压依次达到最大值(或零值)的先后顺序称为相序。上述 A 相超前 B 相、B 相超前 C 相、C 相超前 A 相，称为正序；反之，称为逆序。工程上一般采用正序，并用黄、绿、红三种颜色来区分 A、B、C 三相(或 1、2、3 三相，又称 U、V、W 三相)。

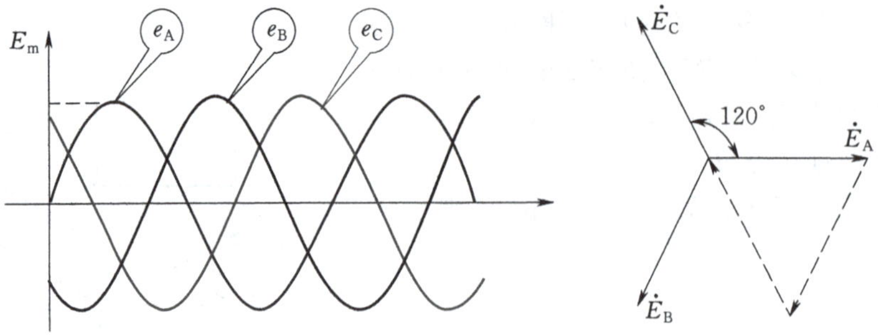

图 3-5　波形、相量表达式及相互关系

2. 三相电源星形连接时的相电压与线电压

(1) 连接方式

三相电源的星形连接是将三相绕组的末端 X、Y、Z 连接在一起，从三个始端 A、B、C 分别引出三根输电线，如图 3-6 所示。

从始端引出的输电线称为相线(俗称火线)，连接末端 X、Y、Z 的节点 N 称为中性点，从中性点引出的输电线称为中性线(俗称零线)。有中性线的三相电路称为三相四线制电路，无中性线的三相电路称为三相三线制电路。

(2) 相电压

火线对零线间的电压，称为相电压。如图 3-7 所示，三相电源相电压有 3 个，分别为 u_{AN}、u_{BN}、u_{CN}(一般简化表示为 u_A、u_B、u_C)，可得

$$u_{AN}(u_A)=e_A$$
$$u_{BN}(u_B)=e_B$$
$$u_{CN}(u_C)=e_C$$

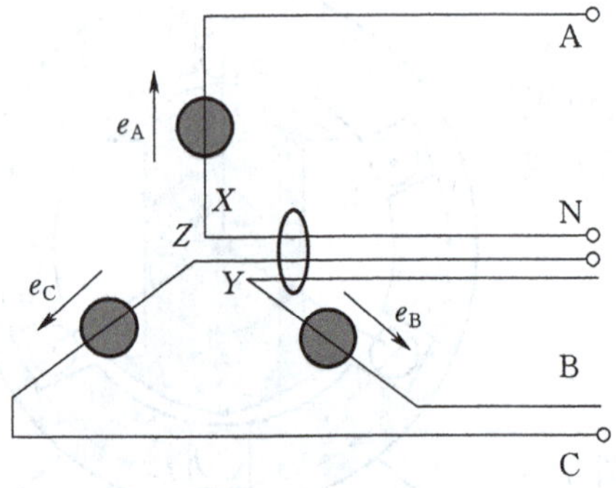

图 3-6　三相电源的星形连接

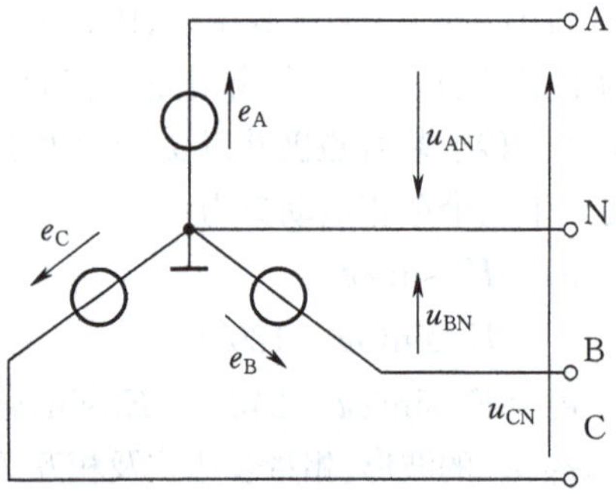

图 3-7　三相电源相电压

由于 e_A、e_B、e_C 是一组对称的三相电动势，故三相电源相电压也是对称的，即幅值相等，互差 120°相位角，$\dot{U}_A+\dot{U}_B+\dot{U}_C=0$，如图 3-8 所示。

(3) 线电压

火线间的电压称为线电压。如图 3-9 所示，三相电源线电压也有 3 个，分别为 u_{AB}、u_{BC}、u_{CA}(注意下标顺序)，可得

$$u_{AB}=u_A-u_B$$

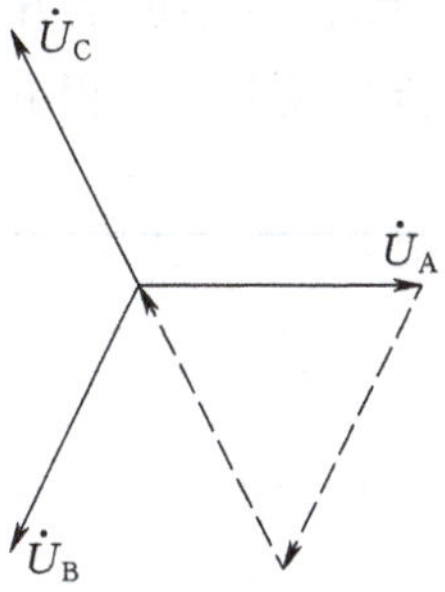

图 3-8　对称相电压

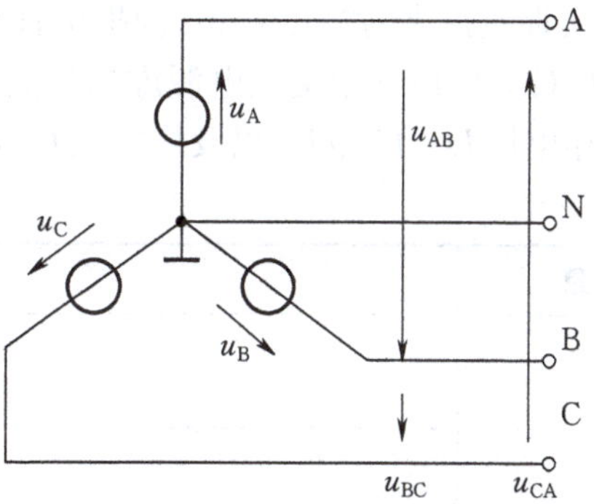

图 3-9　三相电源线电压

其相量式为　$\dot{U}_{AB}=\dot{U}_A-\dot{U}_B$

同理　$\dot{U}_{BC}=\dot{U}_B-\dot{U}_C$，　$\dot{U}_{CA}=\dot{U}_C-\dot{U}_A$

(4) 线电压和相电压的关系

$\dot{U}_{AB}=\dot{U}_A-\dot{U}_B=\dot{U}_A+(-\dot{U}_B)$，作出其相量关系图，如图 3-10 所示。

由图 3-10 可得 $\cos 30°=\dfrac{\frac{1}{2}U_{AB}}{U_A}$，有

① $U_{AB}=\sqrt{3}U_A$（相电压大小），线电压 $\dot{U}_{AB}$ 超前相电压 $\dot{U}_A$ 30°。

② $U_{BC}=\sqrt{3}U_B$（相电压大小），线电压 $\dot{U}_{BC}$ 超前相电压 $\dot{U}_B$ 30°。

③ $U_{CA}=\sqrt{3}U_C$（相电压大小），线电压 $\dot{U}_{CA}$ 超前相电压 $\dot{U}_C$ 30°。

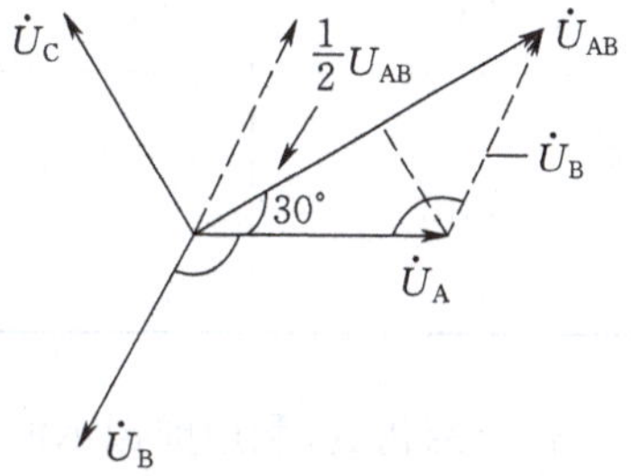

图 3-10　线电压与相电压相量关系

因此，三相交流电源线电压是相电压的$\sqrt{3}$倍，线电压超前于对应的相电压 30°。由于相电压对称，故线电压也是一组对称电压。

在我国，日常生活与工农业生产中的配电端，多数用户的电压等级为相电压 $U_p=220$ V，线电压 $U_l=380$ V，通常表述为 380 V/220 V。

〖任务实施〗

1. 列出本任务所用材料、仪表、设备及工具清单。

序号	名称	规格型号	单位	数量	备注

2. 利用实训室提供的“Multisim 虚拟仿真平台”(安装在实训台配套的计算机上)，搭建任务布置中(图 3-1)三相交流电源虚拟仿真电路。开启仿真，利用虚拟万用表测试三相交流电源相电压 U_A、U_B、U_C，以及线电压 U_{AB}、U_{BC}、U_{CA}，研究线电压与相电压大小之间关系。

测量对象	测量值
U_A	
U_B	
U_C	
U_{AB}	
U_{BC}	
U_{CA}	
结论	

3. 开启仿真，利用虚拟示波器观察相电压、线电压波形，研究相电压之间、线电压之间，以及相电压和对应线电压之间相位关系。

观测对象	波形图
u_A	
u_B	
u_C	
u_{AB}	
u_{BC}	
u_{CA}	
结论	

〖任务评价〗

本任务评价包括个人自评、小组互评和教师评价。其中，个人自评和小组互评各占20%，教师评价占60%。任务评价主要从职业素养、专业能力、工作成果三个方面进行。总分在90～100为优，80～89为良，70～79为中，60～69为合格，60分以下为不合格。

考核项目	评价内容	分值	评价分数		
			个人自评	小组互评	教师评价
职业素养	穿戴、仪容仪表符合工作要求	5			
	具备安全意识、责任意识、服从意识	6			
	积极参加教学活动，按时完成各种学习任务	6			
	团队合作意识强，善于与人交流和沟通	6			
	遵守纪律、尊重师长、团结同学	6			
	管理现场符合6S标准	6			
专业能力	能列出本任务所用工具、材料	10			
	能利用“Multisim”正确完成任务电路搭建	15			
	能利用虚拟示波器观测所需的波形	10			
工作成果	能利用虚拟万用表测量三相电源线电压、相电压，研究出线电压、相电压大小关系	20			
	测量数据准确，记录、波形描绘规范	10			
总分		100			
总评	个人自评×20%＋小组互评×20%＋教师评价×60%	综合等级			
教师(签名)：					

〖课后作业与思考〗

1. 三相交流电如何区分A、B、C三相？区分A、B、C三相相序有什么实际意义？

2. 三相交流电源中线电压与相电压有什么关系？在我国，俗称的照明电和动力电的电压等级各为多少？

3. 请解释三相对称交流电的含义。

〖课外阅读〗

特高压输电技术

输电压分为高压、超高压和特高压。国际上，高压通常指35～220 kV的电压，超高压指330 kV及以上、1 000 kV以下的电压，而特高压则是指1 000 kV及以上的电压。在利用特高压输电技术输送电力时，发电厂发出的电要通过升压变压器将电压升高至1 000(±800)kV以上，到用电地区再通过降压变压器将电压降至220/380 V供用户使用。

我国幅员辽阔，人口众多，发展特高压输电技术不仅可以解决我国能源资源与能源需求逆向分布、区域电网互联等问题，为我国经济社会可持续发展提供稳定可靠的电力供应，还将为大规模开发利用清洁能源提供重要技术保障，具有显著的规模经济效益。

2011年3月，我国将特高压工程列入国家"十二五"规划，计划建设"三横三纵一环网"特高压骨干网架和13项直流输电工程(其中特高压直流10项)。在这一过程中，我国的特高压输电在电压等级、输送电量、距离等方面不断刷新世界纪录。全长3 324 km的准东-皖南±1 100 kV特高压直流输电工程是世界上电压等级最高、输送容量最大、输送距离最远、技术水平最先进的特高压输电工程。

我国跨越超3 000 km送电的特高压技术的成熟，让跨国跨洲电力联网成为可能。我国正在加速推进全球能源互联互通，特高压项目在国外不断落地。2009年1月，我国获得菲律宾国家输电网特许经营权40%股权，此后，我国特高压输电技术在葡萄牙、澳大利亚、意大利、希腊等多个国家落地，基本实现了全球布局，境外投资资产规模逐年上升。

截至2021年，我国制定特高压输电国际标准14项、国家标准50项、行业标准73项。截止2022年，我国特高压设备专利申请达31.83万项，占全球总量的41.42%。可以说在特高压领域，我国制定的标准就是世界的标准。

任务3.2 三相负载的安装与测试

〖任务布置〗

熟悉各相负载(白炽灯)在电工实训台上的位置，按图3-11所示电路图完成三相负载电路的接线。

(1) 测量三相四线制电路电压、电流。

(2) 测量三相三线制电路电压、电流。

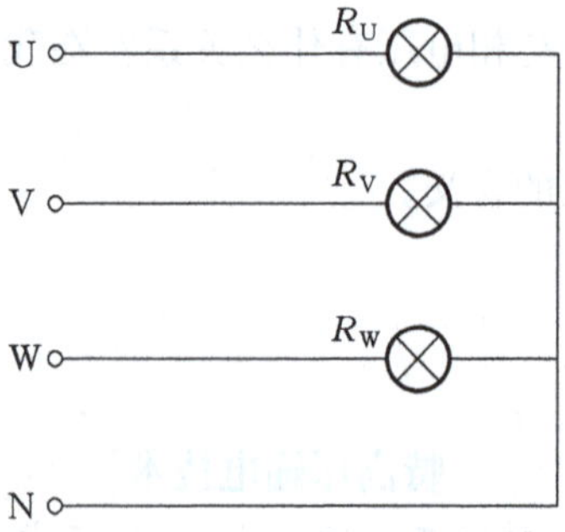

图3-11 任务布置电路

〖任务分析〗(知识模块)

三相负载有两种接法，即星形接法和三角形接法，如图 3-12 所示。采用星形接法时，各相负载承受对称的电源相电压；采用三角形接法时，各相负载承受对称的电源线电压。

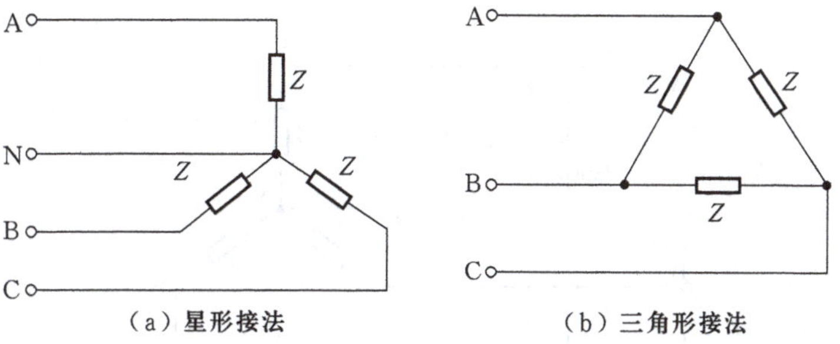

图 3-12　三相负载两种接法

1. 三相负载星形接法

三相负载星形接法的连接要点是，负载尾端连在一起，接零线(或不接)，始端接三根相线，如图 3-12(a)所示。

(1) 星形接法特点

① 相电流 ＝ 线电流，即 $i_p=i_l$(相量式 $\dot{I}_p=\dot{I}_l$)。

由图 3-13 可得

$$i_A=i_{AN}(\text{相量式 } \dot{I}_A=\dot{I}_{AN})$$

$$i_B=i_{BN}(\text{相量式 } \dot{I}_B=\dot{I}_{BN})$$

$$i_C=i_{CN}(\text{相量式 } \dot{I}_C=\dot{I}_{CN})$$

由基尔霍夫电流定律，可知

$$\text{零线电流 } i_N=i_{AN}+i_{BN}+i_{CN}(\text{相量式 } \dot{I}_N=\dot{I}_{NA}+\dot{I}_{BN}+\dot{I}_{CN})$$

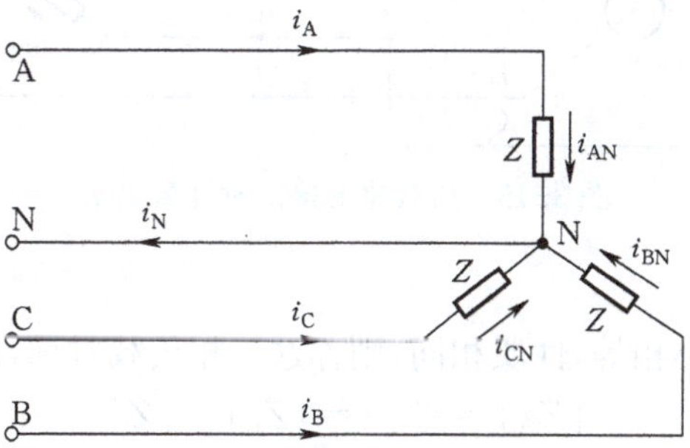

图 3-13　三相负载星形接法中电流关系

② 有零线时，负载承受对称的电源相电压，即线电压＝相电压×$\sqrt{3}$，线电压领先于相电压 30°。

由图 3-14 可得

$$U_{AB}=\sqrt{3}U_A$$
$$U_{BC}=\sqrt{3}U_B$$
$$U_{CA}=\sqrt{3}U_C$$

即

$$U_l=\sqrt{3}U_p$$

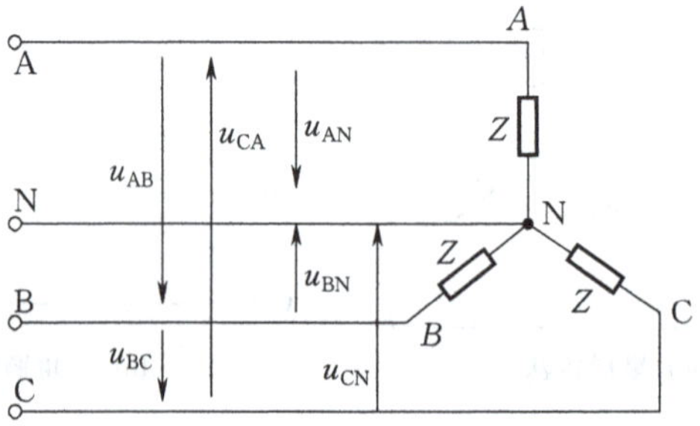

图 3-14　三相负载星形接法中电压关系

(2) 负载星形接法时的一般计算方法

三相交流电路负载星形接法时的解题思路：已知一般线电压 U_l，然后根据电压和负载求电流，即

$$U_l \rightarrow U_p=\frac{U_l}{\sqrt{3}} \rightarrow I_p=\frac{U_p}{|Z|}=I_l$$

例如，图 3-15 中，$U_{AN}=\frac{U_{AR}}{\sqrt{3}}$，$I_{AN}=\frac{U_{AN}}{|Z_A|}=I_A$。

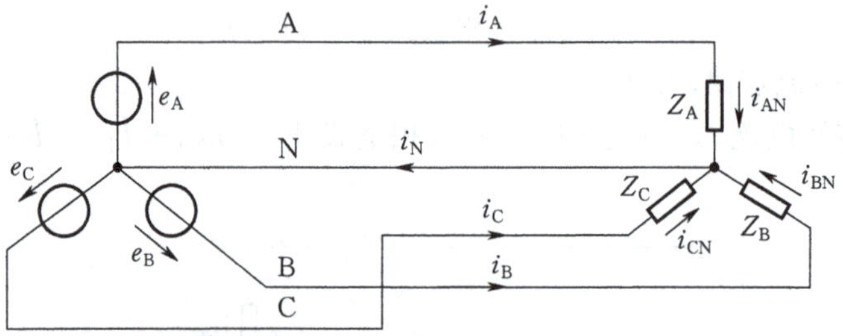

图 3-15　负载星形接法时计算电路

(3) 三相对称负载

若每相负载阻抗大小相等，性质相同，则称这三相负载对称，即三相负载对称时有

$$|Z_A|=|Z_B|=|Z_C|=|Z|$$
$$\varphi_A=\varphi_B=\varphi_C=\varphi$$

由简单的相量图分析，可得零线电流 $\dot{I}_N=\dot{I}_{AN}+\dot{I}_{BN}+\dot{I}_{CN}=0$。所以，三相完全对称时，零线可以取消，称为负载星形接法的三相三线制(无零线)。

(4) 负载星形接法的典型应用——照明电路

由于照明负载额定电压为相电压(我国为 220 V)，因此照明负载应采用三相四线制星形连接接入电网。以三层小楼或三单元楼房为例，每层楼（每单元）的灯相互并联，然后分别接至各相电压上。为了确保零线的可靠，零线上不能加刀闸和保险，刀闸和保险应安装在火线上，如图 3-16 所示。

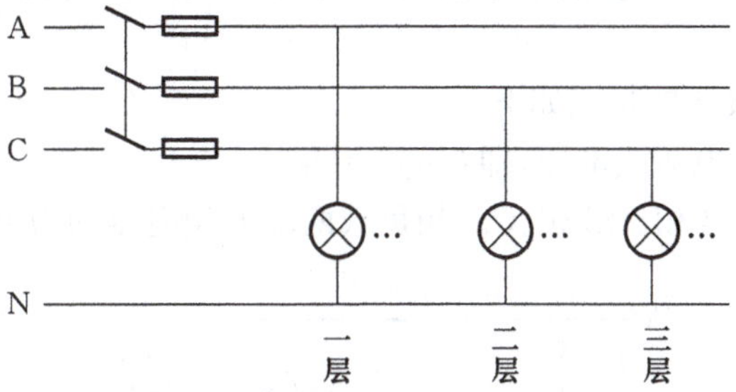

图 3-16　照明电路的一般接法

照明电路不能采用三相三线制（无零线）供电方式，一定要确保零线的可靠。很多照明电路的问题都是零线出问题导致的，下面通过两个实例加深对这一问题的理解。

例 3-1　某三层小楼采用三相三线制（无零线）供电方式。如图 3-17(a)所示，若一楼全部断开，二、三楼仍然接通，且负载对称（开的灯完全相同），情况如何？

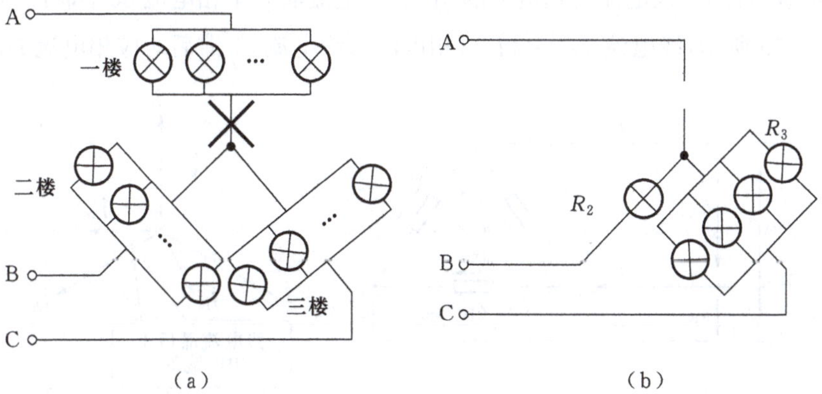

图 3-17　三相三线制（无零线）供电方式照明电路

解　设线电压为 380 V。A 相断开后，B、C 两相串连，线电压 U_{BC}(380 V)加在 B、C 负载上。如果两相负载对称，则每相负载上的电压为 190 V。

结果是，二、三楼电灯全部变暗，不能正常工作。

例 3-2　某三层小楼采用三相三线制（无零线）供电方式。如图 3-17(b)所示，若一楼断开，二、三楼接通。但两层楼灯的数量不等（设二楼灯的数量为三楼的 1/4），结果如何？

解　三楼灯两端电压 $U_{R_3}=\dfrac{1}{5}\times380=76\ \text{V}$

二楼灯两端电压 $U_{R_2}=\dfrac{4}{5}\times380=304\ \text{V}$

结果是，二楼灯泡上的电压超过额定电压，灯泡烧毁；三楼的灯不亮。

以上两个实例告诉我们，由于照明电路中各相负载不能保证完全对称，所以不能采用三相三线制供电，而且必须保证零线可靠。零线的作用是，使星形连接的不对称负载得到对称的电源相电压，确保所有照明负载均可在额定电压工作。

2. 三相负载三角形接法

三相负载三角形接法的连接要点是，三相负载首尾相连，接成一三角形，只接相线（火线），如图 3-12(b)所示。

三相负载三角形接法的特点如下：

(1) 负载相电压=电源线电压，即 $U_{负载p}=U_{电源l}$。

如图 3-18 所示，AB 相、BC 相、CA 相负载两端的相电压均为电源线电压。

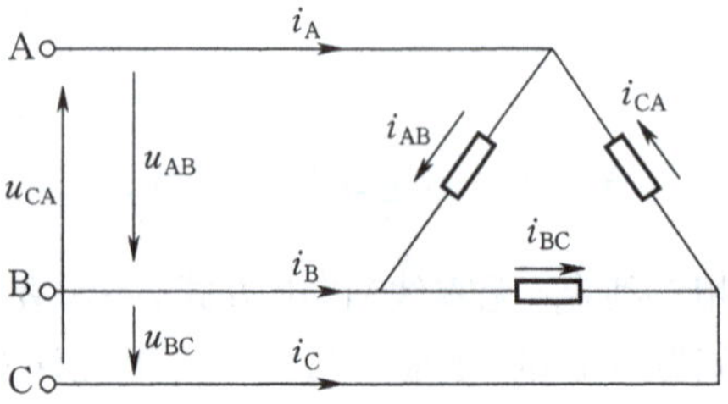

图 3-18　三相负载三角形连接电压

(2) 负载对称时，线电流是相电流的$\sqrt{3}$倍，线电流滞后于相电流 30°，即 $I_l=\sqrt{3}I_p$。

如图 3-19 所示，线电流 $I_A=\sqrt{3}I_{AB}$(相电流)，线电流 i_A 滞后对应相电流 i_{AB} 30°。

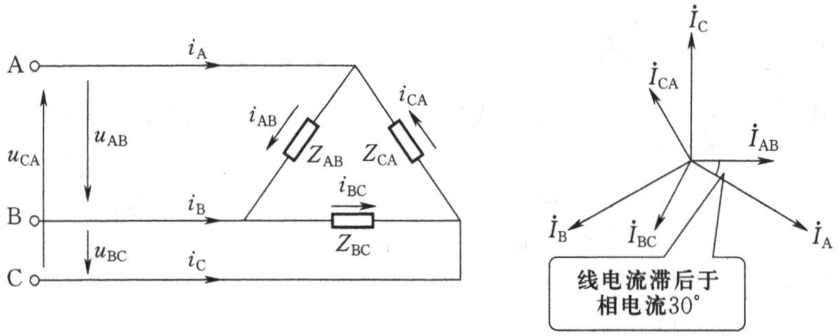

图 3-19　三相负载三角形连接电流

〖任务实施〗

1. 列出本任务所用材料、仪表、设备及工具清单。

序号	名称	规格型号	单位	数量	备注

2. 按任务布置中图 3-11 所示实验原理电路图接线，检查无误，调节三相调压器使三相电源线电压为 380 V。通过控制每一相负载灯开关，实现三相负载对称、不对称、U 相负载开路三种情况。用万用表测量三种情况下的电压、电流，记入表中，同时观察各相灯泡的亮度。

项目		U_{UV}	U_{VW}	U_{WU}	U_U	U_V	U_W	$U_{N'N}$	I_U	I_V	I_W	I_N
三相四线制	负载对称											
	负载不对称											
	U 相负载开路											
结论												

3. 撤掉图 3-11 中的中性线（零线）。通过控制每一相负载灯开关，实现三相负载对称、不对称（一相开 2 盏，另外两相开 3 盏）、U 相负载开路（U 相不开灯，另外两相开 3 盏）三种情况。用万用表测量三种情况下的电压、电流，记入表中，同时观察各相灯泡的亮度。

项目		U_{UV}	U_{VW}	U_{WU}	U_U	U_V	U_W	$U_{N'N}$	I_U	I_V	I_W	I_N
三相三线制	负载对称											
	负载不对称											
	U 相负载开路											
结论												

〖任务评价〗

本任务评价包括个人自评、小组互评和教师评价。其中，个人自评和小组互评各占 20%，教师评价占 60%。任务评价主要从职业素养、专业能力、工作成果三个方面进行。总分 90～100 为优，80～89 为良，70～79 为中，60～69 为合格，60 分以下为不合格。

考核项目	评价内容	分值	评价分数		
			个人自评	小组互评	教师评价
职业素养	穿戴、仪容仪表符合工作要求	5			
	具备安全意识、责任意识、服从意识	6			
	积极参加教学活动，按时完成各种学习任务	6			
	团队合作意识强，善于与人交流和沟通	6			
	遵守纪律、尊重师长、团结同学	6			
	管理现场符合 6S 标准	6			
专业能力	能列出本任务所用工具、材料	10			
	能正确完成三相负载星形连接和三角形连接	15			
	能利用万用表测量三相负载星形连接和三角形连接时线电压、相电压、线电流、相电流	10			
工作成果	能利用测量的电压、电流验证提高三相负载星形连接和三角形连接时的特性	20			
	测量数据准确，记录、描绘规范	10			
总分		100			
总评	个人自评×20%＋小组互评×20%＋教师评价×60%	综合等级			
教师(签名)：					

〖课后作业与思考〗

某教学楼照明电路发生故障，二楼、三楼的所有灯突然暗淡下来，只有一楼的灯亮度未变，试问这是什么原因？同时发现三楼的灯比二楼的还要暗些，这又是什么原因？你能说出此教学楼的照明电路是按何种方式连接的吗？这种连接方式符合照明电路安装原则吗？

〖课外阅读〗

超　导

某些物质在一定温度和磁场条件下(一般为较低温度和较小磁场)电阻降为零，同时表现出完全抗磁性的状态，这一现象称为超导现象，具有超导特性的材料称为超导体。

1911 年，荷兰物理学家 H.卡末林・昂内斯(Heike Kamerlingh Onnes)发现汞在温度降至 4.2 K 附近时突然进入一种新状态，其电阻小到超出了仪器测量量程(1×10^{-5} Ω)，他把汞的电阻消失的状态称为超导态，即实现了超级导电性。以后科学家又陆续发现许多其他金属也具有超导电性。

超导材料有许多应用场景，主要包括强电应用和弱电应用两大方面。

超导的强电应用是利用超导体的零电阻效应，可以承载非常大的电流，实现无损耗的输电、高效的电动机、高密度的储能，以及变压器、限流器、转换接头等电力方面的应用。超导体具有非常高的临界电流密度和临界磁场，可用于多种需要强磁场的环境，如基础科研领域中的各种超导磁体、高分辨的核磁共振功能成像、高能粒子加速器和探测器、人工可控热核聚变堆、超导电动磁悬浮、磁选矿机、污水处理系统等。利用超导块材的强烈磁通钉扎效应，可以实现超导稳定磁悬浮、超导轴承、超导飞轮和陀螺仪等。利用超导体可承载大幅交变电流的能力，可以实现超导感应加热，把金属合金等熔炼中交流感应的效率提升80%以上。

超导弱电应用：超导材料具有非常优异的阻抗性能，可以实现信号保真度极高的超导滤波器和混频器，是各种保密通信和手机基站的重要元件；超导谐振腔具有非常高的Q值，在粒子加速器前端发挥了极其关键的作用；超导单光子探测器是最灵敏的光电探测器之一，在量子通信和深空探测方面不可替代；基于超导约瑟夫森效应的超导量子干涉仪，是世界上最灵敏的磁性探测装置之一，可用于科学研究、心磁图、脑磁图、空间探矿、军事侦察等各个方面；基于超导二极管、三极管等数字电路的超导数字计算机具有功耗低、速度快的优势；基于超导量子比特的超导芯片是超导量子计算的核心元件，超导量子计算机已展示出在特定数学或物理问题中强大的优越性。

我国科学家利用超导技术建设了大型托卡马克装置，用于探索、解决未来稳态聚变反应堆工程及物理问题，从而为最终解决人类能源危机迈出了坚实的一大步。

任务3.3 三相电路的功率及测量

〖任务布置〗

熟悉各相负载（白炽灯）及功率表W_1、W_2在电工实训台上的位置，按图3-20所示电路完成三相负载功率测量电路的接线。分别测量三相负载对称、不对称情况下的有功功率。

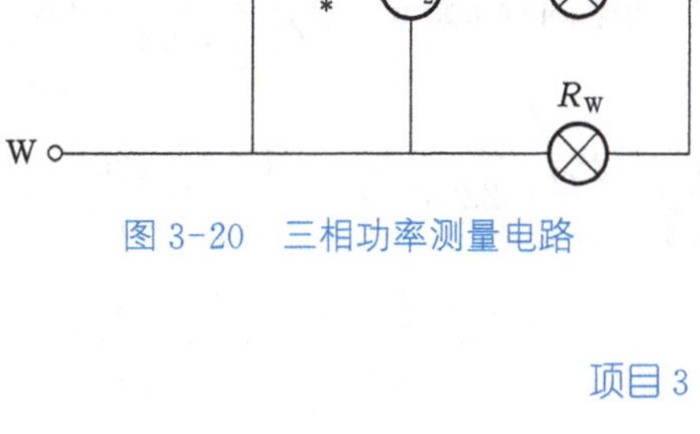

图3-20 三相功率测量电路

〖任务分析〗(知识模块)

1. 三相功率计算

(1) 三相功率的一般计算方法

三相负载电路无论负载对称还是不对称，总的有功功率和总的无功功率均可用三相负载的每一相功率之和求得，即

$$P=P_A+P_B+P_C$$
$$Q=Q_A+Q_B+Q_C$$

而总的视在功率可根据求出总的有功功率和无功功率，利用功率三角形得到，即

$$S=\sqrt{P^2+Q^2}$$

(2) 三相对称电路功率计算

三相负载对称时，$P_A=P_B=P_C=U_pI_p\cos\varphi$，其中，$U_p$ 为负载相电压，I_p 为相电流，φ 为负载阻抗角。故三相总有功功率为

$$P=P_A+P_B+P_C=3U_pI_p\cos\varphi$$

三相对称负载星形接法时，$U_p=\dfrac{U_l}{\sqrt{3}}$，$I_p=I_l$，故

$$P=3U_pI_p\cos\varphi=3\times\frac{U_l}{\sqrt{3}}\times I_l\cos\varphi=\sqrt{3}U_lI_l\cos\varphi$$

三相对称负载三角形接法时，$U_p=U_l$，$I_p=\dfrac{I_l}{\sqrt{3}}$，故

$$P=3U_pI_p\cos\varphi=3\times U_l\times\frac{I_l}{\sqrt{3}}\cos\varphi=\sqrt{3}U_lI_l\cos\varphi$$

因此，三相负载对称时，其三相总功率均可表述为 $P=\sqrt{3}U_lI_l\cos\varphi$。只需要从电源侧(进线侧)测出线电流，知道负载性质(功率因数)，即可算出负载有功功率。

同理，三相负载对称时，有

$$Q=Q_A+Q_B+Q_C=\sqrt{3}U_lI_l\sin\varphi$$
$$S=\sqrt{P^2+Q^2}=\sqrt{3}U_lI_l$$

例 3-3 有一三相电动机，每相的等效电阻均为 $R=29\ \Omega$，等效感抗均为 $X_L=21.8\ \Omega$。试求在下列两种情况下电动机的相电流、线电流，以及从电源输入的功率，并比较所得的结果：

(1) 绕组连成星形接于 $U_l=380$ V 的三相电源上；

(2) 绕组连成三角形接于 $U_l=220$ V 的三相电源上。

解 该三相负载为对称负载，由阻抗三角形，得每一相绕组为

$$|Z|=\sqrt{R^2+X_L^2}=\sqrt{29^2+21.8^2}=36.2\ \Omega$$

$$\text{功率因数}\ \cos\varphi=\frac{R}{|Z|}=\frac{29}{36.2}=0.8$$

(1) 星形连接

$$U_p=\frac{U_l}{\sqrt{3}}=\frac{380}{\sqrt{3}}=220,\quad I_p=\frac{U_p}{|Z|}=\frac{220}{36.2}=6.1=I_l$$

$$P=\sqrt{3}U_1I_1\cos\varphi=\sqrt{3}\times380\times6.1\times0.8=3\ 200\ \text{W}=3.2\ \text{kW}$$

(2) 三角形连接

$$U_p=U_1=220,\quad I_p=\frac{U_p}{|Z|}=\frac{220}{36.2}=6.1$$

$$I_1=\sqrt{3}I_p=10.5$$

$$P=\sqrt{3}U_1I_1\cos\varphi=\sqrt{3}\times220\times10.5\times0.8=3\ 200\ \text{W}=3.2\ \text{kW}$$

此例的工程应用：铭牌为 380/220 V，Δ/Y 的电动机，当电源线电压为 220 V 时，应接成三角形；当电源线电压为 380 V 时应接成星形，这样才能保证电动机输出额定功率。

例 3-4　如图 3-21 所示，对称负载连成三角形，已知电源线电压为 220 V，各安培表读数均为 17.3 A，三相功率为 4.5 kW，试求：

(1) 每相负载的电阻和感抗；

(2) 当 AB 相断开时图中各安培计的读数和总功率。

解　(1) $U_p=U_1=220\ \text{V},\quad I_p=\frac{I_1}{\sqrt{3}}=\frac{17.3}{\sqrt{3}}=10\ \text{A}$

$$|Z|=\frac{U_p}{I_p}=\frac{220}{10}=22\ \Omega$$

$$\cos\varphi=\frac{P}{\sqrt{3}U_1I_1}=\frac{4\ 500}{\sqrt{3}\times220\times10}=0.68$$

$$\sin\varphi=\sqrt{1-0.68^2}=0.73$$

由阻抗三角形，得

$$R=|Z|\cos\varphi=22\times0.68=15\ \Omega$$

$$X_L=|Z|\sin\varphi=22\times0.73=16\ \Omega$$

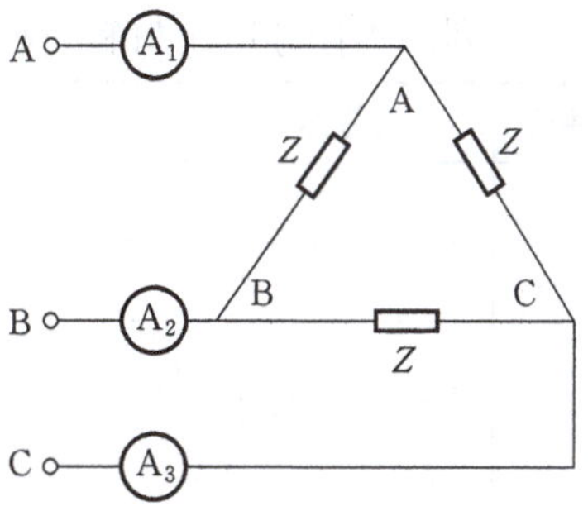

图 3-21　例 3-4 图

(2) AB 相断开，因为 BC 和 CA 相两端的相电压仍然为 220 V，所以这两相的相电流均不变(10 A)。C 相线电流也不变($A_3=17.3$ A)。此时 A_1、A_2 的读数即为相电流 10 A。

此时，$P=\frac{2}{3}\times4\ 500=3\ 000=3\ \text{kW}$

此例的工程应用意义在于：三相交流电动机其中某一绕组出现了断路故障，三相交流电动机仍然可以工作，只是功率下降，但三根火线电流大小将不再一致。所以，根据三根进线电流大小可判断三相交流电机内部绕组是否有断路故障。

2. 三相功率测量

对于对称三相电路，可以用一只单相功率表测量一相负载的功率 P_1，三相总功率等于功率表读数的 3 倍，即 $P=3P_1$，这种方法称为“一表法”，又称一瓦计法。

对于三相四线制电路，负载一般不对称，需要分别测出各相负载的功率后再相加，才能得出三相总功率。可用三只单相功率表进行测量，如图 3-22 所示，这种方法称为“三表法”，习惯称为三瓦计法。

对于三相三线制电路，无论其负载对称与否，都可以使用两只单相功率表进行测量，如图 3-23 所示，这种方法称为“两表法”，习惯称为二瓦计法。

需要说明的是，即使是对称三相三线制电路，二瓦计法中的两个功率表的读数也是不相等的。

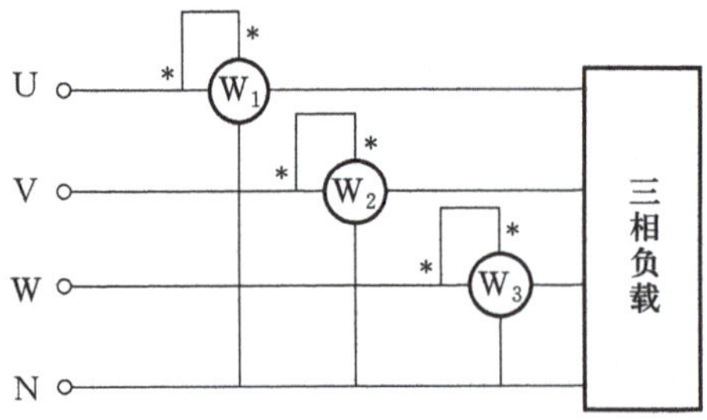

图 3-22　测量三相电路功率的三瓦计法

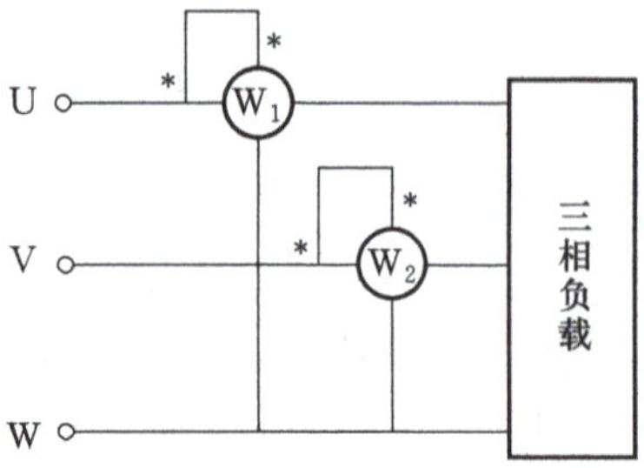

图 3-23　测量三相电路功率的二瓦计法

〖任务实施〗

1. 列出本任务所用材料、仪表、设备及工具清单。

序号	名称	规格型号	单位	数量	备注

2. 按任务布置中图 3-20 所示实验原理电路图接线，检查无误，调节三相调压器使三相电源线电压为 380 V。通过控制每一相负载灯开关，实现三相负载对称、不对称两种情况。用“两表法”测量三相三线制负载的功率。

项目		测量数据		计算结果
		P_1	P_2	$P=P_1+P_2$
三相三线制	负载对称			
	负载不对称			

3. 总结用“两表法”测量三相三线制负载有功功率的接线规则，填入表中。

〖任务评价〗

本任务评价包括个人自评、小组互评和教师评价。其中，个人自评和小组互评各占20%，教师评价占60%。任务评价主要从职业素养、专业能力、工作成果三个方面进行。总分90～100为优，80～89为良，70～79为中，60～69为合格，60分以下为不合格。

考核项目	评价内容	分值	评价分数		
			个人自评	小组互评	教师评价
职业素养	穿戴、仪容仪表符合工作要求	5			
	具备安全意识、责任意识、服从意识	6			
	积极参加教学活动，按时完成各种学习任务	6			
	团队合作意识强，善于与人交流和沟通	6			
	遵守纪律、尊重师长、团结同学	6			
	管理现场符合6S标准	6			
专业能力	能列出本任务所用工具、材料	10			
	能正确完成用“两表法”测量三相三线制负载有功功率的接线	15			
	能利用“两表法”测量三相三线制负载有功功率	10			
工作成果	能利用“两表法”测量出的功率计算三相总功率	20			
	测量数据准确，记录、描绘规范	10			
总分		100			
总评	个人自评×20%＋小组互评×20%＋教师评价×60%	综合等级			
教师(签名)：					

〖课后作业与思考〗

同一对称三相负载接成Y、Δ，若接入同一电网，试分别比较不同接法下负载上相电压U_{p}、线路上线电流U_{l}，以及三相有功功率P之间的关系。

〖课外阅读〗

九 章 三 号

“九章三号”是中国科学家研制的光量子计算原型机，是“九章”系列的第三代光量子计算原型机。由中国科学技术大学潘建伟院士领衔的陆朝阳教授课题组与中国科学院上海微系统所、国家并行计算机工程技术研究中心合作研发，能操纵 255 个光子。

2023 年 10 月 11 日，国际知名学术期刊《物理评论快报》刊登了这一科研成果。根据公开正式发表的最优经典精确采样算法，“九章三号”处理高斯玻色取样的速度比上一代“九章二号”提升 100 万倍。“九章三号”在百万分之一秒时间内所处理的最高复杂度的样本，需要成果公布时最强的超级计算机“前沿”(Frontier)花费超过 200 亿年的时间。这一研究进一步巩固了中国在光量子计算领域的国际领先地位。

项目4 电气设备的检测与维修

项目描述

机床设备一般都由电动机拖动，由于不同的运动形式对电动机控制程序的要求不同，因此必须配备一定的控制元件，以达到控制的目的。各种不同的低压电气元件可以起到不同的控制作用，利用低压电气元件可以组成电气控制电路，实现对电动机的控制，满足机床设备的控制要求。熟悉常用低压电气元件的结构与工作原理，掌握低压电气元件常见故障及处理方法，是学习电气控制技术的基础。

项目知识目标

1. 熟悉三相交流异步电动机各部分的名称与铭牌数据的含义。
2. 掌握三相交流异步电动机的工作原理。
3. 掌握三相交流异步电动机典型故障现象、故障原因及处理方法。
4. 熟悉常见低压电器的外形特点、文字符号与基本结构。
5. 理解常见低压电器的工作原理与安装方法。
6. 掌握低压电器的拆装与检测方法。
7. 了解低压电器的主要参数及选择方法。
8. 理解低压电器常见故障原因及排除方法。

项目技能与素质目标

1. 能够完成三相交流异步电动机的拆卸和装配。
2. 学会标记三相交流异步电动机定子绕组的首尾端。
3. 能够进行三相交流异步电动机简单的运行维护与检修。
4. 能够正确区分常见低压电器，学会根据要求正确拆卸和安装低压电器。
5. 能够正确检测低压电器，判断其好坏。
6. 能够根据参数要求选择合适规格的低压电器。
7. 能够正确分析低压电器故障原因，并学会排除故障。

8. 培养学生安全操作、规范操作、文明生产的职业素养。
9. 培养学生敬业奉献、精益求精的工匠精神。
10. 培养学生科学分析问题和解决实际问题的能力。

任务 4.1 变压器的检测与维修

〖任务布置〗

了解变压器的结构和工作原理，在电工技能与实训仿真教学系统中完成变压器的检测。

〖任务分析〗（知识模块）

变压器是一种静止的电气设备。它是根据电磁感应的原理，将某一等级的交流电压和电流转换成同频率的另一等级电压和电流，具有变换电压、变换电流和变换阻抗的作用。

变压器的应用领域非常广泛。例如，在电力系统中，电力变压器用于升压或降压；在测控系统中使用互感器，可以将大电流变为小电流，将高电压变为低电压；用于电弧焊接的电焊变压器，具有陡降的输出特性；用于电子扩音电路的变压器，可进行阻抗匹配。

变压器按用途可分为升压变压器和降压变压器；按相数可分为单相变压器、三相变压器；按绕组形式可分为双绕组变压器、三绕组变压器和自耦变压器；按冷却方式可分为油浸变压器和干式变压器。

1. 单相变压器

(1) 单相变压器的结构

单相变压器的基本结构如图 4-1 所示。它主要由铁芯和绕组（线圈）组成。

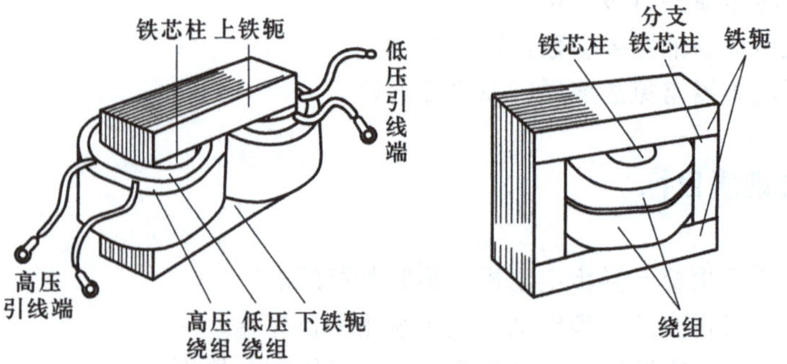

图 4-1 单相变压器的基本结构

① 铁芯

铁芯构成单相变压器的磁路系统，并作为单相变压器的骨架。为了减小交变磁通在铁芯中引起的涡流损耗，铁芯通常用导磁性能良好的硅钢片（厚度为 0.35～0.50 mm，且硅钢片之间彼此绝缘)叠制而成。铁芯由铁芯柱和铁轭两部分组成,铁芯柱上装有绕组,铁轭的作用是使磁路闭合。

根据铁芯和绕组的组合结构不同,通常又把单相变压器分为芯式和壳式两种。单相变压器从外面看,绕组包围铁芯柱,称为芯式结构;铁芯柱包围绕组,则称为壳式结构。

② 绕组

绕组构成单相变压器的电路,小型变压器一般用具有绝缘的漆包圆铜线绕制而成,对容量稍大的单相变压器则用扁铜线或扁铝线绕制。

工作时,与电源相连的绕组,接受交流电能,通常称为一次绕组(原边绕组、初级绕组),以 A、X 标注其出线端,匝数用 N_1表示;与负载相连的绕组,送出交流电能,通常称为二次绕组(副边绕组、次级绕组),以 a、x 标注其出线端,匝数用 N_2表示。

通常一次、二次绕组的匝数并不相等,匝数较多的绕组电压较高,称为高压绕组;匝数较少的绕组电压较低,称为低压绕组。为了便于绕组和铁芯之间的绝缘,通常将低压绕组安放在靠近铁芯的内层,将高压绕组套装在低压绕组的外面。

(2) 单相变压器的工作原理

单相变压器是利用电磁感应原理进行工作的。下面以单相双绕组变压器为例对其工作原理进行介绍。如图 4-2 所示是单相双绕组变压器的工作原理和电气符号。

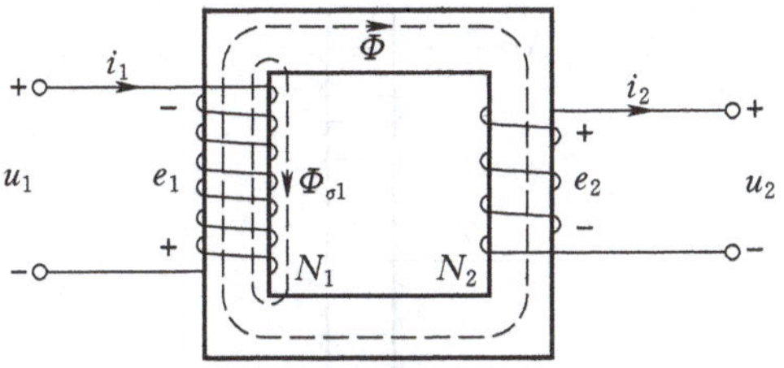

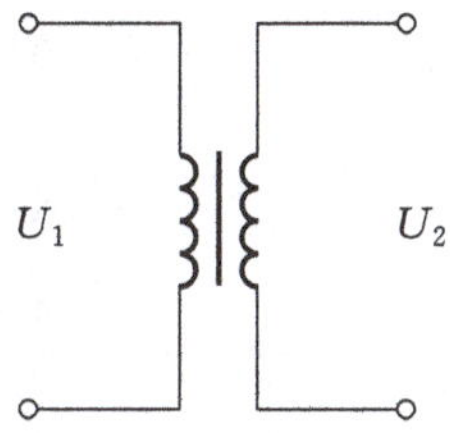

图 4-2 单相双绕组变压器的工作原理和电气符号

若在一次绕组加上交流电压 u_1,绕组中便有交流电流 i_1 通过,i_1 将在铁芯中产生与 u_1 同频率的交变磁通 Φ,根据电磁感应原理将分别在两个绕组中感应出电动势 e_1 和 e_2。

若把负载接在二次绕组上,则在电动势 e_2 的作用下,将有电流 i_2 流过负载,实现了电能的传递。这就是单相双绕组变压器的基本工作原理。

如果忽略变压器的漏磁 $\Phi_{\sigma1}$,交变磁通 Φ 便同时与一次、二次绕组相连接,这样的变压器称为理想变压器。理想变压器的一次、二次侧电压比等于匝数比,即

$$\frac{U_1}{U_2}\approx\frac{N_1}{N_2}=k \tag{4-1}$$

式中,U_1、U_2 为变压器一次绕组和二次绕组交流电压的有效值,k 称为变压器的变比,当 $k>1$,即 $N_1>N_2$ 时,为降压变压器;当 $k<1$,即 $N_1<N_2$ 时,为升压变压器。

根据能量守恒定律,有

$$P_1=P_2 \tag{4-2}$$

式中,P_1 为一次侧功率;P_2 为二次侧功率。

根据式(4-1)与式(4-2)可得电流比与匝数比互为倒数，即

$$\frac{I_1}{I_2}\approx\frac{N_2}{N_1}=\frac{1}{k} \tag{4-3}$$

注意：式(4-3)只在理想变压器只有一个二次线圈时成立。当有两个二次线圈时，$P_1=P_2+P_3$，$U_1/N_1=U_2/N_2=U_3/N_3$，电流则应利用电功率的关系式去求，有多个时依此类推。

(3) 单相变压器绕组的极性和判断

在使用单相变压器时，有时需要将绕组进行适当的串联以提高电压或并联增大电流，此时需要注意各绕组的极性(同名端)才能正确连接，否则可能会导致变压器不能工作，甚至烧毁。

所谓同名端，即同极性端，当电流流入(或流出)两个线圈时，若产生的磁通方向相同，两个线圈中的感应电动势方向也相同，则这两个流入端(或流出端)称为同名端，用符号“*”或“.”表示，如图 4-3 所示。

如果知道线圈的绕向，可以根据电流的流向和它们所产生的磁通方向来判断其同名端。但一般情况下，并不知道变压器内部线圈的绕向，同名端也就不能观察得出，只能通过实验的方法来测定同名端。

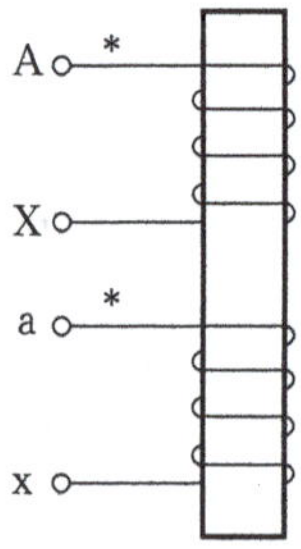

(a) A、a端为同名端

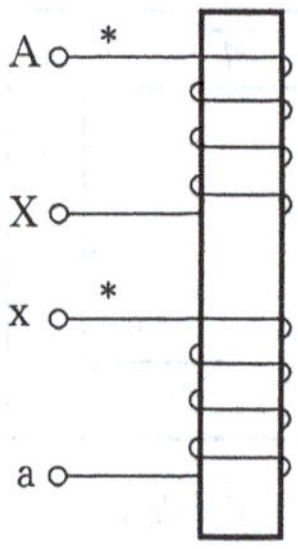

(b) A、a端为异名端

图 4-3 同名端

① 直流法

用直流电源和毫安表将两个线圈 1-2 和 3-4 按如图 4-4(a)所示连接。开关闭合的瞬间，如果毫安表的指针正向偏转，则 1 和 3 为同极性端；反向偏转，则 1 和 4 为同极性端。这是因为开关闭合瞬间线圈 1-2 中的电流增长，电流方向从 1 经线圈指向 2，绕组中产生的感应电动势方向为从 2 指向 1。如果 1 和 3 为同极性端，则线圈 3-4 中的感应电动势方向应为从 4 指向 3，此时，毫安表正向偏转。

② 交流法

如图 4-4(b)所示，将线圈 1-2 和 3-4 各取一个接线端连在一起(图中为 2 和 4)，并在其中一个线圈(图中为 1-2 线圈)的两端加一个比较低的便于测量的交流电压。用交流电压表分别测量 1、3 两端的电压 U_{13} 和两线圈的电压 U_{12}，如果 U_{13} 等于两线圈电压 U_{12} 和 U_{34} 之差，则 1 和 3 为同极性端；如果 U_{13} 等于两线圈电压 U_{12} 和 U_{34} 之和，则 1 和 4 为同极性端。

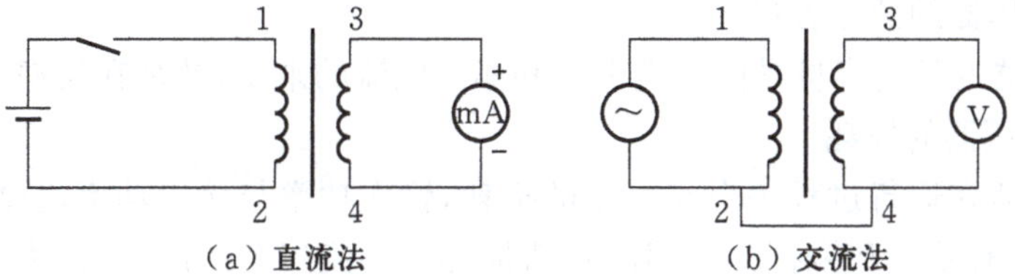

图 4-4　绕组同名端测定

(4) 单相变压器的运行特性

单相变压器的运行特性主要有外特性与效率特性，而表征单相变压器运行性能的主要指标有电压变化率和效率。

① 单相变压器的外特性

单相变压器的变压器一次侧接上额定电压，二次侧开路时，二次侧的端电压就等于二次侧的额定电压。单相变压器的外特性是指在一次绕组加额定电压，负载功率因数 $\cos\varphi_2$ 为常数时，二次绕组端电压 U_2 随负载电流 I_2 的变化关系，即 $U_2=f(I_2)$ 曲线，如图 4-5(a)所示。

在纯电阻负载时，电压变化较小；在感性负载时，电压变化较大；而在容性负载时，端电压可能出现随负载电流的增大而上升的情况，如图 4-5(b)中曲线 3 所示。

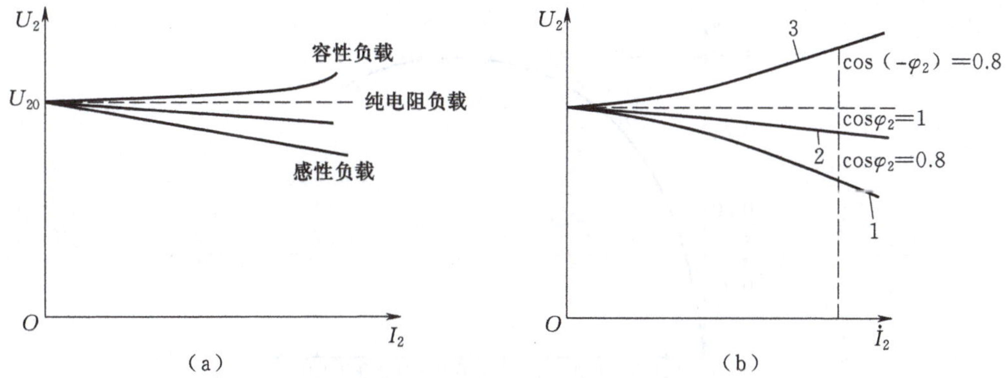

图 4-5　单相变压器的外特性

② 单相变压器的电压变化率

电压变化率又称电压调整率，是描述变压器负载变化时二次侧电压变化程度的一种指标。假定变压器一次侧接上额定电压、二次侧开路时，二次侧的端电压为其额定值(用 U_{2N}表示)，当二次侧接入负载后，二次侧电压(用 U_2 表示)将发生变化。空载和负载的二次侧电压之差与二次额定电压的比值就是电压变化率。电压变化率越小，变压器的稳定性能越好。

工程上，常用电压变化率 ΔU 来反映变压器二次侧输出电压随负载变化的情况，即

$$\Delta U=\frac{U_{2N}-U_2}{U_{2N}}\times 100\%$$

③ 单相变压器的效率特性

a. 单相变压器的额定容量

单相变压器的额定容量是由额定电压和额定电流的乘积，即视在功率表示。

b. 单相变压器的损耗

单相变压器在运行过程中会有一定的损耗，输入功率与输出功率之差就是变压器内部的功率损耗，有铁损和铜损。铁损因磁滞损耗和涡流损耗而产生，称为不变损耗，记为 P_{Fe}。单相变压器的绕组都有一定的电阻，当电流流过绕组时，就要发热产生损耗，这种损耗就是铜损耗。单相变压器铜损耗取决于负载电流的大小和绕组的电阻值，因此称为可变损耗，记为 P_{Cu}。故总损耗 ΔP 为

$$\Delta P = P_{Cu} + P_{Fe}$$

c. 单相变压器的效率

单相变压器输出有功功率 P_2 与输入有功功率 P_1 之比称为单相变压器的效率，用 η 表示，即

$$\eta = \frac{P_2}{P_1} \times 100\% = \frac{P_2}{P_2 + \Delta P} \times 100\%$$

d. 单相变压器的效率特性曲线

单相变压器的效率特性是指负载功率因数 $\cos\varphi_2$ 不变的情况下，变压器效率随负载电流变化的关系，即 $\eta = f(I_2)$ 曲线，如图 4-6 所示。

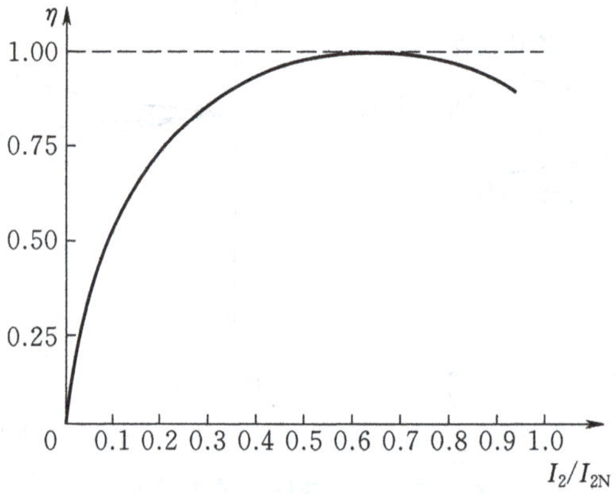

图 4-6　单相变压器的效率特性曲线

单相变压器的效率特性曲线表明，当负载电流较小时，效率随负载电流的增大而迅速上升；当负载电流达到一定值时，效率随负载电流的增大反而下降。可以证明，当单相变压器的铜损耗等于铁损耗时，单相变压器的效率最高。

由于单相变压器是静止电器，没有机械损耗，因此效率很高，一般大容量单相变压器的效率可达 97%左右，中、小型单相变压器的效率在 95%以上。对于电力变压器，最大效率出现在 $I_2 = (0.50 \sim 0.75) I_{2N}$ 时，其额定效率 $\eta_N = 0.95 \sim 0.99$。

2. 三相变压器

三相变压器主要用于输电、配电系统中，用于电压的转换，常称为电力变压器。

(1) 结构组成

三相变压器可以由三台同容量的单相变压器组成，再按需要将一次绕组和二次绕组分别接成星形或三角形连接，组成三相组式变压器，如图 4-7 所示。但是大部分三相变压器是将三相绕组分别绕在同一个铁芯的三个铁芯柱上，通过铁轭形成一个三相磁路，构成三相一体的芯式变压器结构，组成三相芯式变压器，如图 4-8 所示。

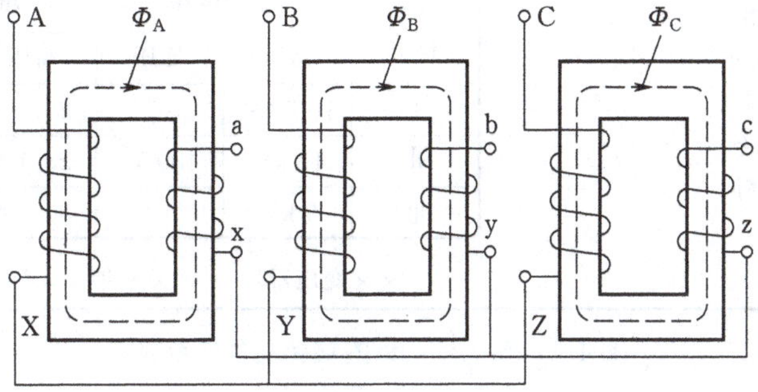

图 4-7　三相组式变压器组成

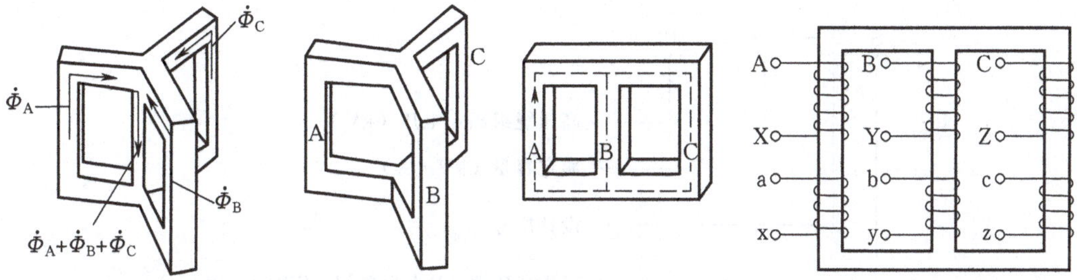

（a）3个铁芯柱合并在一起　（b）省去中心柱　（c）变压器铁芯　（d）三相芯式变压器绕组

图 4-8　三相芯式变压器磁路系统

三相组式变压器的特点：三相变压器组之间只有电的联系，没有磁的联系；三相变压器组的磁路彼此无关系；当外加电压对称时，三相主磁通对称，所以，三相空载电流对称。

三相芯式变压器特点：三相变压器组之间既有电的联系，又有磁的联系。当外加三相对称电压时，由于三相磁路长短不等，造成三相磁路磁阻不等，三相空载电流便不相等，但由于变压器的空载电流很小，它的不对称对变压器负载的影响很小，可忽略不计。

当受运输条件或备用容量限制时，采用三相组式变压器。例如，对于一些超高压、特大容量的三相变压器，为减小制造和运输困难，常采用三相组式变压器。

三相芯式变压器的优点是省材料，效率高，占地少，成本低，运行维护简单，应用广泛。

(2) 三相电力变压器的铭牌及主要参数

电力变压器的外壳上都有一块铭牌，用于标注其型号和主要技术参数，作为正确使用的依据，其格式如图 4-9 所示。

电力变压器

产品型号 S7—500/10　　标准代号××××

额定容量 500 kV·A　　产品代号××××

额定频率 50 Hz　　出厂序号××××

相数　3相

连结组　Yyn0

阻抗电压　4%

冷却方式　油冷

使用条件　户外

开关位置	额定电压		额定电流	
	高压	低压	高压	低压
Ⅰ	10.5 kV		27.5 A	
Ⅱ	10 kV	400 V	28.9 A	721.7 A
Ⅲ	9 kV		30.4 A	

××变压器厂　　××年××月

图 4-9　电力变压器的铭牌及主要参数

① 产品型号

电力变压器产品型号含义说明如图 4-10 所示。

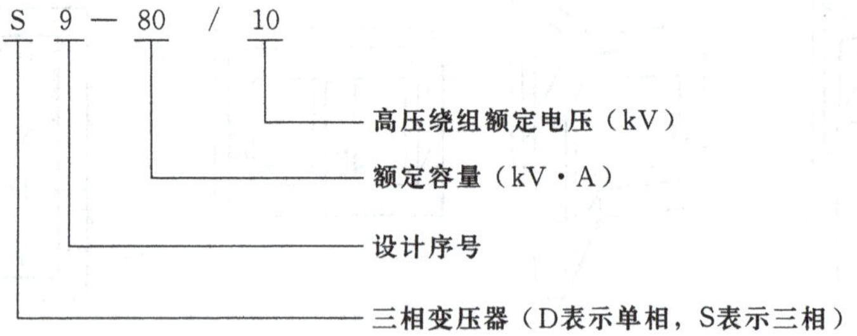

图 4-10　电力变压器产品型号含义说明

② 额定容量

额定容量是指变压器在额定工作状态下，二次绕组的视在功率，其单位为 kV·A(千伏·安)。

单相变压器的额定容量为 $S_N=\dfrac{U_{2N}I_{2N}}{1\ 000}$。

三相变压器的额定容量为 $S_N=\dfrac{\sqrt{3}U_{2N}I_{2N}}{1\ 000}$。

③ 额定电压 U_{1N} 和 U_{2N}

额定电压 U_{1N} 是指变压器在额定运行情况下，根据变压器绝缘等级和允许温升等条件规定的一次绕组上的线电压。额定电压 U_{2N} 是指在一次绕组上加额定电压后，二次绕组空载时的线电压。

④ 额定电流 I_{1N} 和 I_{2N}

额定电流是指变压器在额定运行的条件下，一次绕组、二次绕组长时间工作允许的线电流。

⑤ 连接组标号

连接组标号是指三相变压器一次绕组、二次绕组的连接方式。Y 指高压绕组作星形连接，y 指低压绕组作星形连接，D 指高压绕组作三角形连接，d 指低压绕组作三角形连接，N 指高压绕组作星形连接时的中性线，n 指低压绕组作星形连接时的中性线。

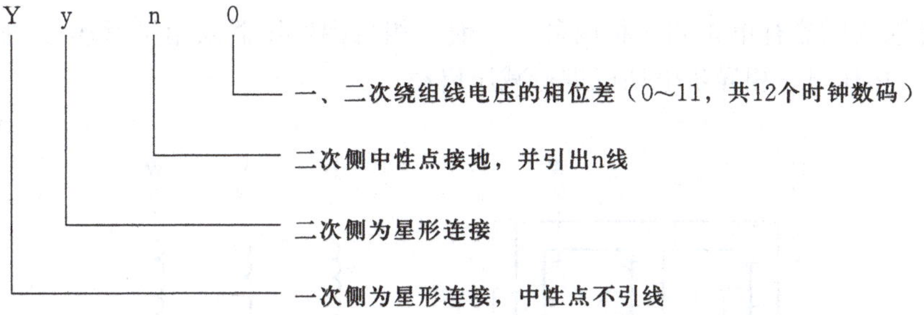

图 4-11 连接组标号示例

⑥ 额定频率

我国规定额定工作频率为 50 Hz。此外，其他参数这里不再一一介绍。

3. 几种特殊变压器

(1) 自耦变压器

① 自耦变压器的结构

前面介绍的普通双绕组变压器，其一次绕组和二次绕组是分开的，它们之间只有磁耦合，而没有电的直接联系。如果把一次绕组和二次绕组合二为一，如图 4-12 所示，就成为只有一个绕组的变压器，这种变压器称为自耦变压器，其特点是一、二次绕组共用部分绕组，因此，一、二次绕组之间不仅有磁耦合，而且还有电的直接联系。

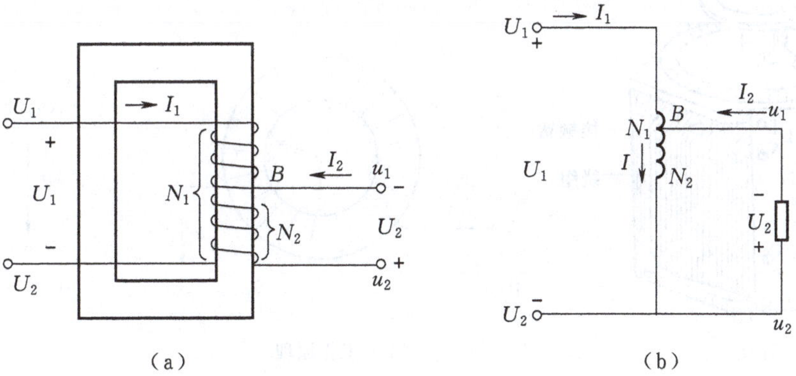

图 4-12 自耦变压器的结构

② 自耦变压器的原理

自耦变压器的原理与普通变压器一样，由于穿过一、二次绕组的磁通相同，故公式 $\frac{U_1}{U_2}\approx\frac{E_1}{E_2}=\frac{N_1}{N_2}=k$，$\frac{I_1}{I_2}\approx\frac{N_2}{N_1}=\frac{1}{k}$ 仍然成立。

③ 使用自耦变压器时的注意事项

a. 由于自耦变压器一、二次绕组直接有电的联系，使用时外壳必须接地，并且不能作为安全的隔离变压器使用，也不允许作为照明变压器使用，因为万一线路接错，就可能发生触电事故。

b. 自耦变压器的低压侧应有过电压的保护装置。

c. 自耦变压器接通电源前应将手柄置零。

④ 自耦变压器有单相和三相两种。一般三相自耦变压器采用星形连接，如图 4-13 所示。它常用作对三相异步电动机进行减压启动。

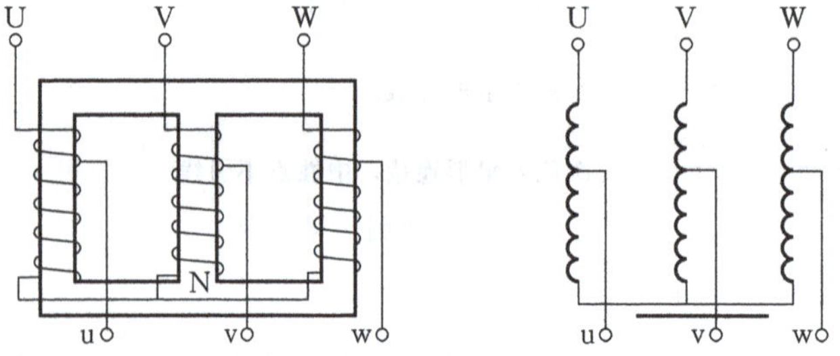

（a）结构　　（b）工作原理

图 4-13　三相自耦变压器的结构、工作原理

低压小容量的自耦变压器，其二次绕组的接头常做成沿线圈自由滑动的触头，它可以平滑地调节自耦变压器的二次绕组电压，这种自耦变压器称为自耦调压器，常在实验室中用作实验电压的调节。单相自耦调压器的外观、工作原理及电气符号如图 4-14 所示。

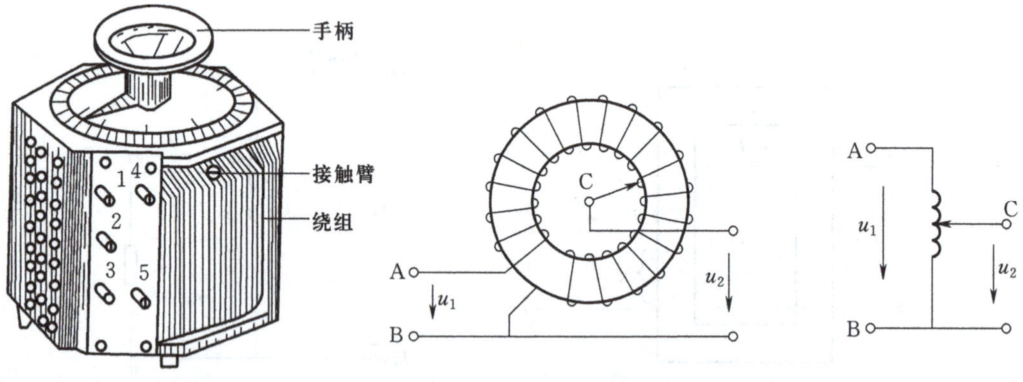

（a）外观　　（b）工作原理　　（c）电气符号

图 4-14　单相自耦调压器的外观、工作原理及电气符号

(2) 电压互感器

在实际应用中，直接测量高电压、大电流是比较困难的，因而常用特殊的变压器把高电压转换成低电压、大电流转换成小电流后再测量，这种特殊的变压器就称为电压互感器和电流互感器。

电压互感器的结构形式与工作原理和单相降压变压器基本相同。电压互感器的外观、工作原理及电气符号如图 4-15 所示。

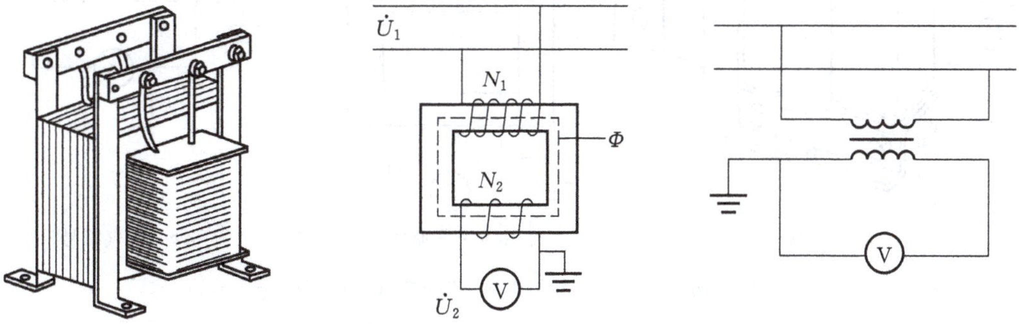

（a）外观　（b）工作原理　（c）电气符号

图 4-15　电压互感器的外观、工作原理及电气符号

电压互感器一次绕组匝数多，并联在被测电路中，二次绕组匝数少，接在高阻抗的仪表上，如接在电压表、功率表或电度表的电压线圈上。因此二次绕组的电流很小，正常运行时，近似空载运行。变压器的电压比公式为

$$\frac{U_1}{U_2} \approx \frac{N_1}{N_2} = K_u$$

式中，K_u 是电压互感器的变换系数，又称电压互感器的变换倍率。K_u 一般标在电压互感器的铭牌上，只要读出二次绕组的电压，一次绕组的电压可以由上式求出。

在实际应用中，与电压互感器配套使用的电压表中的电压已换算成一次绕组的电压，可以直接读出测量数据，不必再进行换算。一般电压互感器二次绕组的额定电压为 100 V。常用的电压互感器变比有 3 000 V/100 V、6 000 V/100 V 等。

根据误差大小，电压互感器可分为 0.2、0.5、1.0、3.0 四级，级数越大，误差也越大。

使用电压互感器的注意事项如下：

① 电压互感器运行时，二次绕组绝不允许短路，否则将产生很大的短路电流，导致电压互感器绕组过热而烧坏。为此在电压互感器二次侧电路中应串联熔断器作短路保护。

② 为保证操作人员的安全，电压互感器的铁芯和二次绕组的一端必须可靠接地，以防一次高压绕组绝缘损坏时，铁芯和二次绕组带上高电压而触电。

③ 电压互感器具有一定的额定容量，使用时不宜接过多的仪表，否则流过电流过大，将影响互感器的精度。

(3) 电流互感器

在电工测量中主要用来按比例变换交流电流。电流互感器的基本结构与工作原理和单相变压器相似。电流互感器的外观、工作原理及电气符号如图 4-16 所示。

电流互感器一次绕组的匝数很少，只有一匝或几匝，用粗导线绕制，使用时串联在被测电路中，流过被测电流，二次绕组匝数很多，用较细的导线绕制而成，一般接电流表

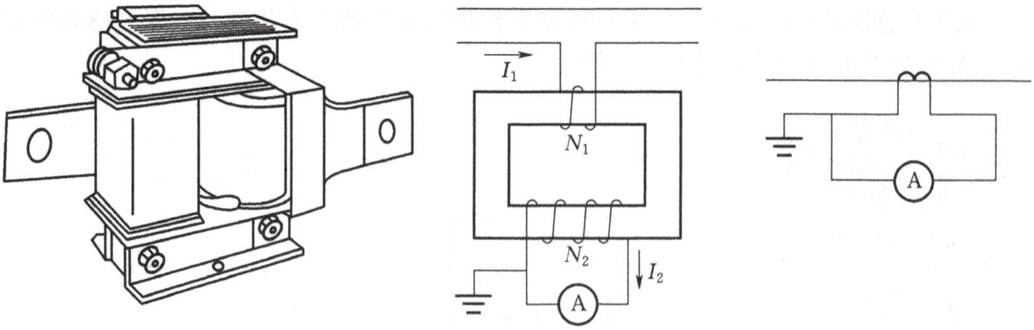

(a) 外观　　(b) 工作原理　　(c) 电气符号

图 4-16　电流互感器的外观、工作原理及电气符号

或功率表的电流线圈，它的阻抗很小，负载近似为零。根据变压器的电流比公式$\frac{I_1}{I_2}\approx\frac{N_2}{N_1}$可知

$$I_1\approx\frac{N_2}{N_1}I_2=K_iI_2$$

式中，K_i 称为电流互感器的额定电流比，标在电流互感器的铭牌上。在电流互感器中，二次绕组电流与电流比的乘积等于一次绕组电流(被测电流)。

一般电流互感器二次绕组的额定电流为 5 A，电流变比的范围 $K_i=1\sim5\ 000$。

根据误差大小，电流互感器分为 0.2、0.5、1.0、3.0、10.0 五个等级。级数越大，误差也越大。

使用电流互感器的注意事项如下：

① 电流互感器运行时，二次侧绝不允许开路。因为如果二次侧开路，则电流互感器处于空载运行状态，这时，电流互感器一次绕组通过的电流就成为励磁电流，使铁芯中的磁通和铁耗猛增，导致铁芯发热烧坏绕组；另外，电流互感器产生很大的磁通将在二次绕组中感应出很高的电压，危及人身安全或破坏绕组绝缘。因此，电流互感器的二次绕组电路中绝不允许装熔断器，并且在二次绕组中装卸仪表时，必须先将二次绕组短路，装卸完后再断开短路线。

② 互感器的铁芯和二次绕组的一端必须可靠接地，以免绝缘损坏时，高压侧电压传到低压侧，危及仪表及人身安全。

③ 二次绕组回路串入的阻抗值不得超过有关技术标准的规定，否则将影响电流互感器的测量精度。

〖任务实施〗

1. 列出本任务所使用的材料、仪表、设备及工具清单。

序号	名称	规格型号	单位	数量	备注

2. 根据图 4-17 所示，测量变压的绕组电压，填入下表中。

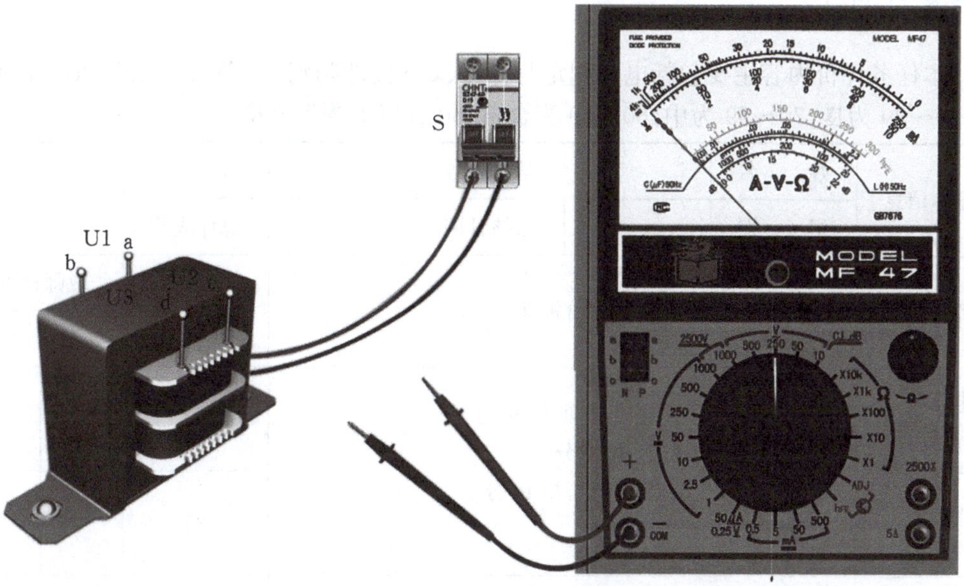

图 4-17　变压器检测

步骤 1：合上开关 S。

步骤 2：用万用表测量一次、二次绕组的电压值 U_1、U_2。

检测项目	万用表挡位选择	检测结果	分析计算 U_3 和 U_1、U_2 关系	a-c 极性判别
一次侧绕组电压 U_1				
二次侧绕组电压 U_2				
b、d 两端电压 U_3				

3. 变压器极性判别。

步骤 1：合上开关 S。

步骤 2：用万用表测量 b、d 两端电压 U_3；填入上表中。

如果 $U_3=U_1+U_2$，说明 a-c 为异极性端相连接；如果 $U_3=U_1-U_2$ 或 $U_3=U_2-U_1$，说明 a-c 为同极性端。

〖任务评价〗

本任务评价内容主要包括电压测定与计算、a-c 极性判别、6S 管理。总分 90～100 为优，80～89 为良，70～79 为中，60～69 为合格，60 分以下为不合格。

<table>
<tr><td rowspan="2">基本信息</td><td>姓　名</td><td></td><td>学　号</td><td></td><td>班　级</td><td colspan="2"></td></tr>
<tr><td>组　别</td><td></td><td>考核日期</td><td></td><td>总评成绩</td><td colspan="2"></td></tr>
<tr><td rowspan="2">评价内容</td><td colspan="4" rowspan="2">评价标准</td><td rowspan="2">分值</td><td colspan="2">教师评价</td></tr>
<tr><td>扣分</td><td>得分</td></tr>
<tr><td>电压测定与计算</td><td colspan="4" rowspan="2">① 仪表选择，检测有误，每项扣 10 分
② 仪表使用不规范，扣 10 分
③ 检测方法及结果不正确，扣 10 分
④ 极性判别错误，扣 30 分</td><td>60</td><td></td><td></td></tr>
<tr><td>a-c 极性判别</td><td>30</td><td></td><td></td></tr>
<tr><td>6S 管理</td><td colspan="4">① 工位整洁、工器具摆放到位
② 按照安全生产规程操作设备</td><td>10</td><td></td><td></td></tr>
<tr><td colspan="5">总分</td><td>100</td><td colspan="2"></td></tr>
</table>

〖课后作业与思考〗

1. 为什么变压器的铁芯要用硅钢片叠成？是否能用整块的铁芯？

2. 如果把一台变压器的绕组接到额定电压的直流电源上，问：

(1) 能否变压？(2) 会产生什么后果？

3. 额定电压为 220 V/36 V 的单相变压器，如果不慎将低压端误接到 220 V 的交流电源上，会产生什么后果？

4. 某变压器一次绕组额定电压 U=220 V，二次侧有两个绕组，其电压分别为 U_{21}=110 V，U_2=36 V。若一次绕组匝数 N_1=440 匝，求二次侧两个绕组的匝数各为多少？

5. 同名端是如何定义的？如何用实验的方法判断同名端？

6. 电力系统在电能的输送过程中为什么总是采用高电压输送？三相变压器的主要用途是什么？

〖课外阅读〗

电力守护者

在现代社会，电力成为人们生活中不可或缺的一部分。电力守护者如同电网中的英雄，默默守护着我们的生活。今天，让我们一起来了解一位电力守护者的故事，他与变压器有着不解之缘。

在国网宝鸡供电公司，有一位名叫周红亮的电力守护者。他被誉为“千里眼”“顺风耳”“草上飞”“活地图”，是国网陕西宝鸡供电公司秦岭输电运维班的班长。二十三年来，他一直守护着新中国第一条电气化铁路——宝成铁路和秦岭地区150万民众的用电安全。

周红亮的工作是负责维护电力线路的输电塔和变压器。他曾遇到过一次紧急情况，当时是在一个平凡的夜晚。检修人员们乘着电力“大黄车”逆车流而行，向城外驶去。他们的目的地是位于千里沟腹地的110 kV吉润变电站。抵达目的地后，他们开始了紧张的检修工作。在零下二十多摄氏度的天气里，周红亮和同事们攀爬上铁塔除冰，时刻注意导线上的结冰情况，为了保障铁路沿线春运运输和用电万无一失，他们在山里一待就是几个月。

在工作中，周红亮和他的团队还面临着许多潜在的危险，如野兽、恶劣的天气等。但他们并没有退缩，而是积极创新，发明了许多实用的工具，如智能清障机器人“小黄人”。它可以帮助电力工人处理导线上的异物，减少作业风险，大大提高工作效率。

随着科技的进步，电力巡线工团队已经可以在重要的杆塔上加装视频监控，来实现远程监控设备的功能。这些变化让周红亮感到欣慰，他将继续坚守在自己的岗位上，为人们的用电安全保驾护航。

变压器作为电力系统中的重要设备，承担着变换电压、传递电能的重要任务。而像周红亮这样的电力守护者，则是保证变压器正常运转的关键。他们用自己的辛勤付出，确保了千家万户的灯火通明。在这个平凡的夜晚，让我们向这些默默付出的电力守护者致敬！

任务4.2 三相异步电动机检测与维修

〖任务布置〗

1. 了解三相异步电动机的结构和工作原理，在电工技能与实训仿真教学系统中完成三相异步电动机的拆装及故障检修。

2. 用电工实训室三相异步电动机进行定子绕组首尾端判别。

〖任务分析〗（知识模块）

1. 电机的应用与分类

电机是根据电磁感应定律实现电能与机械能相互转换的一种电磁装置。把机械能转换成电能的设备称为发电机，而把电能转换成机械能的设备称为电动机。

电机的种类较多，具体分类如图4-18所示。

- 电机
  - 静止电机：变压器（只有交流型）
  - 旋转电机
    - 普通旋转电机
      - 直流电机
        - 直流发电机
        - 直流电动机
      - 交流电机
        - 同步电机
          - 同步发电机
          - 同步电动机
        - 异步电机
          - 异步发电机
          - 异步电动机
            - 笼型异步电动机
            - 绕线型异步电动机
    - 控制电机

图 4-18　电机的分类

在工业生产上交流电动机的应用较为广泛，特别是三相异步电动机，因其结构简单、工作可靠、维护方便、价格便宜等优点，被广泛地用来驱动各种机床、起重设备、农业机械、鼓风机、泵类等。

2. 三相异步电动机的结构

三相异步电动机主要由定子和转子组成，定子是静止不动的部分，转子是旋转部分，转子装在定子腔内，在定子与转子之间有一定的缝隙，称为气隙，其结构如图 4-19 所示。

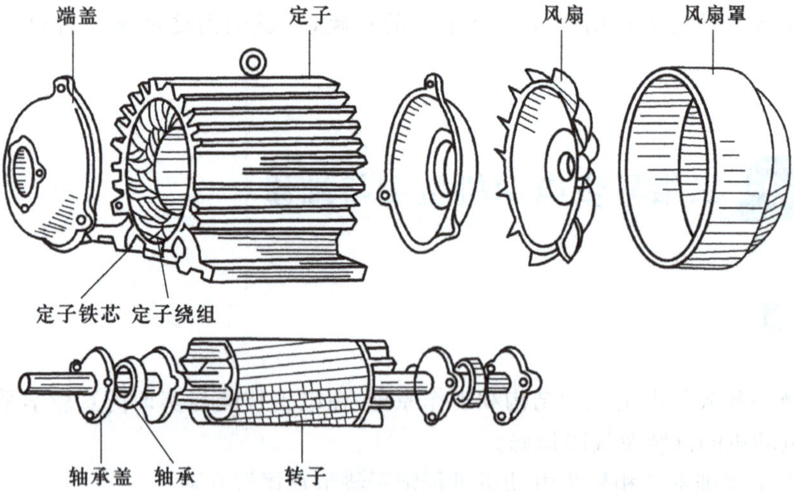

图 4-19　三相异步电动机的结构

(1) 定子

异步电动机的定子由机座、定子铁芯和定子绕组等部分组成，如图 4-20 所示。定子的作用是产生旋转磁场。

① 机座

机座是由铸铁或铸钢、压铸铝或挤压铝、钢板等制成的，主要用来固定和支撑定子铁芯，因而必须具备足够的机械强度和刚度。

② 定子铁芯

定子铁芯是异步电动机磁路的一部分，为减小磁滞和涡流损耗，一般用表面涂有绝缘漆或经表面氧化处理的 0.5 mm 厚的硅钢片叠压而成。铁芯的内圆周表面冲有槽孔，用以嵌放定子绕组，定子铁芯叠片如图 4-21 所示。

图 4-20　定子

图 4-21　定子铁芯叠片

③ 定子绕组

定子绕组是异步电动机的电路部分，当通入三相交流电时，能产生旋转磁场，并与转子绕组相互作用，实现能量的转换与传递。

绕组一般用高强度漆包线绕制而成，按一定的排列方式嵌入定子槽内，再按照一定的接线规律，相互连接成绕组。

定子绕组通常有 6 根引出线，分别与接线盒内三相绕组的 6 个端线相连，都引到机座侧面的接线盒中。按国家标准，6 个接线端中的首端分别用 U_1、V_1、W_1 表示，尾端分别用 U_2、V_2、W_2 表示。根据电动机的容量和需要，三相定子绕组可以接成星形或三角形。其连接方式如图 4-22 所示。

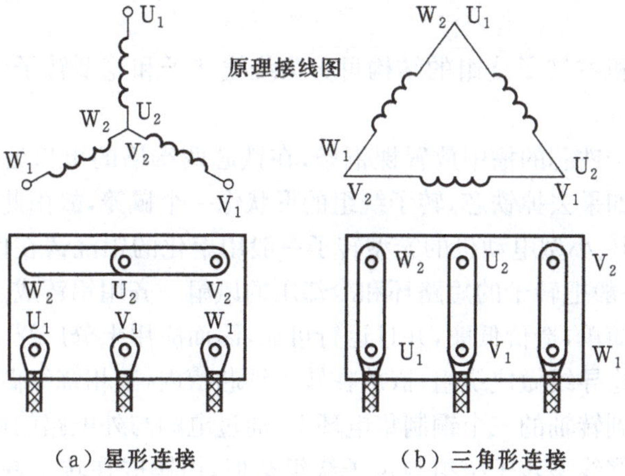

图 4-22　定子绕组的星形和三角形连接方式

(2) 转子

异步电动机的转子是电动机的转动部分，由转轴、转子铁芯、转子绕组等部件组成。转子的作用是产生感应电动势、感应电流和电磁转矩，并且在电磁转矩作用下旋转，从而带动其他机械设备转动。

① 转轴

转轴的作用是固定转子铁芯和传递机械功率。为保证其刚度和强度，转轴一般由低碳钢或合金钢制成。

② 转子铁芯

转子铁芯是转子的磁路部分，在转子铁芯外圆均匀地冲有许多槽，用来嵌放转子绕组。转子铁芯也是用 0.5 mm 厚的硅钢片叠压而成，整个转子铁芯固定在转轴上，如图 4-23 所示。

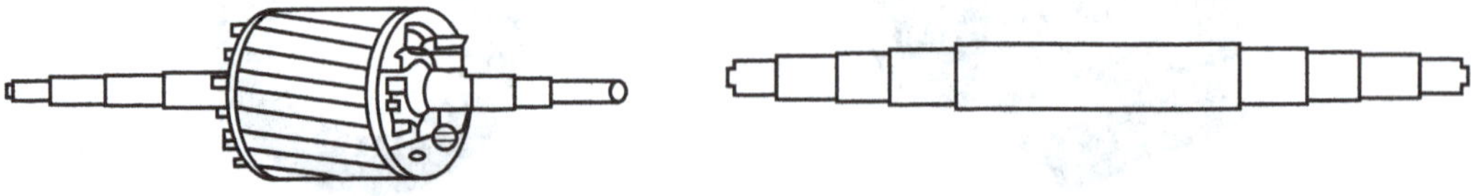

（a）转子外观　（b）转轴

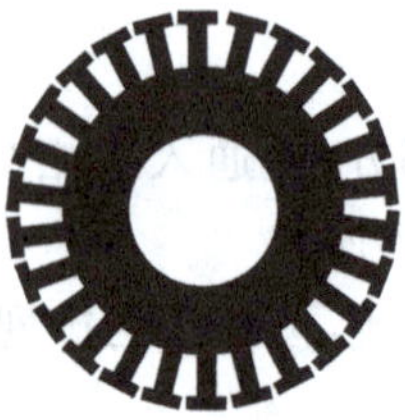

（c）转子硅钢片

图 4-23　转子铁芯

③ 转子绕组

转子绕组是转子的电路部分，它的作用是产生感应电动势，使电流流过并产生电磁转矩。

三相异步电动机按转子绕组的结构可分为绕线转子和笼型转子两种，较为常用的是笼型三相异步电动机。

笼型转子在转子铁芯的槽中放置裸铜条，在铁芯两端槽的出口处用短路铜环（端环）把它们连接起来。如果去掉铁芯，转子绕组的形状像一个鼠笼，故由此而得名。其结构如图 4-24(a)所示。中、小型电动机的笼型转子一般用熔化的铝浇铸在槽内而成，称为铸铝转子。在浇铸时，一般把转子的短路环和冷却用的风扇一齐用铝铸成。

笼型转子结构简单，造价低廉，并且运行可靠，因而应用十分广泛。

绕线转子用绝缘导线做成绕组，嵌放在转子铁芯槽内，三相绕组做星形连接。绕组的三个出线端分别接到转轴的三个铜制集电环上，通过电刷与外电路的可变电阻器相连接，用于启动和调速。绕线型转子绕组与定子绕组类似，由镶嵌在转子铁芯槽中的三相绕组组成。绕组一般采用星形连接，将三相绕组绕组的尾端接在一起，首端分别接到转轴上的三个铜滑环上，通过电刷把三根旋转的线变成了固定线，与外部的变阻器连接，构成转子的闭合回路，以便于控制，环与环之间、环与转轴之间都互相绝缘。其结构如图 4-25 所示。

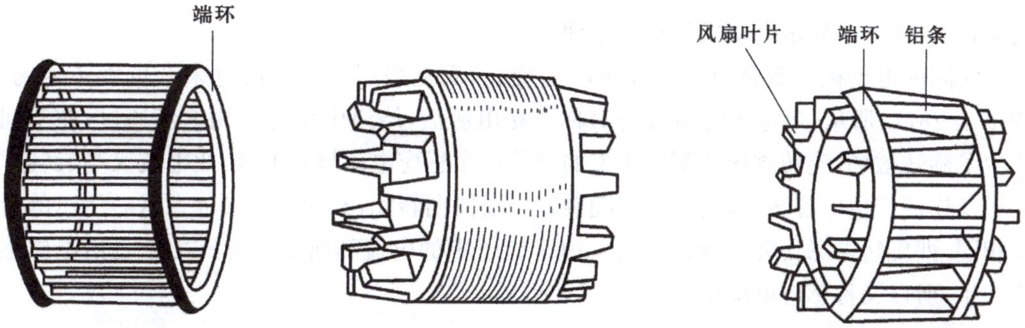

（a）铜条转子　　（b）铸铝转子　　（c）铸铝转子的铝条和风扇

图 4-24　笼型转子

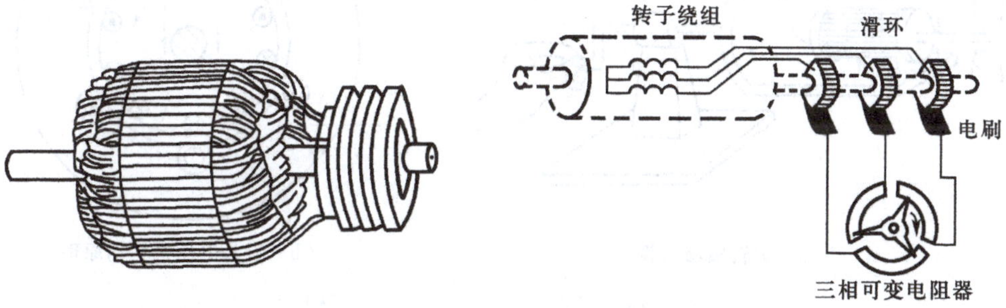

（a）绕组外观　　（b）绕组接线

图 4-25　绕线转子

笼型和绕线转子只是结构不同，其工作原理是一样的。由于绕线转子三相交流异步电动机的结构复杂，价格较高，一般用于对启动或调速有较高要求的场合，如立式车床、起重机等。

(3) 气隙

气隙是磁路的一部分，异步电动机的气隙比同容量的直流电动机的气隙小得多。在中、小型异步电动机中，气隙一般为 0.2～1.5 mm。

气隙的大小对电动机性能影响较大。气隙大，磁阻也大，产生同样大小的磁通，所需的励磁电流越大，电动机的功率因数也就越低。但气隙过小，将给装配造成困难，运行时定子、转子容易发生摩擦，使电动机运行不可靠。

3. 三相异步电动机的工作原理

(1) 工作原理

如图 4-26(a)所示，一个装有手柄的 U 形磁铁，在 N、S 两极之间放一个可以自由转动的、由许多铜条组成的笼型转子。磁体与转子之间没有任何机械联系。

当摇动手柄使 U 形磁铁转动时，发现转子跟着 U 形磁铁转动起来。摇得越快，转子转动越快；摇得越慢，转子转动越慢；改变摇动方向，转子也跟着改变转动的方向。这是因为 U 形磁铁的转动使得 U 形磁铁的 N 极与 S 极之间的磁场也在转动，当磁场旋转时，其磁力线将切割笼型转子的导体，在导体中会有感应电动势产生，该电动势就会在导体中产生电流、电流在磁场中将受电磁力的作用，产生电磁转矩，驱动笼型转子随磁场的旋转方向而转动，这就是异步电动机的基本原理。

实际的电动机不能靠磁铁的旋转产生旋转，而是采用三相交流电来产生旋转磁场。如图 4-26(b)所示，当定子绕组接通对称三相电源后，绕组中便有三相电流通过，在空间产生了旋转磁场，旋转磁场切割转子上的导体产生感应电动势和电流，此电流又与旋转磁场相互作用产生电磁转矩，使转子跟随旋转磁场同向转动，其原理与图 4-26(a)所示的情况相同，即旋转磁场代替了旋转磁极。由于转子中的电流和所受的电磁力都是由电磁感应产生，所以又称感应电动机。

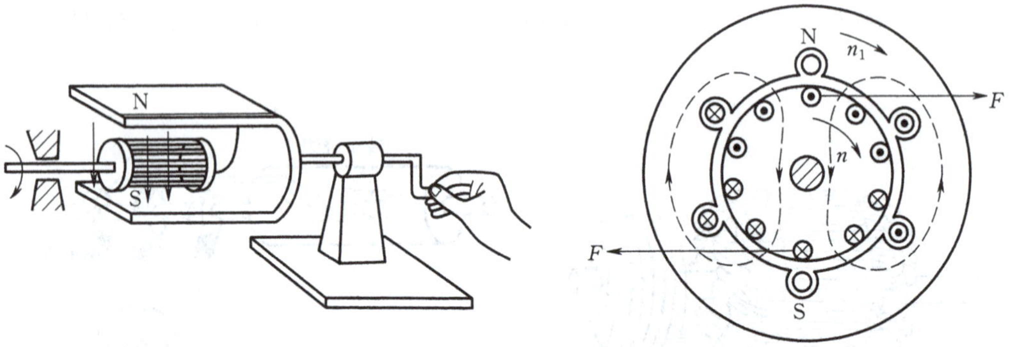

（a）旋转磁场实验　　（b）异步电动机转动原理

图 4-26　三相异步电动机的工作原理

(2) 旋转磁场的转速

电动机定子绕组通以三相交流电后，电流变化一周时，两极($P=1$)的旋转磁场在空间旋转一周，若电流的频率为 f，即电流每秒变化 f 周，旋转磁场的转速也为 f。通常转速是以每分钟的转数来计算的，若以 n_1 表示旋转磁场的转速(r/min)，则 $n_1=60f$。

对于四极($P=2$)旋转磁场，电流变化一周，合成磁场在空间只旋转了 180°(半周)，故 $n_1=60f/2$。

由上述二式可以推广到具有 P 对磁极的异步电动机，其旋转磁场的转速(r/min)为 $n_1=\dfrac{60f}{P}$。

由此可见，旋转磁场的转速 n_1 决定于电流的频率 f 和电动机磁极对数 P。磁极对数 P 与定子绕组的空间排列有关，通过适当的安排，可以制成两极、三极或更多对磁极的旋转磁场。旋转磁场的转速 n_1，又称“同步转速”。

我国的电源标准频率 $f=50$ Hz，因此，不同磁极对数的电动机所对应的旋转磁场转速也不同，见表 4-1。

表 4-1　不同磁极对数时异步电动机的同步转速

磁极对数 P	1	2	3	4	5	6
$n_1/(\mathrm{r\cdot min^{-1}})$	3 000	1 500	1 000	750	600	500

(3) 转差率

异步电动机中，转子因旋转磁场的电磁感应作用而产生电磁转矩，并在电磁转矩的作用下旋转，那么，转子的转速是多少？与旋转磁场的同步转速相比又如何呢？

转子的旋转方向与旋转磁场的转向相同，但转子的转速 n 不能等于旋转磁场的同步转速 n_1，否则磁场与转子之间便无相对运动，转子就不会有感应电动势、电流与电磁转矩，转子也就根本不可能转动了。因此，异步电动机的转子转速 n 总是略小于旋转磁场的同步转速 n_1，即与旋转磁场“异步”地转动，所以称这种电机为“异步”电动机。若三相异步电动机带上机械负载，负载转矩越大，电动机的“异步”程度也越大。在分析中，用“转差率”来反映“异步”的程度。n_1 与 n 之差称为“转差”。转差是异步电动机运行的必要条件。将其与同步转速之比称为“转差率”，用 s 表示，即

$$s=\frac{n_1-n}{n_1}$$

转差率是异步电机的一个基本参数。一般情况下，异步电动机的转差率变化不大，空载转差率低于 0.005，满载转差率为 0.02～0.06。可见，额定运行时异步电动机的转子转速非常接近同步转速。

(4) 旋转磁场的方向

三相异步电动机定子旋转磁场的转向在三相绕组排列一定的情况下由三相电流的相序决定，因此只把三相交流电源的 U→V→W 三相中任意两相交换再接入电动机的定子绕组，旋转磁场方向就会改变，电动机的转向也就跟着改变了。

4. 三相异步电动机的铭牌数据

每台三相异步电动机，在其机座上都有一块铭牌，其上标有型号、额定值等，见图 4-27。

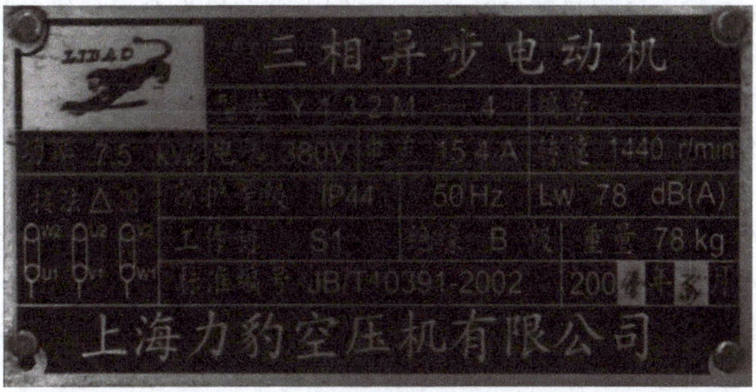

图 4-27　三相异步电动机的铭牌

(1) 型号

异步电动机型号的表示方法是用汉语拼音的大写字母和阿拉伯数字表示电动机的种类、规格和用途等，其型号含义如图 4-28 所示。

中心高越大，电动机容量越大，中心高 80～315 mm 为小型电动机；315～630 mm 为中型电动机；630 mm 以上为大型电动机。在同一中心高下，机座长，则铁芯长，容量大。

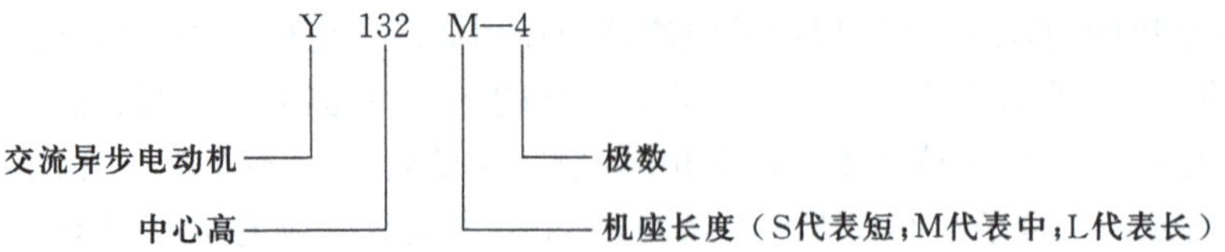

图 4-28 异步电动机型号表示方法

(2) 额定值

额定值是设计、制造、管理和使用电动机的依据。

① 额定功率 P_N(kW)。指电动机在额定转速下长期持续工作时，电动机不过热，轴上所能输出的机械功率。它不等于从电源吸取的电功率 P_1。三相异步电动机的功率因数较低，在额定负载时为 0.7～0.9，空载时功率因数很低，一般在 0.1 以下。本例中 P_N=7.5 kW。

② 额定电压 U_N(V)。指电动机额定运行时，电源加在定子绕组上的线电压。本例中 U_N=380 V。

③ 额定电流 I_N(A)。指电动机在额定电压下运行，输出功率达到额定值时，流入定子绕组的线电流。本例中 I_N=15.4 A。

④ 额定转速门 n_N(r/min)。指电动机定子加额定电压，且输出额定功率时电动机的转速。本例中 n_N=1 440 r/min。

⑤ 额定频率 f_N(Hz)。指加在电动机定子绕组上的电源频率，我国电网频率规定为 50 Hz。

⑥ 绝缘等级。指电机绝缘材料能够承受的极限温度等级，分为 A、B、E、F、H 共 5 级，A 级最低(105 ℃)，H 级最高(180 ℃)。本例中电动机为 B 级绝缘。其中，定子绕组的允许温度不能超过 130 ℃。

⑦ 工作方式。电动机工作方式有 10 种，较常用的三种方式如下：

a. 连续工作方式用 S1 表示，这种工作方式允许电动机在额定条件下长时间连续运行。

b. 短时工作方式用 S2 表示，这种工作方式允许电动机额定条件下只能在额定时间内运行。

c. 断续工作方式用 S3 表示，这种工作方式允许电动机在额定条件下以周期性间歇方式运行。

⑧ 接法。三相异步电动机定子三相绕组一般有 6 个引出端 U_1、U_2、V_1、V_2、W_1、W_2。它们与机座上接线盒内的接线柱相连，根据需要可接成星形(Y)或三角形(△)，如图 4-29 所示。也可将 6 个接线端接入控制电路中，实行星形与三角形的换接。

5. 三相异步电动机定子绕组首尾端的判别方法

在维修三相交流异步电动机时，常常会遇到线端标记已丢失或标记模糊不清，导致无法辨识的情况。为了正确接线，就必须重新确定定子绕组的首尾端。可分别应用直流法、交流法与灯泡检测法判别三相交流异步电动机定子绕组的首尾端。

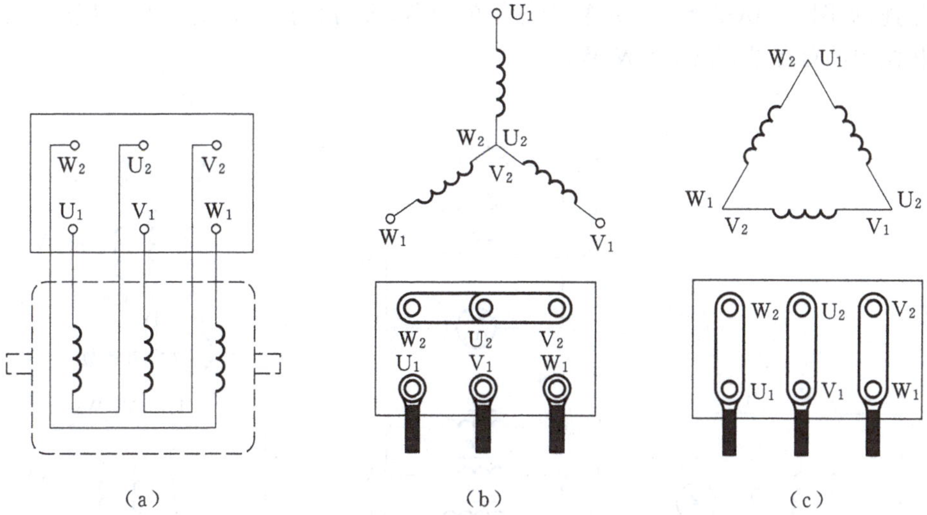

图 4-29　三相异步电动机接线

(1) 用低压直流电源和万用表判别定子绕组的首尾端[图 4-30(a)]

需要注意的是，应用此方法时，接通电源时间应尽量短，若时间过长，极易损坏电源。

① 判断各相绕组的两个出线端。用万用表电阻挡分清三相绕组各相的两个线头，并进行假设编号。

② 判断首尾端。观察万用表(微安挡)指针摆动的方向。合上开关瞬间，若指针摆向大于零的一边，则接电池正极的线头与万用表负极所接的线头同为首端或尾端；若指针反向摆动，则接电池正极的线头与万用表正极所接的线头同为首端或尾端。

③ 将电池和开关接另一相两个线头，进行测试，即可正确判别各相的首尾端。

(2) 用万用表判别定子绕组的首尾端[图 4-30(b)]

① 判断各相绕组的两个出线端。用万用表电阻挡分清三相绕组各相的两个线头。

② 给各相绕组假设编号为 U_1、U_2、V_1、V_2 和 W_1、W_2。

③ 按图接线，判断首尾端。用手转动电动机转子，若万用表(微安挡)指针不动，则证明假设的编号是正确的；若指针有偏转，说明其中有一相首尾端假设编号不对，应逐相对调重测，直至正确为止。

(3) 用低压交流电源与电压表判别定子绕组的首尾端[图 4-30(c)]

① 判断各相绕组的两个出线端。用万用表电阻挡分清三相绕组各相的两个线头，并进行假设编号。

② 按图接线。如图 4-30 所示把其中任意两相绕组串联后再与电压表或万用表(交流电压挡)连接，第三相绕组与 36 V 低压交流电源接通。

③ 判断首尾端。通电后，若电压表无读数，说明连在一起的两个线头同为首端或尾端；若电压表有读数，说明连在一起的两个线头中一个是首端，另一个是尾端，这样，可以将任意一端定为已知首端，其余 3 个端即可定出首尾端，并标注 U_1U_2、V_1V_2。

④ 将确定出首尾端的其中一相绕组接 36 V 低压交流电源，另两相串联相接，再与电压表相连，如图 4-30(c)所示。重复步骤③的过程，即可根据已知的一相首尾端，确定未知一相绕组的首尾端，并标上 W_1W_2。

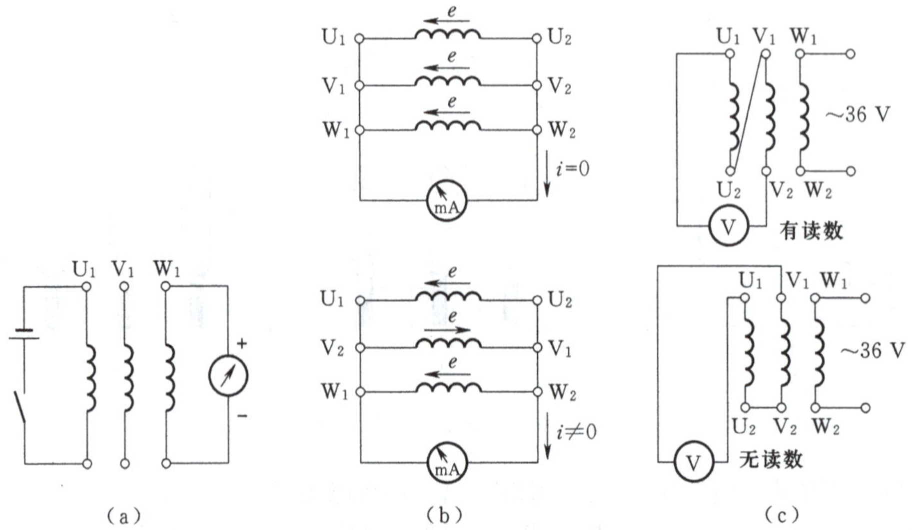

图 4-30　接线图

〖任务实施〗

1. 列出本任务所使用的设备和工具。

序号	名称	型号与规格
1	计算机	Windows 7 以上操作系统
2	仿真系统	电工技能与实训仿真教学系统
3	三相异步电动机	

2. 在电工技能与实训仿真教学系统中完成三相异步电动机的拆装。

拆分步骤：风罩→扇叶→前轴承盖→后端盖→定子→后轴承→后轴承内盖→转子

装配步骤：前轴承内盖→前轴承→后轴承内盖→后轴承→后端盖→后轴承盖→定子→前端盖→前轴承盖→扇叶→风罩

3. 在电工技能与实训仿真教学系统中完成三相异步电动机的故障检修。

故障一：如图 4-31 所示，根据操作步骤提示分别测量三相绕组对地的绝缘电阻，填入检测值，并分析判断故障。

图 4-31 故障一图示

步骤 1:取兆欧表红表笔夹住机壳(4 点处),黑表笔也夹住机壳的空点击下方处(5 点处),均匀摇动兆欧表,看指针是否指向零;读数 R_{45} 填入下表中。

步骤 2:移动红表笔夹住电机 1 接线柱,黑表笔不动,均匀摇动兆表(120 r/min);读数 R_{15} 填入下表中。

步骤 3:同理测 2、3 接线柱;读数 R_{25}、R_{35} 填入下表中。

检测项目	R_{45}	R_{15}	R_{25}	R_{35}	分析判断结果
检测值					

故障二:三相异步电动机运行中,电机转速低并且带负载能力差,并且伴有噪声,如图 4-32 所示。

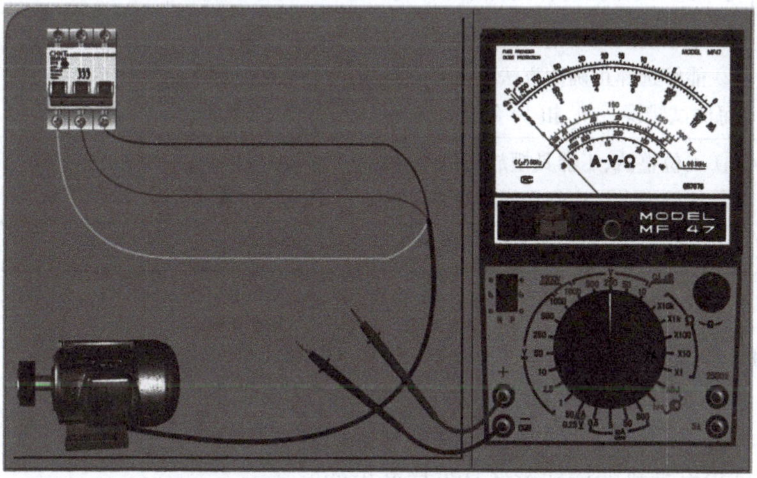

图 4-32 故障二图示

步骤 1:取万用表用交流 500 V 电压挡测量电源三相电压 U_{AB}、U_{BC}、U_{CA} 是否正常,填入下表中。

步骤 2:用钳形电流表检查工作电流 I_A、I_B、I_C,填入下表中。

步骤 3：检查电动机所拖动的负荷是否突然增加，拆开三相异步电动机外观检查定子绕组、轴承、转子等，判断故障。

检测项目	U_{AB}	U_{BC}	U_{CA}	I_A	I_B	I_C	分析判断故障
检测值							

4. 三相异步电动机定子绕组首尾端判别。

根据任务 4-2 中判别三相异步电动机定子绕组首尾端的方法，判别三相异步电动机的首尾端。

〖任务评价〗

本任务评价内容主要包括电动机的拆卸与装配、电动机的检修、电动机定子绕组的判别和 6S 管理。总分 90～100 为优，80～89 为良，70～79 为中，60～69 为合格，60 分以下为不合格。

<table>
<tr><td rowspan="2">基本信息</td><td>姓　名</td><td></td><td>学　号</td><td></td><td>班　级</td><td colspan="2"></td></tr>
<tr><td>组　别</td><td></td><td>考核日期</td><td></td><td>总评成绩</td><td colspan="2"></td></tr>
<tr><td rowspan="2">评价内容</td><td colspan="4" rowspan="2">评价标准</td><td rowspan="2">分值</td><td colspan="2">教师评价</td></tr>
<tr><td>扣分</td><td>得分</td></tr>
<tr><td>电动机的拆卸与装配</td><td colspan="4">① 操作方法和步骤错误，每项扣 1 分
② 装配后紧固良好、接地良好、转动灵活，未达要求，扣 5 分</td><td>20</td><td></td><td></td></tr>
<tr><td>电动机的检修</td><td colspan="4">① 未按照正确步骤完成检修，每项扣 2 分
② 检修维护过程中产生新的问题，每产生一个问题，扣 5 分</td><td>20</td><td></td><td></td></tr>
<tr><td>电动机定子绕组的判别</td><td colspan="4">① 定子绕组判断错误，扣 10～40 分
② 能够选择正确的方法进行判别且测试过程正确无误，每测试错误一项，扣 10 分</td><td>50</td><td></td><td></td></tr>
<tr><td>6S 管理</td><td colspan="4">① 工位整洁、工器具摆放到位
② 按照安全生产规程操作设备</td><td>10</td><td></td><td></td></tr>
<tr><td colspan="5">总分</td><td>100</td><td colspan="2"></td></tr>
</table>

〖课后作业与思考〗

1. 三相异步电动机的主要结构有哪些？它们各有什么作用？
2. 三相异步电动机的旋转磁场是怎样产生的？
3. 三相异步电动机的旋转磁场的方向是由什么决定的？
4. 简述三相异步电动机的工作原理，并说明“异步”的含义。
5. 若三相异步电动机的转子绕组开路，定子绕组接通三相电源后，能产生旋转磁场吗？电动机会转动吗？为什么？

6. 什么是三相异步电动机的转差率？三相异步电动机在额定运行条件下的转差率一般是多少，起动瞬间的转差率又是多少？转差率等于零对应的是什么情况，这种情况在实际中存在吗？

〖课外阅读〗

电 动 机

电动机是现代工业生产中不可或缺的一种设备，它将电能转化为机械能，驱动各种机械设备的运转。电动机的发展历程充满了传奇色彩，下面让我们一起来了解一下电动机的故事。

电动机的发明可以追溯到19世纪初，1834年，德国发明家雅可比(Jacobian)制造了一种简单的电动机装置。他将一个六臂轮安装在两个U形电磁铁中间，每臂带两根棒形磁铁。通电后，棒形磁铁与U形磁铁之间产生相互吸引和排斥作用，从而带动轮轴转动。这是人类历史上第一个电动机雏形。

然而，由于受当时电池技术的限制，这种电动机的成本过高，无法投入实际应用。直到1870年，比利时工程师格拉姆(Gramme)发明了直流发电机，直流电动机才得以广泛应用。直流发电机的设计与直流电动机非常相似，因此直流电动机迅速得到了推广，并在工业生产中发挥了重要作用。

在此期间，特斯拉(Tesla)、西门子(Siemens)等著名发明家也在电动机领域取得了重要突破。1888年，南斯拉夫裔美国发明家特斯拉发明了交流电动机。交流电动机结构简单，使用交流电无须整流，无火花，因此被广泛应用于工业和家庭电器中。如今，交流电动机已成为电动机市场的主流产品。

随着科学技术的不断发展，电动机的应用范围越来越广泛。从最初的直流电动机，到现在的交流电动机、同步电动机等，电动机技术的进步为人类社会带来了巨大的生产力提升。电动机在各个领域的应用，如洗衣机、电吹风、吸油烟机等，都离不开电动机的驱动。

总之，电动机的发明及其发展历程见证了人类科技进步的历程。从简单的电动机雏形，到如今广泛应用的各类电动机，电动机技术的进步为人类社会带来了巨大的生产力提升。我们有理由相信，在未来科技的推动下，电动机还将继续为人类创造更多的奇迹。

任务4.3 熔断器的拆装与检测

〖任务布置〗

了解常用熔断器的基本结构，对几种常用熔断器进行拆装、检测与参数选择。

〖任务分析〗(知识模块)

熔断器是一种结构简单、价格低廉、使用方便、应用普遍的保护电器，在电路中主要起短路和严重过电流保护作用。在使用时，熔断器串接于被保护电路中，当电路发生短路或严重过流时，其熔体快速自动熔断，切断电路，从而起到保护作用。

1. 熔断器的识别

熔断器的外观如图 4-33 所示。一般由熔体和安装熔体的外壳（或称绝缘底座）两部分组成。熔体是熔断器的核心，通常用低熔点的铅锡合金、锌、铜、银的丝状或片状材料制成。

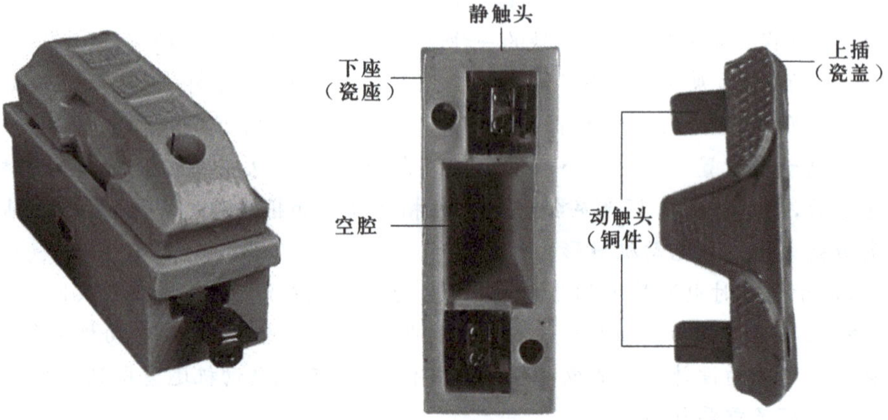

（a）RC瓷插式熔断器

（b）RL螺旋式

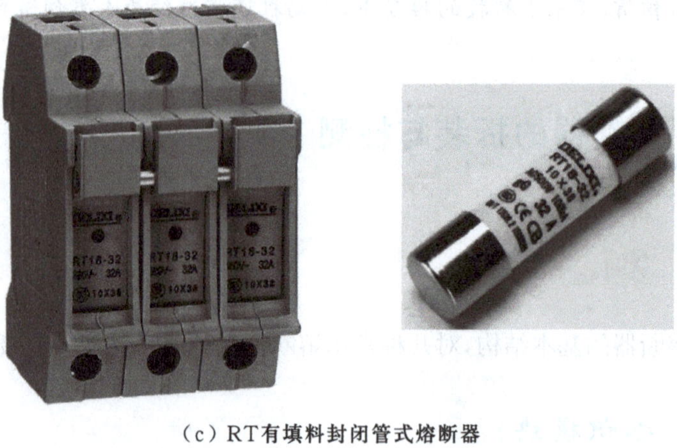

（c）RT有填料封闭管式熔断器

图 4-33　熔断器的外观

熔断器按结构形式可分为 RC 瓷插式、RL 螺旋式、RM 无填料封闭管式、RT 有填料封闭管式、RS 快速式等类别。其型号含义和电气符号如图 4-34 和 4-35 所示。

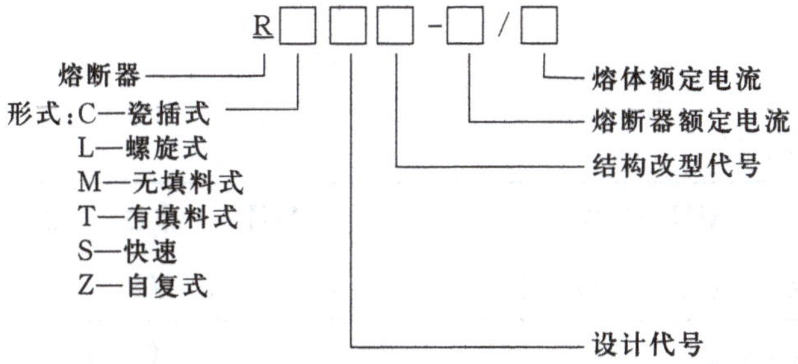

图 4-34　熔断器的型号含义

图 4-35　熔断器的电气符号

2. 熔断器的主要技术参数

(1) 额定电压。指从灭弧角度出发,保证熔断器能长期正常工作的电压。如果熔断器的实际工作电压超过额定电压,则一旦熔体熔断,可能发生电弧不能及时熄灭的现象。

(2) 熔体额定电流。指在规定的工作条件下,电流长时间通过熔体而熔体不熔断的最大电流。

(3) 熔断器额定电流。保证熔断器能长期正常工作的电流,是由熔断器各部分长期工作时所允许的温升决定的。

3. 熔断器的选择

熔断器的选择主要包括选择熔断器的类型、额定电压、额定电流和熔体额定电流等。

(1) 在选择熔断器时,主要根据负载的情况和短路电流的大小来选择其类型。例如,对于容量较小的照明电路或电动机的保护,宜采用 RC1A 系列瓷插式熔断器或 RM10 系列无填料密封管式熔断器;对于短路电流较大的电路或有易燃气体的场合,宜采用具有高分断能力的 RL 系列螺旋式熔断器或 RT 系列有填料密封管式熔断器;对于保护硅整流器件及晶闸管的场合,应采用快速熔断器。

(2) 熔断器的额定电压要大于等于电路的额定电压。

(3) 选择熔断器的规格时,应先选定熔体的规格,然后再根据熔体去选择熔断器的规格。熔断器的额定电流应大于等于所选熔体的额定电流。

(4) 熔体额定电流的选择。熔体额定电流大小与负载大小、负载性质有关。

① 对于负载平稳无冲击电流的电阻性负载或照明电路等,熔体额定电流按负载额定电流的 1.0～1.1 倍选用。

② 对于有冲击电流的电动机负载电路,一般选择熔体的额定电流为电动机额定电流的 1.5～2.5 倍;对于多台电动机,熔体的额定电流应大于等于其中最大容量电动机的额定电流的 1.5～2.5 倍,再加上其余电动机的额定电流之和。

4. 熔断器的检测

(1) 用观察法查看其内容熔体是否熔断、是否发黑、两端封口是否松动等,若有上述情况,则表明熔断器已损坏。

（2）用万用表电阻挡或蜂鸣挡直接测量，其两端金属封口阻值应为 0 Ω，否则表明熔断器已损坏。

〖任务实施〗

1. 列出本任务所使用的设备和工具。

序号	姓名	型号与规格	数量	单位	备注
1	常用电工工具	螺钉旋具、镊子、钢丝钳、尖嘴钳等	1	套	
2	仪表	万用表、绝缘电阻表	1	套	
3	器材	根据实际情况准备插入式熔断器、螺旋式熔断器等	1	套	

2. 熔断器的拆装。

拆开插入式熔断器、螺旋式熔断器，将熔断器内部主要零部件的名称和作用填入下表中。用万用表电阻挡测量输入端和输出端之间的接触电阻，将测量结果填入下表。

<table>
<tr><th>插入式熔断器</th><th>螺旋式熔断器</th><th rowspan="2">拆卸步骤
（螺旋式熔断器）</th><th colspan="2">主要零部件(螺旋式熔断器)</th></tr>
<tr><th colspan="2">型号</th><th>名称</th><th>作用</th></tr>
<tr><td></td><td></td><td rowspan="7"></td><td rowspan="7"></td><td rowspan="7"></td></tr>
<tr><td colspan="2">取下瓷盖（不装熔体）</td></tr>
<tr><td>输入端和输出端接触电阻</td><td>输入端和输出端接触电阻</td></tr>
<tr><td></td><td></td></tr>
<tr><td colspan="2">合上瓷盖（装入熔体）</td></tr>
<tr><td>输入端和输出端接触电阻</td><td>输入端和输出端接触电阻</td></tr>
<tr><td></td><td></td></tr>
</table>

3. 熔断器的选择。

熔断器的选择参见任务相关知识点。

〖任务评价〗

本任务评价内容主要包括插入式熔断器拆装检测、螺旋式熔断器拆装检测、6S 管理。总分 90～100 为优，80～89 为良，70～79 为中，60～69 为合格，60 分以下为不合格。

<table>
<tr><td rowspan="2">基本信息</td><td>姓　名</td><td></td><td>学　号</td><td></td><td>班　级</td><td colspan="2"></td></tr>
<tr><td>组　别</td><td></td><td>考核日期</td><td></td><td>总评成绩</td><td colspan="2"></td></tr>
<tr><td rowspan="2">评价内容</td><td colspan="4" rowspan="2">评价标准</td><td rowspan="2">分值</td><td colspan="2">教师评价</td></tr>
<tr><td>扣分</td><td>得分</td></tr>
<tr><td>插入式熔断器拆装检测</td><td colspan="4" rowspan="2">① 仪表选择，检测有误，每项扣 2 分
② 仪表使用不规范，扣 10 分
③ 检测方法及结果不正确，扣 10 分
④ 损坏仪表或不会检测，该项不得分</td><td>40</td><td></td><td></td></tr>
<tr><td>螺旋式熔断器拆装检测</td><td>50</td><td></td><td></td></tr>
<tr><td>6S 管理</td><td colspan="4">① 工位整洁、工器具摆放到位
② 按照安全生产规程操作设备</td><td>10</td><td></td><td></td></tr>
<tr><td colspan="5">总分</td><td>100</td><td colspan="2"></td></tr>
</table>

〖课后作业与思考〗

1. 常用的熔断器有哪些类型？写出它们的常用型号。
2. 在安装和使用螺旋式熔断器时，应注意哪些问题？
3. 熔断器的额定电流和熔体的额定电流有什么区别？
4. 型号为 RT18-32/25 的熔断器中 RT、18、32、25 的含义是什么？

〖课外阅读〗

熔断器

熔断器，又称“保险”，是一种重要的电路保护装置。它的诞生可以追溯到 1879 年，当时的发明家爱迪生(Edison)为了解决电灯泡电路过载的问题，发明了熔断器。自此以后，熔断器在电路保护方面发挥了不可替代的作用。

熔断器的基本工作原理是利用自身产生的热量将熔体熔断并断开电路。当电路中的电流超过规定的数值时，熔断器就会自动切断电路，以保护其他电器设备不受损坏。熔断器主要由熔体和安装熔体的绝缘管(绝缘座)组成，使用时将熔断器串联在被保护的电路中。

熔断器的历史发展过程中，有许多有趣的故事。其中最著名的莫过于爱迪生与特斯拉之间的“电流战争”。在那个时代，爱迪生代表的是直流电阵营，而特斯拉则代表交流电阵营。为了证明自己的直流电方案更优秀，爱迪生曾经使用熔断器制造了一次电刑示范，试图证明交流电的危险性。然而,这场演示最终以失败告终,特斯拉的交流电方案最终赢得了市场竞争。

另一个关于熔断器的故事发生在20世纪初,当时一位名叫雷诺兹(Reynolds)的电气工程师在火车上突发灵感,想到了一种新型的熔断器设计。他在火车上用香烟盒里的锡箔纸制作了一个模型,并将其命名为"香烟盒熔断器"。这款熔断器后来成了一种广泛应用的低压熔断器,为电路保护技术的发展作出了巨大贡献。

总的来说,熔断器在电路保护领域扮演着重要角色,它的诞生与发展离不开众多科学家和工程师的努力。这些故事不仅展示了熔断器的功能和价值,还为我们提供了宝贵的历史经验和科学精神。在未来,随着科学技术的不断发展,熔断器将继续为人类的生活和社会进步保驾护航。

任务 4.4 低压断路器的检测与选择

〖任务布置〗

对几种常用低压断路器进行拆装与检测。

〖任务分析〗(知识模块)

低压断路器,又称自动开关、空气开关、自动空气开关,它既能带负载通断电路,又能在电路失压、短路和过载时自动跳闸,起到保护电路和电气设备的作用。

1. 低压断路器外观

低压断路器按结构形式分为塑壳式(装置式)DZ 系列和框架式(万能式)DW 系列两大类。DZ 系列低压断路器外形如图 4-36 所示。

DZ 系列主要是对小容量低压配电线路、电动机等进行过载和短路保护,其常用型号有 DZ5、DZ10、DZ108 等。DW 系列多用于低压配电系统的主开关,大容量不频繁操作的电动机,以及重要的、负载较大的主干线的过载、失电压和短路保护,其常用型号有 DW10、DW15、DW17 等。低压断路器的电气符号及型号组成含义如图 4-37 和图 4-38 所示。

2. 工作原理

低压断路器的结构如图 4-39 所示。图中低压断路器的三副主触点 2 串联在被保护的三相主电路中,由于锁扣 4 钩住弹簧,使主触点 2 保持闭合状态。当线路正常工作时,电磁脱扣器 6 中线圈所产生的吸力不能将它的衔铁吸合。

当线路发生短路时,电磁脱扣器 6 的吸力增加,将衔铁吸合,并撞击杠杆 7 把锁扣 4 顶上去,在弹簧 1 的作用下切断主触头,实现了短路保护。

当线路上电压下降或失去电压时,欠电压脱扣器 11 的吸力减小或失去吸力,衔铁 10 被弹簧拉开,撞击杠杆 7 顶开,切断主触头,实现了失压保护。

（a）DZ47系列　　（b）DZ108系列

图 4-36　DZ 系列低压断路器外观

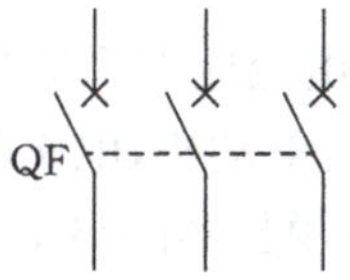

图 4-37　低压断路器的电气符号

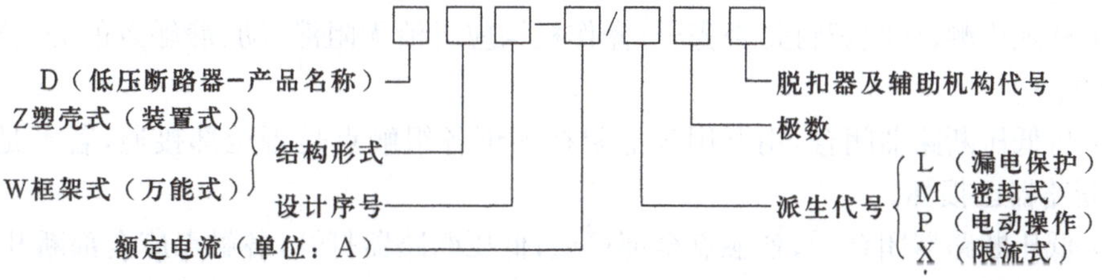

图 4-38　低压断路器的型号组成含义

当线路过载时，热脱扣器的双金属片 12 受热弯曲，也把锁扣 4 顶开，切断主触头，实现了过载保护。

3. 低压断路器的主要技术参数

（1）额定电压。指断路器在电路中长期工作时的允许电压值。

（2）额定电流。指脱扣器允许长期通过的电流，即脱扣器额定电流。

（3）断路器壳架等级额定电流。指每一件框架或塑壳中能安装的最大脱扣器额定电流。

（4）断路器的通断能力。指在规定操作条件下，断路器能接通和分断短路电流的能力。

4. 低压断路器的选择

（1）低压断路器的额定电压和额定电流应大于等于被保护电路的额定电压和最大工作电流。

（2）热脱扣器的整定电流应等于所控制负载的额定电流。

（3）欠电压脱扣器的额定电压应等于被保护电路的额定电压。

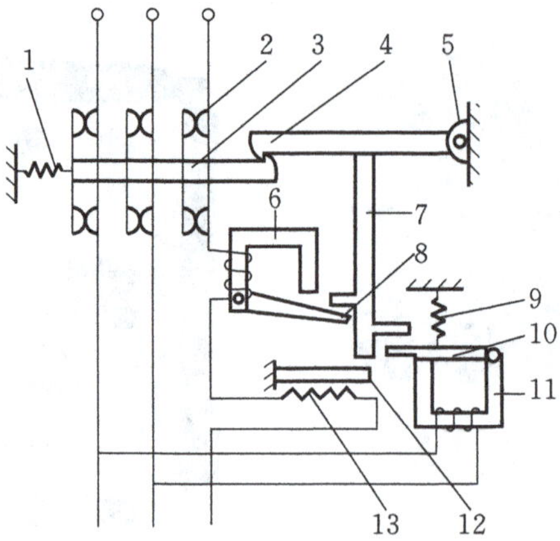

图 4-39　低压断路器的结构

1、9-弹簧；2-主触点；3-传动杆；4-锁扣；5-轴；6-电磁脱扣器；7-杠杆；
8、10-衔铁；11-欠压脱扣器；12-双金属片；13-发热元件

(4) 电磁脱扣器的瞬时脱扣整定电流应大于负载正常工作时可能出现的峰值电流。

用于电动机短路保护时，对于单台电动机，电磁脱扣器的整定电流为电动机起动电流的 1.5～1.7 倍；对于多台电动机，电磁脱扣器的整定电流为容量最大的一台电动机启动电流的 1.3 倍再加上其余电动机额定电流之和。

5. 低压断路器的检测

(1) 外观检测，接线螺钉是否齐全，操作机构应灵活无阻滞，动、静触点的分、合迅速，松紧一致。

(2) 将低压断路器闭合，用万用表电阻挡测试各组触点是否全部接通，若不是，则说明低压断路器已损坏。

(3) 低压断路器闭合后，各触点全部接通；低压断路器打开，各触点应全部断开。

〖任务实施〗

1. 列出本任务所使用的设备和工具。

序号	名称	型号与规格	数量	单位	备注
1	常用电工工具	螺钉旋具、镊子、钢丝钳、尖嘴钳等	1	套	
2	仪表	万用表、绝缘电阻表	1	套	
3	器材	低压断路器若干，根据实际情况准备	1	个	

2. 低压断路器的拆装。

拆卸和组装一只低压断路器，将其主要零部件名称和作用填入下表中；操作低压断路器，用万用表电阻挡测量各对触点之间的接触电阻，用兆欧表测量每两相触点之间的绝缘电阻，将各相触点间的接触电阻、绝缘电阻测量值填入下表。

<table>
<tr><td colspan="2">型号</td><td colspan="4">极数</td><td colspan="2">主要零部件</td></tr>
<tr><td colspan="2"></td><td colspan="4"></td><td>名称</td><td>作用</td></tr>
<tr><td colspan="3">分闸时触点接触电阻</td><td colspan="3">合闸时触点接触电阻</td><td rowspan="6"></td><td rowspan="6"></td></tr>
<tr><td>L_1 相</td><td>L_2 相</td><td>L_3 相</td><td>L_1 相</td><td>L_2 相</td><td>L_3 相</td></tr>
<tr><td></td><td></td><td></td><td></td><td></td><td></td></tr>
<tr><td colspan="6">相间绝缘电阻</td></tr>
<tr><td colspan="2">L_1-L_2</td><td colspan="2">L_2-L_3</td><td colspan="2">L_1-L_3</td></tr>
<tr><td colspan="2"></td><td colspan="2"></td><td colspan="2"></td></tr>
</table>

〖任务评价〗

本任务评价内容主要包括型号和极数、分闸时触点接触电阻、分闸时触点接触电阻、相间绝缘电阻、主要零部件、6S 管理。总分 90～100 为优，80～89 为良，70～79 为中，60～69 为合格，60 分以下为不合格。

<table>
<tr><td rowspan="2">基本信息</td><td>姓　　名</td><td></td><td>学　　号</td><td></td><td>班　　级</td><td colspan="2"></td></tr>
<tr><td>组　　别</td><td></td><td>考核日期</td><td></td><td>总评成绩</td><td colspan="2"></td></tr>
<tr><td rowspan="2">评价内容</td><td colspan="4" rowspan="2">评价标准</td><td rowspan="2">分值</td><td colspan="2">教师评价</td></tr>
<tr><td>扣分</td><td>得分</td></tr>
<tr><td>型号和极数</td><td colspan="4">每项填写错误扣 3 分</td><td>20</td><td></td><td></td></tr>
<tr><td>分闸时触点接触电阻</td><td colspan="4" rowspan="3">① 仪表选择，检测有误，每项扣 2 分
② 仪表使用不规范，扣 10 分
③ 检测方法及结果不正确，扣 10 分
④ 损坏仪表或不会检测，该项不得分</td><td>20</td><td></td><td></td></tr>
<tr><td>分闸时触点接触电阻</td><td>20</td><td></td><td></td></tr>
<tr><td>相间绝缘电阻</td><td>20</td><td></td><td></td></tr>
<tr><td>主要零部件</td><td colspan="4">零部件描述不合理，扣 2～10 分</td><td>10</td><td></td><td></td></tr>
<tr><td>6S 管理</td><td colspan="4">① 工位整洁、工器具摆放到位
② 按照安全生产规程操作设备</td><td>10</td><td></td><td></td></tr>
<tr><td colspan="5">总分</td><td>100</td><td colspan="2"></td></tr>
</table>

〖课后作业与思考〗

1. 简述低压断路器的主要结构和各部件的作用。
2. 本次任务所用低压断路器有哪些保护功能？
3. 如何选用低压断路器，安装时应注意哪些问题？

4. 低压断路器的作用是什么，分为哪两类，由什么组成？

〖课外阅读〗

电气安全的守护者

很久很久以前，在一个小镇上，有一个叫作“低压断路器”的小电器。低压断路器虽然身材小巧，但它有着非常重要的职责，那就是保护整个小镇的电路安全。

有一天，小镇上发生了一场大火，火势蔓延非常迅速。为了防止火灾进一步扩大，镇民们纷纷拿出自己的灭火工具，试图扑灭火源。在这紧要关头，低压断路器也发挥了重要作用。

低压断路器见状，立刻切断了火源附近的电路，避免了电路短路引发的更大火灾。在它的帮助下，镇民们成功地控制了火势，并将火灾损失降到最低。

经过这次事件，低压断路器成了小镇的英雄。镇民们都称赞它勇敢、机智，并表示以后一定要更加重视电路安全，确保类似事故不再发生。

从那以后，低压断路器的故事在小镇上广为传播，成为教育后人的一个典范。人们纷纷效仿低压断路器，在电路设计和日常生活中注重安全用电，让这个小镇变得更加美好和安全。

任务 4.5 接触器的检测与选择

〖任务布置〗

对交流接触器进行拆装、检测及简单维修。

〖任务分析〗（知识模块）

接触器属于控制类电器，是一种适用于远距离频繁接通和分断交、直流主电路和控制电路的自动控制电器。其主要控制对象是电动机，也可用于控制其他电力负载，如电热器、电焊机等。接触器具有欠压保护、零压保护、控制容量大、工作可靠、使用寿命长等优点，它是自动控制系统中应用最多的一种电器。

接触器的种类很多，按电压等级可分为高压接触器和低压接触器；按电流种类可分为交流接触器和直流接触器；按主触头的极数可分为单极、双极和三极等；按操作机构原理可分为电磁式、液压式和气动式。下面以电磁式低压交流接触器为例，介绍接触器的结构和工作原理。

1. 接触器的结构与工作原理

交流接触器主要由电磁系统、触点系统、灭弧装置及其他部分组成，常见交流接触器的外观和实物分解分别如图 4-40 所示，电气符号如图 4-41 所示。

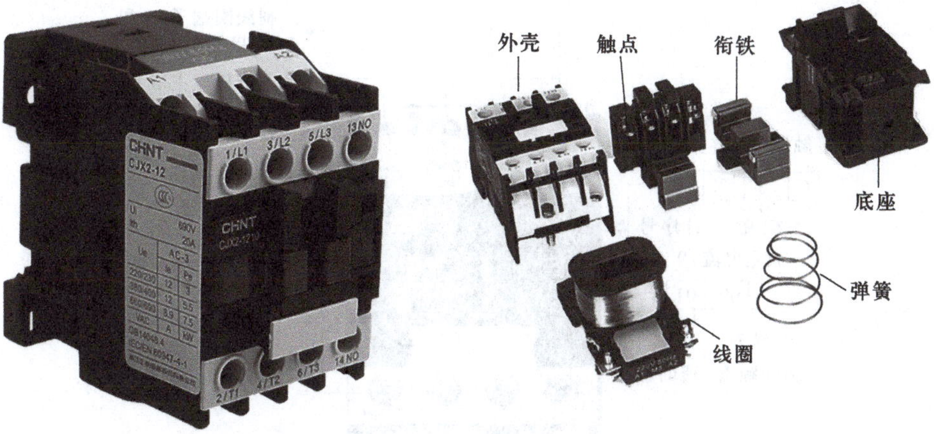

（a）外观　　（b）实物分解

图 4-40　交流接触器的外观和实物分解

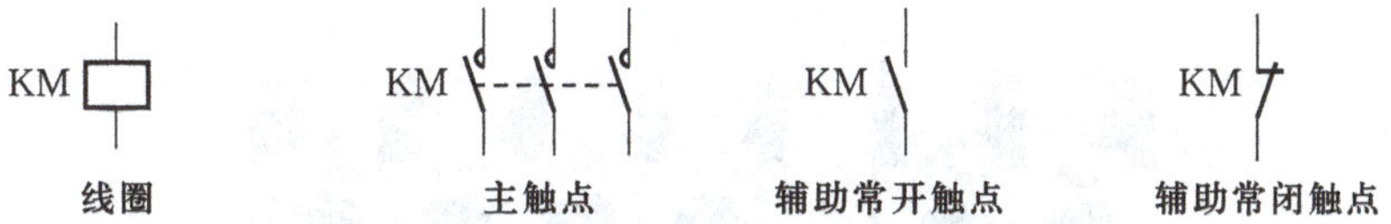

图 4-41　交流接触器的电气符号

(1) 电磁系统

电磁系统由线圈、铁芯和衔铁等组成，如图 4-42 所示。电磁系统是接触器的重要组成部分，可以通过它带动触点实现闭合与断开。为了消除衔铁吸合后在铁芯上的振动和噪声，铁芯用相互绝缘的硅钢片叠压而成，上面装有短路铜环。

(2) 触点系统

触点是接触器的执行部分，包括主触点和辅助触点，如图 4-43 所示。主触点用来接通和分段较大电流的主电路，有 3 对触点，均为常开触点，上面 3 个接线柱 1、3、5 是输入，接三相交流电源，下面 3 个接线柱 2、4、6 是输出，接热继电器或电动机的三相绕组；辅助触点和线圈接在控制电路中，起电气联锁或控制作用。辅助触点分为常开触点(用 NO 表示，又称动合触点)和常闭触点(用 NC 表示，又称动断触点)，图 4-43 中 21 NC 和 22 NC 是一对辅助常闭触点。

在实际应用中，一对辅助触点往往是不够用的，这时候可以使用附加的辅助触头，就像搭积木一样，在接触器上层接上辅助触头，如图 4-44 所示。

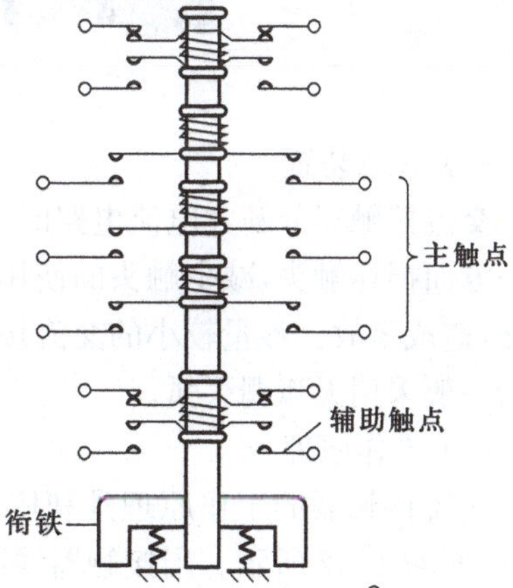

图 4-42　交流接触器的结构

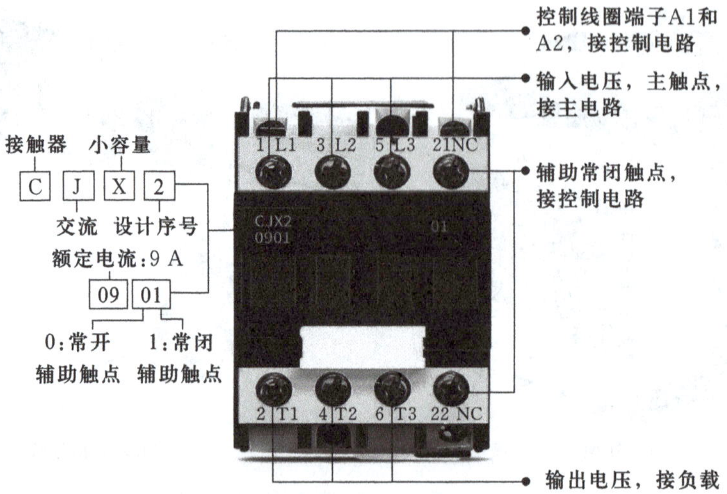

图 4-43　CJX2-0901 接触器的外观

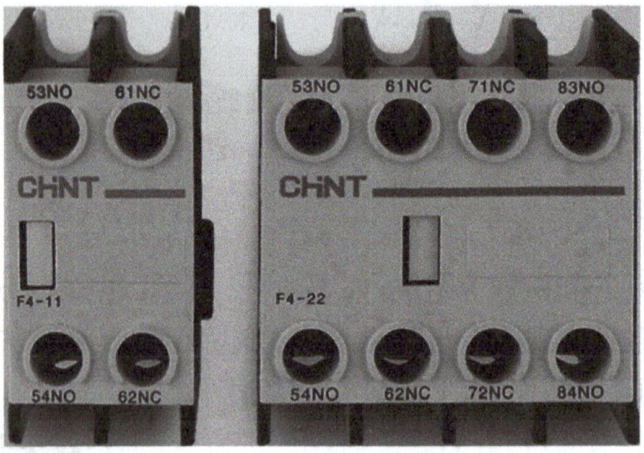

图 4-44　辅助触点组

(3) 灭弧装置

交流接触器分断大电流电路时，往往会在动、静触头之间产生很强的电弧。电弧的产生一方面损坏触头，减少触头的使用寿命；另一方面延长电路的切断时间，甚至引起弧光短路，造成事故。容量较小的交流接触器一般采用双断口电动力灭弧，容量较大的交流接触器一般采用灭弧栅灭弧。

(4) 工作原理

交流接触器的工作原理是利用电磁铁吸力和弹簧反作用力配合动作，使触点接通或断开，如图 4-42 所示。当接触器线圈得电时，铁芯被磁化，吸引衔铁向下运动，使常闭触点断开，常开触点闭合(接触器动作)；当线圈失电时，磁力消失，在反作用弹簧的作用下，衔铁回到原来位置，使触头恢复到原来状态(接触器复位)。

(5) 型号含义

接触器的型号组成含义如图 4-45 所示。

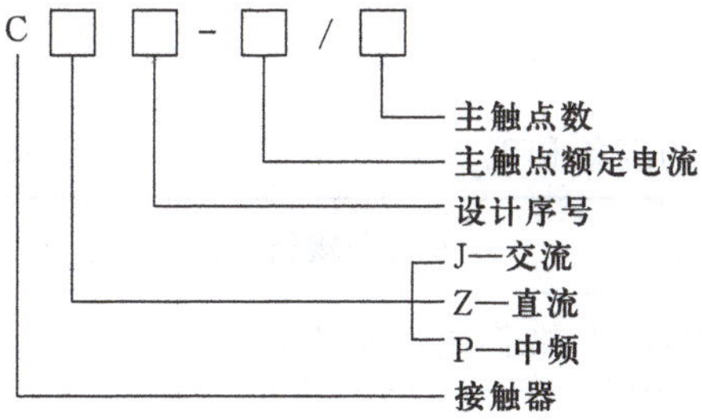

图 4-45　接触器的型号组成含义

2. 接触器的主要参数

(1) 额定电压。指主触点的额定电压。一般有交流 220 V、380 V 和 660 V。

(2) 额定电流。指主触点的额定电流。它是在一定的条件(额定电压、使用类别和操作频率等)下规定的,常用的电流等级有 10～800 A。

(3) 线圈的额定电压。指加在线圈上的电压。常用的线圈电压有交流 36 V、127 V、220 V 和 380 V。

(4) 接通和分断能力。指主触点在规定条件下能可靠地接通和分断的电流值。在此电流值下,接通电路时主触点不应发生熔焊,分段电路时,主触点不应发生长时间燃弧。

3. 接触器的选择

(1) 根据负载性质选择接触器的类型。触点数量应满足控制支路数的要求。

(2) 主触点额定电压应大于等于被控负载回路的额定电压。

(3) 主触点额定电流应大于等于被控负载回路额定电流。对于电动机负载,还应根据其运行方式适当增大或减小。

(3) 吸引线圈的额定电压和频率要与所在控制电路的电压和频率一致。

4. 接触器的检测

(1) 观察接触器动、静触点螺钉是否齐全牢固,动、静触点是否活动灵活。

(2) 线圈的检测:

① 将指针式万用表拨至“R×100”挡,调零,或将数字式万用表拨至“2k”挡。

② 将两表笔接触线圈螺钉 A1、A2,测量电磁线圈电阻,若为零,说明短路;若为无穷大,说明开路;若测得电阻为几百欧左右,则正常。

(3) 触点的检测

① 将万用表拨至电阻挡或蜂鸣挡。短接两支笔,观察指示是否为零或是否发出蜂鸣声,若是,则万用表正常可用。如果是指针式万用表,还需要欧姆调零。

② 将两表笔接触常闭触点输入点和输出点,是否全部接通(万用表指示为零),常开触点输入点和输出点是否全部不通(万用表指示为无穷大);用手按下衔铁(动铁芯),常闭触点应断开,常开触点应闭合。若不是,则说明接触器相应触点已损坏。

交流接触器不动作时,常闭触点输入点和输出点全部接通,常开触点输入点和输出点全部不通。

〖任务实施〗

1. 列出本项目所使用的设备和工具。

序号	名称	型号与规格	数量	单位	备注
1	常用电工工具	螺钉旋具、镊子、钢丝钳、尖嘴钳等	1	套	
2	仪表	万用表、绝缘电阻表	1	套	
3	器材	各类交流接触器,根据实际情况准备。	1	个	

2. 接触器的拆装。

拆卸一只交流接触器,将主要零部件的名称和作用填入下表中。用万用表电阻挡测试各对触点动作前、后的电阻值及各类触点的数量、线圈数据,用绝缘电阻表测量每两相触点之间的绝缘电阻,填入下表。

<table>
<tr><th colspan="2">型号</th><th colspan="2">容量</th><th rowspan="2">拆卸步骤</th><th colspan="2">主要零部件</th></tr>
<tr><td colspan="2"></td><td colspan="2"></td><th>名称</th><th>作用</th></tr>
<tr><td colspan="4">触点数</td><td rowspan="12"></td><td rowspan="12"></td><td rowspan="12"></td></tr>
<tr><td>主触点</td><td>辅助触点</td><td>辅助动合
(常开)触点</td><td>辅助动断
(常闭)触点</td></tr>
<tr><td></td><td></td><td></td><td></td></tr>
<tr><td colspan="4">触点电阻</td></tr>
<tr><td colspan="2">动合
(常开)触点</td><td colspan="2">动断
(常闭)触点</td></tr>
<tr><td>动作前</td><td>动作后</td><td>动作前</td><td>动作后</td></tr>
<tr><td></td><td></td><td></td><td></td></tr>
<tr><td colspan="4">线圈</td></tr>
<tr><td>接线端子</td><td>频率</td><td>电压</td><td>电阻</td></tr>
<tr><td></td><td></td><td></td><td></td></tr>
</table>

〖任务评价〗

本任务评价内容主要包括型号、容量、触点数、触点电阻、线圈、拆卸步骤、主要零部件、6S 管理。总分 90～100 为优，80～89 为良，70～79 为中，60～69 为合格，60 分以下为不合格。

<table>
<tr><td rowspan="2">基本信息</td><td>姓　　名</td><td></td><td>学　　号</td><td></td><td>班　　级</td><td colspan="2"></td></tr>
<tr><td>组　　别</td><td></td><td>考核日期</td><td></td><td>总评成绩</td><td colspan="2"></td></tr>
<tr><td rowspan="2">评价内容</td><td colspan="4" rowspan="2">评价标准</td><td rowspan="2">分值</td><td colspan="2">教师评价</td></tr>
<tr><td>扣分</td><td>得分</td></tr>
<tr><td>型号、容量、触点数</td><td colspan="4">每项填写错误扣 3 分</td><td>20</td><td></td><td></td></tr>
<tr><td>触点电阻</td><td colspan="4" rowspan="3">① 仪表选择，检测有误，每项扣 2 分
② 仪表使用不规范，扣 10 分
③ 检测方法及结果不正确，扣 10 分
④ 损坏仪表或不会检测，该项不得分</td><td>20</td><td></td><td></td></tr>
<tr><td>线圈</td><td>20</td><td></td><td></td></tr>
<tr><td>拆卸步骤</td><td>20</td><td></td><td></td></tr>
<tr><td>主要零部件</td><td colspan="4">零部件描述不合理，扣 2～10 分</td><td>10</td><td></td><td></td></tr>
<tr><td>6S 管理</td><td colspan="4">① 工位整洁、工器具摆放到位
② 按照安全生产规程操作设备</td><td>10</td><td></td><td></td></tr>
<tr><td colspan="5">总分</td><td>100</td><td colspan="2"></td></tr>
</table>

〖课后作业与思考〗

1. 交流接触器在动作时，动合(常开)触点和动断(常闭)触点的动作顺序是怎样的？
2. 交流接触器和直流接触器的铁芯结构有什么区别？
3. 简述型号为 CJ20-40 的接触器中 CJ、20、40 的含义。
4. 简述交流接触器的工作原理。
5. 交流接触器铁芯噪声过大的原因有哪些？

〖课外阅读〗

接触器在智能家居中的应用

接触器在智能家居中的应用广泛且重要，它们是实现家庭设备自动化控制和智能管理的关键元件，以下是接触器在智能家居中的几个主要应用方面。

1. 控制大功率电器

在智能家居中，接触器被广泛用于控制大功率电器，如空调、热水器等。由于这些电器的功率较大，普通的开关无法承载，因此需要使用接触器来进行控制。接触器的主接点可以承受较大的电流，因此可以安全地控制这些大功率电器的通断。

2. 低电压释放保护

接触器不仅能够接通和切断电路，还具备低电压释放保护功能。这在智能家居中非常重要，因为它可以防止电路过载导致的火灾或其他安全事故。当电路电压低于某个阈值时，接触器会自动断开，以保护电路和电器设备的安全。

3. 频繁操作和远距离控制

接触器的控制容量大，适合频繁操作和远距离控制。在智能家居中，由于物联网技术的应用，我们可以随时随地通过手机应用程序或智能遥控器来控制家中的电器设备，这就需要接触器来实现这些设备的远程控制。

4. 中间继电器配合主电路使用

在一些特定的智能家居设计中，接触器还会作为中间继电器配合主电路使用。例如，在智能家居照明控制系统中，由于某些照明回路的负载功率过大，无法直接通过智能照明开关进行控制。这时就需要使用接触器来隔离高电流，然后通过智能照明开关来控制接触器，从而实现对照明设备的智能化控制。

5. 提高能源效率

随着能源价格的上涨和环保意识的提高，越来越多的智能家居开始采用高效节能的电器设备。接触器在其中起到了重要作用，通过对电器设备的控制，可以帮助优化能源使用，降低能源浪费，从而提高能源效率。

6. 非接触式传感技术的应用

在智能家居中，传感器技术也被广泛应用于电器设计中。非接触式传感技术，如磁簧开关和霍尔效应传感器，被用于监测电器设备的状态，如门的开启和关闭、电机的速度等。这些传感器与接触器一起工作，可以实现更精确和可靠的控制，提高智能家居的性能和用户体验。

综上所述，接触器在智能家居中的应用非常广泛，从控制大功率电器到提高能源效率，再到非接触式传感技术的应用，都体现了接触器在智能家居中的重要作用。随着科技的进步和消费者需求的多样化，接触器在智能家居中的应用还将不断扩展和深化。

任务 4.6 继电器的检测与选择

〖任务布置〗

对几种常用热继电器、时间继电器进行拆装、检测与参数选择。

〖任务分析〗（知识模块）

热继电器是利用电流流过发热元件产生热量来使检测元件受热弯曲，进而推动机构动作的一种保护电器。由于发热元件具有热惯性，在电路中不能用于瞬时过载保护，更不能用作短路保护，主要用作电动机的长期过载保护。

热继电器的种类很多，按极数分为单极、两极和三极，其中三极又分为带断相保护装置和不带断相保护装置；按复位方式分为自动复位式和手动复位式。

1. 热继电器的外观和结构

常见热继电器的外观如图 4-46 所示。其型号组成含义和电气符号如图 4-47 和 4-48 所示。

(a) JR28-25　　(b) JR36-36　　(c) JRS2 (NR4) -63

图 4-46　常见热继电器的外观

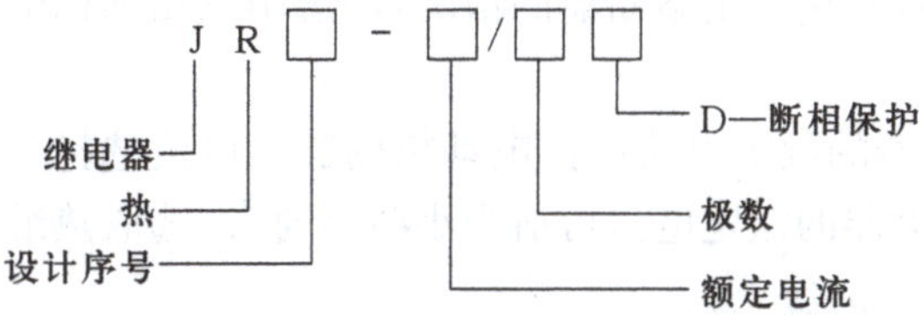

图 4-47　热继电器的型号组成含义

(a) 热元件　　(a) 常闭触点

图 4-48　热继电器的电气符号

热继电器由热元件、触头、动作机构、复位按钮和整定电流装置等部分组成，JR36 系列热继电器的结构如图 4-49 所示。

2. 热继电器工作原理

如图 4-49 所示，双金属片是热继电器的感测元件，它是将两种线胀系数不同的金属片以机械碾压的方式使其形成一体，线胀系数大的称为主动片，线胀系数小的称为被动片。使用时，将热继电器的三相热元件分别串接在电动机的三相主电路中，当电动机负载正常时，三个热元件的电流为额定值，主双金属片 1 发热正常，内外导板同时推动左移，但未超过临界位置，触头不动作，常闭静触头 7 仍闭合。当电动机过载时，流过热元件的电流增大，使主双金属片 1 受热向左弯曲较大，推动外导板并带动内导板向左继续移动，通过补偿双金属片 4 和推杆 6，使动触头 8 与常闭静触头 7 分开，以切断控制电路，达到保护电动机的目的。当发生一相断路时，该双金属片逐渐冷却而向右移，并带动内导板右移，外导板仍在未断相的双金属片的推动下向左移，由于外、内导板一左一右移动，产生了差动作用，因此使热继电器迅速脱扣动作，切断控制电路，保护电动机。

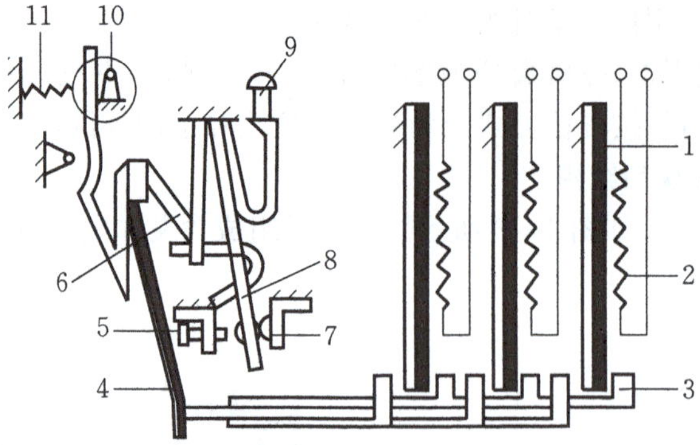

1-主双金属片;2-电阻丝;3-导板;4-补偿双金属片;5-复位螺钉;6-推杆;
7-常闭静触头;8-动触头;9-复位按钮;10-调节凸轮;11-弹簧

图 4-49　JR36 系列热继电器的结构

3. 热继电器的选择

选用热继电器时,应根据使用条件、工作环境、电动机类型及其运行条件和要求、电动机启动情况和负荷情况综合考虑。

(1) 安装方式选择。热继电器有三种安装方式,即独立安装式、导轨安装式和插接安装式。应按实际安装情况选择安装方式。

(2) 类型选择。一般情况下,可选用两相结构的热继电器,对于电网电压均衡性较差、无人看管的电动机或与大容量电动机共用一组熔断器的情况,应选用三相结构的热继电器。

(3) 额定电流选择。原则上热继电器的额定电流应按电动机的额定电流选择。对于过载能力较差的电动机,其配用的热继电器的额定电流可适当小些。通常,选取热继电器的额定电流为电动机额定电流的 60%~80%。

(4) 整定电流选择。热继电器的整定电流是指热继电器长期不动作的最大电流。一般将热继电器的整定电流调整到电动机的额定电流即可;对启动时间较长、拖动冲击性负载或不允许停转的电动机,热继电器的整定电流应调整到电动机额定电流的 1.10~1.15 倍。

4. 热继电器的检测

(1) 外观检测,观察热继电器热元件及动静触点、螺钉应齐全牢固,动、静触点应活动灵活,外壳有无损伤等。

(2) 如图 4-50 所示,电流设定仪表盘用来调节整定电流的大小,测试按钮(Test)用于试验热继电器在过载或缺相时是否动作。复位按钮(Reset)用于热继电器复位,有手动复位和自动复位两个位置,用户可以任意选择。

测试时,将万用表置于电阻挡或蜂鸣挡,按下复位按钮(Reset),用万用表检查热元件(1/L1-2/T1;3/L2-4/T2;5/L3-6/T3)及常闭触点(95 NC-96 NC)接通,万用表显示数值约为 0,常开触点(97 NO-98 NO)断开,万用表显示数值应为无穷大,否则说明热继电器已坏。

按下测试按钮(Test),常闭触点(95 NC-96 NC)断开,万用表显示数值约为无穷大;常开触点(97 NO-98 NO)接通,显示电阻值约为 0,否则说明热继电器已坏。

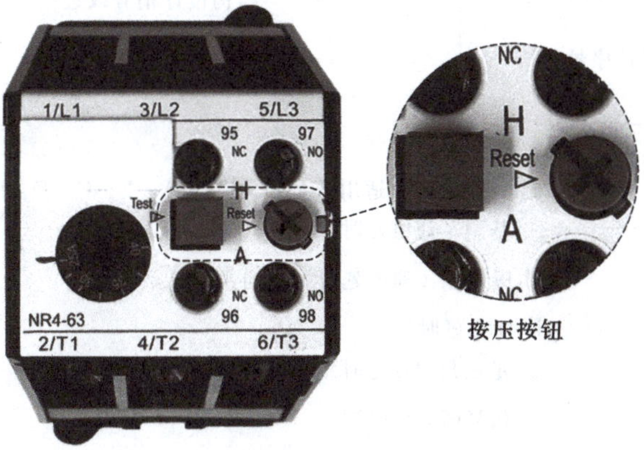

图 4-50　热继电器检测

5. 时间继电器

时间继电器是从得到输入信号(线圈的通电或断电)开始,经过一定的延时后才输出信号(触点的闭合或断开)的继电器。它广泛应用于需要按时间顺序进行控制的电气电路中。

(1) 分类

① 时间继电器按动作原理可分为空气阻尼式、电磁式、电动式和电子式等。常见时间继电器的外观如图 4-51 所示,其型号组成含义如图 4-52 所示。

② 时间继电器按延时方式可分为通电延时型和断电延时型。通电延时型时间继电器是指线圈得电后触点延时动作,即当线圈得电时,其延时常开触点要延时一段时间才闭合,延时常闭触点要延时一段时间才断开;当线圈失电时,其触点瞬时动作,即延时常开触点瞬时断开,延时常闭触点瞬时闭合。

(a) 空气阻尼式时间继电器

(b) 电子式时间继电器

图 4-51　常见时间继电器的外观

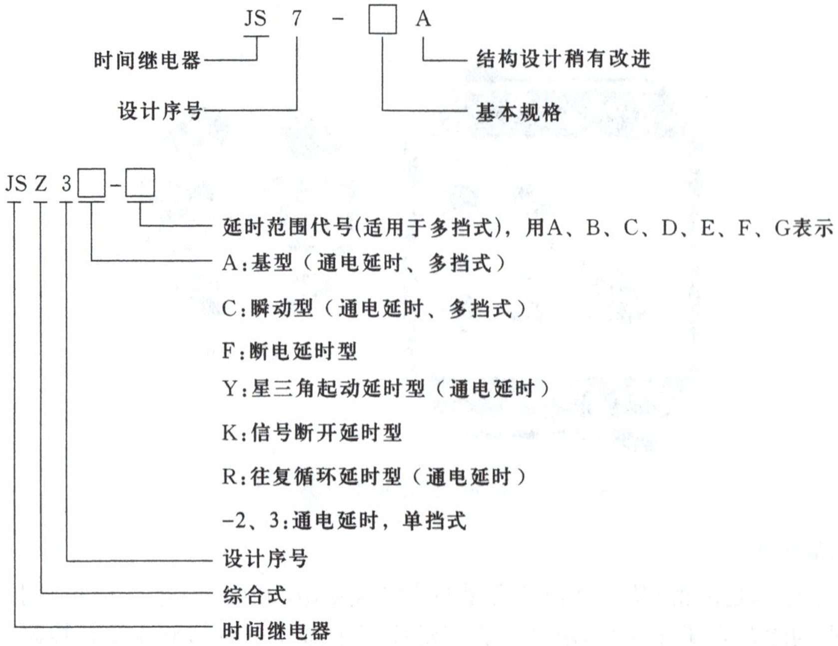

图 4-52 时间继电器的型号组成含义

断电延时型时间继电器是指线圈断电后触点延时动作,即当线圈失电时,其延时断开的常开触点要延时一段时间再断开,延时闭合的常闭触点要延时一段时间再闭合;但是当线圈得电时,其触点瞬时动作,即延时断开的常开触点瞬时闭合,延时闭合的常闭触点瞬时断开。

时间继电器的电气符号如图 4-53 所示。时间继电器的线圈和延时触点都有两种画法,线圈中的延时符号可以不画,触点中的延时符号可以画在左边也可以画在右边,但是圆弧的方向不能改变。

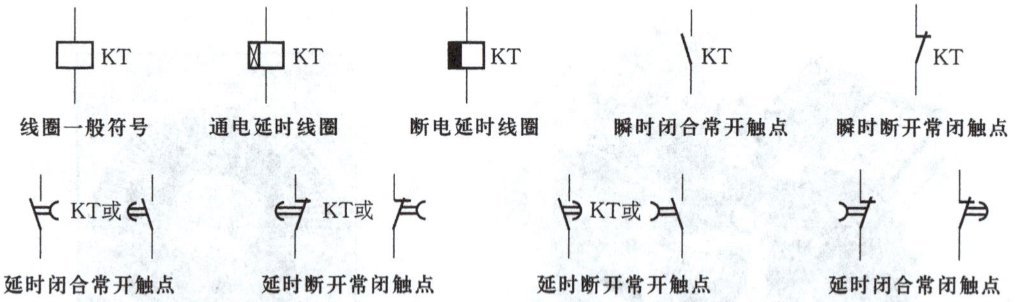

图 4-53 时间继电器的电气符号

如图 4-54 所示为 JSZ3C 系列电子式时间继电器的外观。图 4-55 是 CZF08A 底座,可安装 JSZ3C 系列时间继电器。图 4-56 是安装好的时间继电器。图 4-57 是 JSZ3C 系列时间继电器的接线图,图中②⑦之间接直流或交流电源,该时间继电器是通电延时型,其中延时闭合常开触点是⑥与⑧,延时断开常闭触点是⑤与⑧,瞬时闭合常开触点是①与③,瞬时断开常闭触点是①与④。

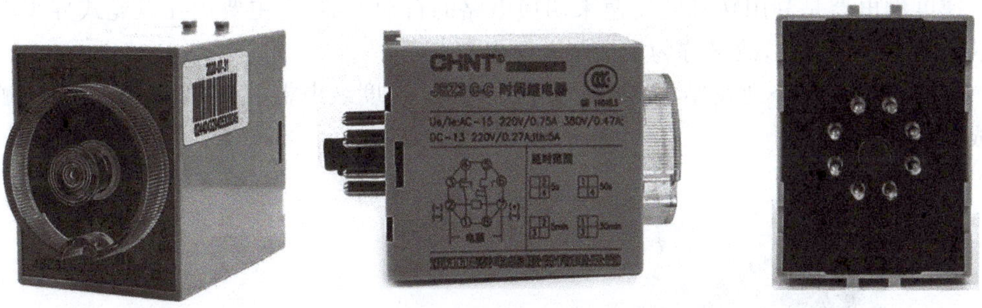

图 4-54　JSZ3C 系列电子式时间继电器的外观

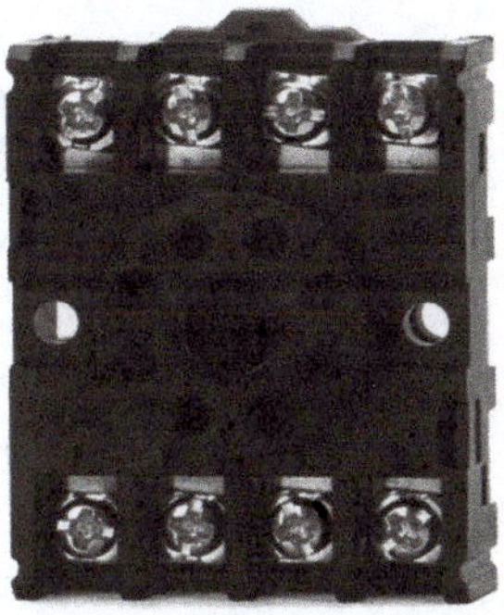

图 4-55　CZF08A 底座

图 4-56　安装好的时间继电器

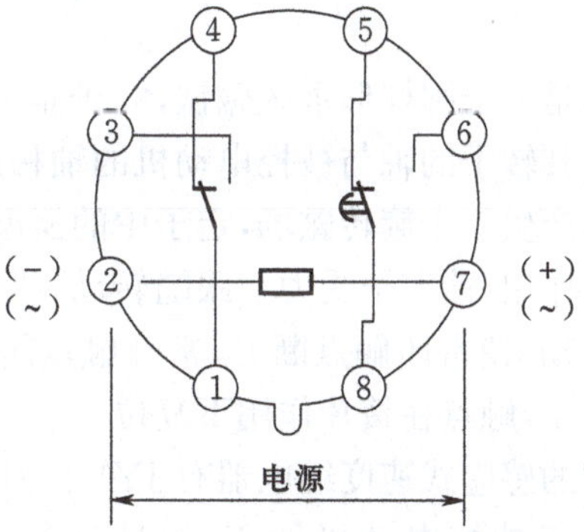

图 4-57　JSZ3C 系列时间继电器的接线

(2) 时间继电器选择

时间继电器形式多样、各具特点，选择时应从以下两个方面考虑。

① 根据控制电路对延时触点的要求选择延时方式，即通电延时型或断电延时型。

② 根据使用场合、工作环境选择时间继电器的类型。在延时精度不高的场合，可选用空气阻尼式时间继电器；在要求延时精度高、延时范围较大的场合，可选用晶体管数显式时间继电器。电气设备中较多使用晶体管数显式时间继电器。

6. 速度继电器

速度继电器是利用转轴的转速来切换电路的自动电器，它主要用在鼠笼式异步电动机的反接制动控制中，故又称为反接制动继电器。

速度继电器的外观及结构，如图 4-58 所示。速度继电器主要由转子、定子和触点组成。

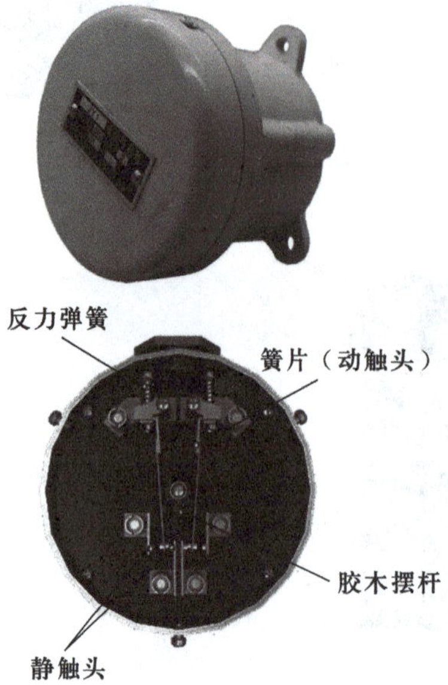

（a）外观

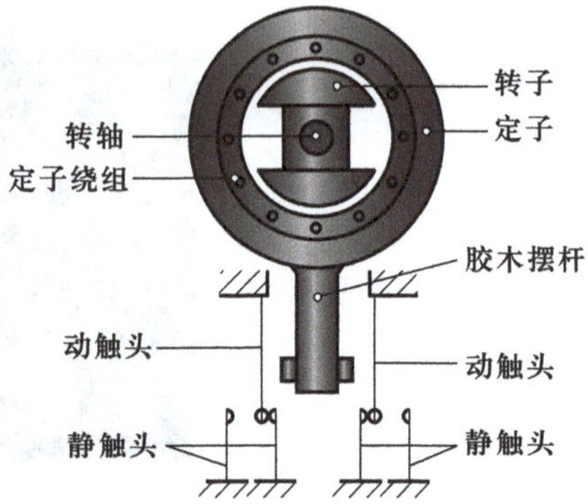

（b）结构

图 4-58　速度继电器的外观和结构

转子是一个圆柱形永久磁铁，定子是一个鼠笼型空心圆环，由硅钢片叠成，并装有笼型绕组。其转子的轴与被控电动机的轴相连接，当电动机转动时，转子(圆柱形永久磁铁)随之转动产生一个旋转磁场，定子中的笼型绕组切割磁力线而产生感应电流和磁场，两个磁场相互作用，使定子受力而跟随转动，当达到一定转速时，装在定子轴上的摆锤推动簧片触点运动，使常闭触点断开，常开触点闭合。当电动机转速低于某一数值时，定子产生的转矩减小，触点在簧片作用下复位。

常用的感应式速度继电器有 JY1 和 JFZ0 系列。速度继电器有两对常开、常闭触点，分别对应于被控电动机的正、反转运行。一般情况下，速度继电器的触点在转速为 120 r/min 左右时动作，在转速为 100 r/min 左右时复位。速度继电器的电气符号如图 4-59 所示。

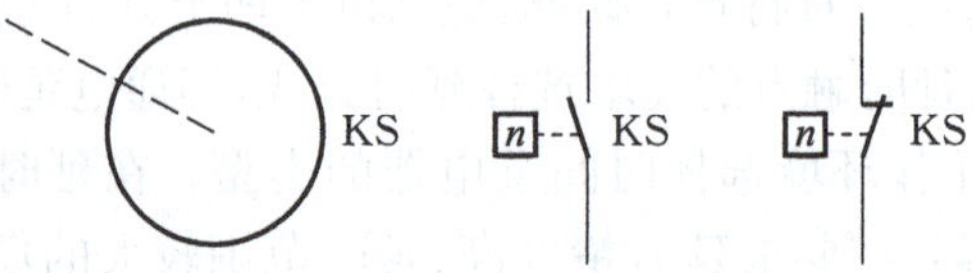

图 4-59　速度继电器的电气符号

〖任务实施〗

1. 列出本任务所使用的设备和工具。

序号	名称	型号与规格	数量	单位	备注
1	常用电工工具	螺钉旋具、镊子、钢丝钳、尖嘴钳等	1	套	
2	仪表	万用表，绝缘电阻表	1	套	
3	器材	热继电器、时间继电器，根据实际情况准备	1	个	

2. 热继电器的拆装与检测。

打开热继电器外盖，观察热继电器的内部结构，检测各相热元件电阻值，将各零件名称、作用及有关电阻值填入下表中。

用万用表电阻挡测量热继电器初始状态下常闭触点(95-96)和常开触点(97-98)的电阻值，按下过载测试按钮，再次测量热继电器的常闭触点(95-96)和常开触点(97-98)的电阻值，将有关电阻值填入下表中。

<table>
<tr><th>型号</th><th>触点数量</th><th>整定电流值</th><th rowspan="2">拆卸步骤</th><th colspan="2">主要零部件</th></tr>
<tr><td></td><td></td><td></td><th>名称</th><th>作用</th></tr>
<tr><td colspan="3">热元件电阻值</td><td rowspan="7"></td><td rowspan="7"></td><td rowspan="7"></td></tr>
<tr><td>L1 相</td><td>L2 相</td><td>L3 相</td></tr>
<tr><td></td><td></td><td></td></tr>
<tr><td colspan="3">触点检测</td></tr>
<tr><td rowspan="2">初始状态</td><td>95-96 电阻值</td><td>97-98 电阻值</td></tr>
<tr><td></td><td></td></tr>
<tr><td>按下过载测试按钮</td><td></td><td></td></tr>
</table>

3. 时间继电器的触点检测。

将时间继电器的检测结果填入下表。

型号	延时触点		瞬时触点	
	常开触点数	常闭触点数	常开触点数	常闭触点数
线圈额定电压				
	常开触点电阻值	常闭触点电阻值	常开触点电阻值	常闭触点电阻值
初始状态				

〖任务评价〗

本任务评价内容包含热继电器拆装与检测和时间继电器检测。总分 90～100 为优，80～89 为良，70～79 为中，60～69 为合格，60 分以下为不合格。

1. 热继电器拆装与检测评价

<table>
<tr><td rowspan="2">基本信息</td><td>姓　　名</td><td></td><td>学　　号</td><td></td><td>班　　级</td><td colspan="2"></td></tr>
<tr><td>组　　别</td><td></td><td>考核日期</td><td></td><td>总评成绩</td><td colspan="2"></td></tr>
<tr><td rowspan="2">评价内容</td><td colspan="4" rowspan="2">评价标准</td><td rowspan="2">分值</td><td colspan="2">教师评价</td></tr>
<tr><td>扣分</td><td>得分</td></tr>
<tr><td>型号、容量、触点数</td><td colspan="4">填写错误，每项扣 3 分</td><td>20</td><td></td><td></td></tr>
<tr><td>触点电阻</td><td colspan="4" rowspan="3">① 仪表选择，检测有误，每项扣 2 分
② 仪表使用不规范，扣 10 分
③ 检测方法及结果不正确，扣 10 分
④ 损坏仪表或不会检测，该项不得分</td><td>20</td><td></td><td></td></tr>
<tr><td>线圈</td><td>20</td><td></td><td></td></tr>
<tr><td>拆卸步骤</td><td>20</td><td></td><td></td></tr>
<tr><td>主要零部件</td><td colspan="4">零部件描述不合理，扣 2～10 分</td><td>10</td><td></td><td></td></tr>
<tr><td>6S 管理</td><td colspan="4">① 工位整洁、工器具摆放到位
② 按照安全生产规程操作设备</td><td>10</td><td></td><td></td></tr>
<tr><td colspan="5">总分</td><td>100</td><td colspan="2"></td></tr>
</table>

2. 时间继电器检测评价

<table>
<tr><td rowspan="2">基本信息</td><td>姓　　名</td><td></td><td>学　　号</td><td></td><td>班　　级</td><td colspan="2"></td></tr>
<tr><td>组　　别</td><td></td><td>考核日期</td><td></td><td>总评成绩</td><td colspan="2"></td></tr>
<tr><td rowspan="2">评价内容</td><td colspan="4" rowspan="2">评价标准</td><td rowspan="2">分值</td><td colspan="2">教师评价</td></tr>
<tr><td>扣分</td><td>得分</td></tr>
<tr><td>型号、线圈额定电压</td><td colspan="4">填写错误，每项扣 5 分</td><td>10</td><td></td><td></td></tr>
<tr><td>延时触点</td><td colspan="4" rowspan="2">① 仪表选择，检测有误，每项扣 2 分
② 仪表使用不规范，扣 10 分
③ 检测方法及结果不正确，扣 10 分
④ 损坏仪表或不会检测，该项不得分</td><td>40</td><td></td><td></td></tr>
<tr><td>瞬时触点</td><td>40</td><td></td><td></td></tr>
<tr><td>6S 管理</td><td colspan="4">① 工位整洁、工器具摆放到位
② 按照安全生产规程操作设备</td><td>10</td><td></td><td></td></tr>
<tr><td colspan="5">总分</td><td>100</td><td colspan="2"></td></tr>
</table>

〖课后作业与思考〗

1. 简述热继电器的主要结构。
2. 如何选择热继电器的额定电流?
3. 热继电器的手动复位与自动复位按钮有什么不同?
4. 查阅相关资料,电子式时间继电器最长延时时间可达多少?
5. 电子式时间继电器在没有通电的情况下,如何测量触点通断情况?

〖课外阅读〗

继电器的发展

1. 早期的继电器

在18世纪,科学家们认为电和磁是两种完全不同的物理现象。然而,随着丹麦物理学家奥斯特(Oersted)在1820年发现了电流的磁效应,以及英国物理学家法拉第(Faraday)在1831年发现了电磁感应现象,人们逐渐认识到电能和磁能是可以相互转化的。这些发现为后来电动机和发电机的发明奠定了基础,同时也标志着人类正式步入电气时代。19世纪30年代,美国物理学家约瑟夫·亨利(Joseph Henry)在研究电路控制时,利用电磁感应现象成功发明了继电器。最初的继电器是电磁继电器,它利用电磁铁在通电和断电下磁力产生和消失的现象,来控制高电压高电流的另一电路的开合。这一发明的出现,使得电路的远程控制和保护等工作变得更为高效和安全。

2. 近代继电器的发展

随着微电子技术、电子计算机技术、现代通信技术、光电子技术以及空间技术的飞速发展,对继电器技术提出了新的要求。新工艺和新技术的发展,无疑对继电器技术的发展起到了极大的促进作用。首先,继电器朝着小型化和片状化的方向发展。例如,IC封装的军用TO-5继电器,具有很高的抗振性,可以使设备更加可靠。其次,继电器的组合化和多功能化趋势日益明显,要求灵敏度提高到微瓦级。此外,全固体化的继电器应运而生,它们灵敏度高,可以有效防止电磁干扰和射频干扰。这些新型继电器的发展,不仅满足了不同应用场景的需求,也为电子整机的减小体积提供了可能。

3. 当代继电器的趋势

进入21世纪,继电器市场继续向小型、薄型和塑封方向发展。小型印制板用继电器仍是通用继电器市场发展的主流产品,而固体继电器则更趋广泛,价格持续下降。未来的继电器将朝着高可靠、小体积、高抗浪涌电流冲击和抗干扰性等方向发展。同时,为了满足空间要求,必须加强可靠性研究,并建立专门的高可靠生产线。新技术的不断涌现,将促进不同原理、不同性能、不同结构和用途的各类继电器竞相发展。特别是在特种继电器领域,如温度、射频、高压、高绝缘、低热电势以及非电量控制等继电器的性能将不断提升和完善。

综上,继电器的发展历程是一个不断吸收新兴科技、满足市场需求的过程。从最初的电磁继电器到现代的固体继电器,再到未来的高可靠性特种继电器,继电器的技术水平和服务范围都在不断提高和拓宽。随着科技的进步和社会的发展，继电器将在更多领域发挥其重要作用，并且其发展方向也将更加多元化和专业化。

任务 4.7 主令电器的检测与选择

〖任务布置〗

对几种控制按钮、行程开关进行拆装与检测。

〖任务分析〗(知识模块)

主令电器是一种在电气自动控制系统中用于发送或转换控制指令的电器。主令电器用于控制电路，不能直接分合主电路。它可以接通或断开控制电路，以发布命令或信号，改变控制系统的工作状况。主令电器应用广泛，种类繁多，常用的有控制按钮、行程开关、接近开关、万能转换开关和主令控制器等。

1. 按钮

按钮是一种短时接通和断开小电流电路的手动电器，常用于控制电路中，发出启动或停止等指令，以控制接触器、继电器等电器线圈电流的接通或断开，再由它们去接通或断开主电路。

(1) 结构和工作原理

按钮的类型有常开按钮、常闭按钮和复合按钮。其结构由按钮帽、复位弹簧、桥式动触头、静触头和外壳等组成，其外观、结构及电气符号如图 4-60 所示。

① 常开按钮。当按钮未按下时，触头是断开的；当按钮按下时，触头接通；按钮松开后，在复位弹簧作用下触头又返回原位断开。常开按钮常用作启动按钮。

② 常闭按钮。当按钮未按下时，触头是闭合的；当按钮按下时，触头断开；按钮松开后，在复位弹簧作用下触头又返回原位闭合。常闭按钮常用作停止按钮。

③ 复合按钮。将常开按钮和常闭按钮组合为一体。当按钮按下时，其常闭触头先断开，然后常开触头再闭合；当按钮松开后，在复位弹簧作用下，常开触头先断开，常闭触头后闭合。复合按钮常用在控制电路中作电气联锁。

工作原理：当按钮按下时，外力克服弹簧的弹力，使动触点进行移动，常开触点闭合，常闭触点断开；当松开按钮时，依靠复位弹簧的作用力使常开触点恢复常开，常闭触点恢复常闭。

(2) 按钮分类

按钮按功能可分为自锁式按钮和自复位按钮，如图 4-61 所示；按结构可分为单个按钮和双钮、三钮式；按操作方式可分为一般式、蘑菇头急停式、旋转式、钥匙式等。按钮的颜色有红、绿、黑、黄、蓝、白、灰等，不同的颜色用于区别不同的功能，通常红色表示停止，绿色表示启动，黑色表示点动。指示灯式按钮内可以装入指示灯显示电路工作状态。

(a) 外观

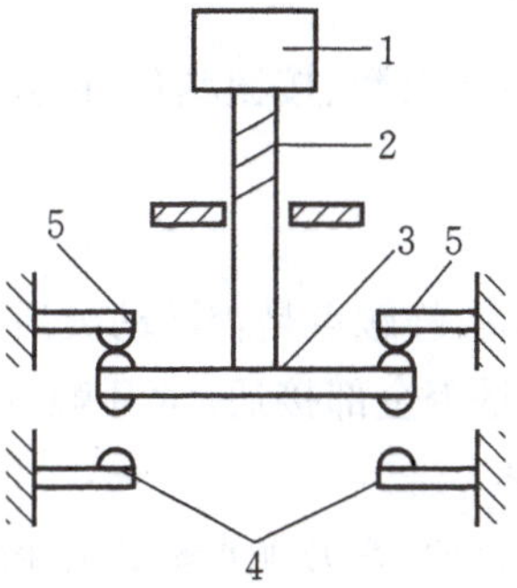

(b) 结构

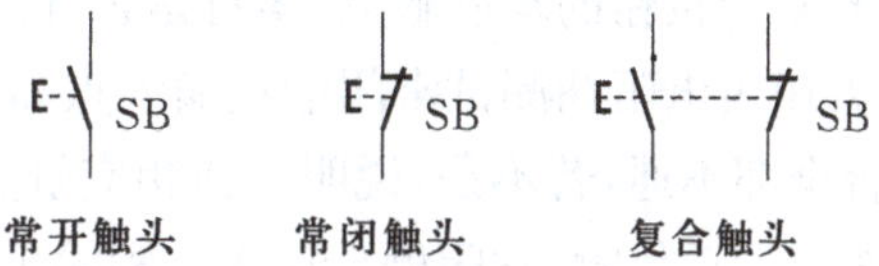

(c) 电气符号

图 4-60　按钮的外观、结构及电气符号

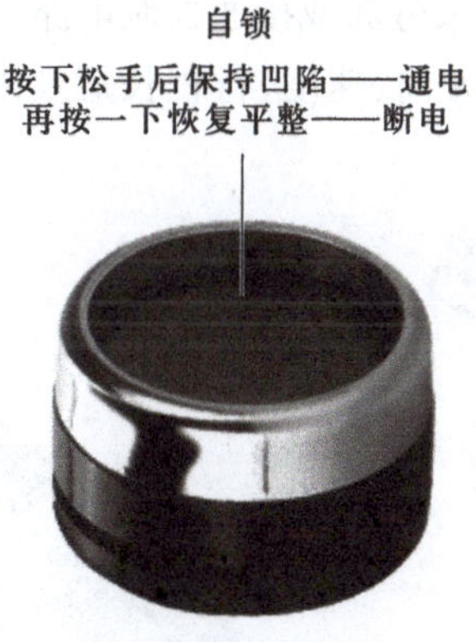

(a) 自锁式按钮

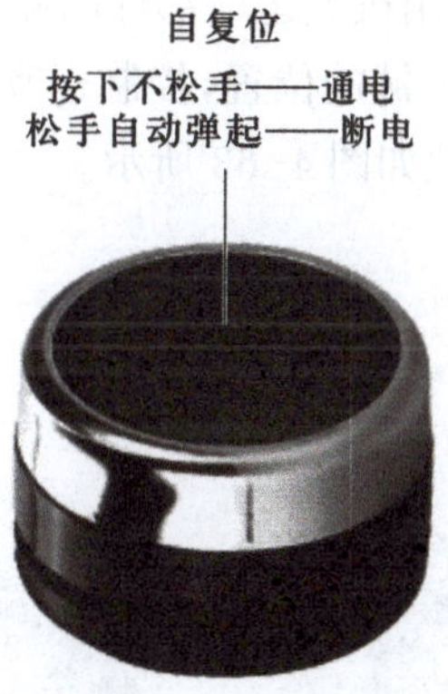

(b) 自复位按钮

图 4-61　按钮按功能分类

(3) 主要技术参数

按钮的主要技术参数有额定电压、额定电流、结构型式、触头数及按钮颜色等。其型号组成含义如图 4-62 所示。

常见的按钮有 LA 系列和 LAY1 系列。LA 系列按钮的额定电压为交流 500 V、直流 440 V，额定电流为 5 A；LAY1 系列按钮的额定电压为交流 380 V、直流 220 V，额定电流为 5 A。

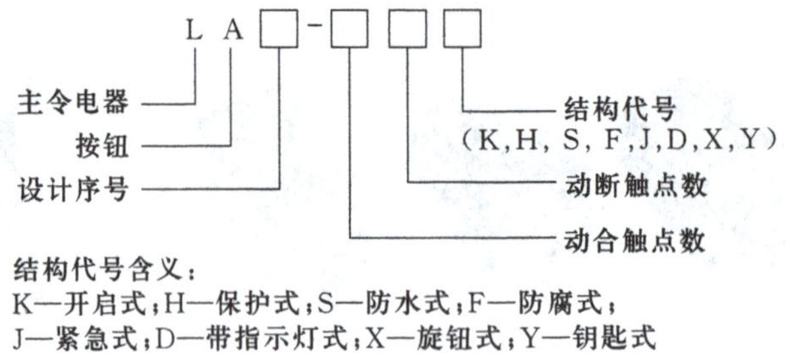

图 4-62　按钮的型号组成含义

(4) 按钮选择

选择按钮时主要考虑按钮的结构形式、操作方式、触点对数、按钮颜色，以及是否需要指示灯等要求。

(5) 按钮检测

① 观察复合按钮的动静触点、螺钉是否齐全牢固，动、静触点是否活动灵活。

② 用万用表电阻挡测试常闭触点输入点和输出点是否全部接通，常开触点输入点和输出点是否全部不通，若不是，说明按钮相应触点已损坏。

复合按钮不动作时，常闭触点输入点和输出点全部接通，常开触点输入点和输出点全部不通。

2. 行程开关

行程开关又称位置开关或限位开关，其作用原理与按钮相同，但其触点的动作不是用手按动，而是利用机械运动部件的碰撞而动作，用来分断或接通控制电路。行程开关主要用于检测运动机械的位置，控制运动部件的运动方向、速度、行程长短及限位保护。常见行程开关的外观如图 4-63 所示。

(a) LX19-001直动式　(b) LX19-111单滚轮式　(c) LX19-212双滚轮式

图 4-63　常见行程开关的外观

(1) 结构和工作原理

行程开关按其结构可分为直动式、滚轮式。其结构基本相同，主要由触头系统、操作机构和外壳组成。行程开关的结构及电气符号，如图 4-64 所示。

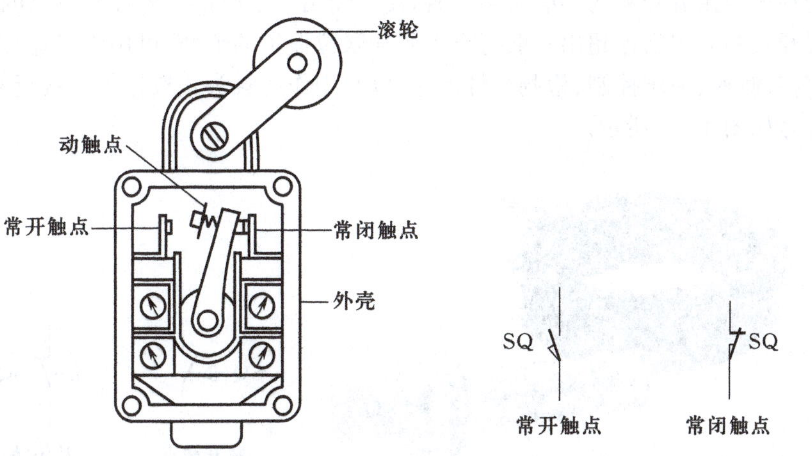

(a) 结构　　　　(b) 电气符号

图 4-64　行程开关的结构和电气符号

行程开关内部一般由一对常开触点和一对常闭触点组成。以单滚轮为例，当运动机械的撞铁碰撞到行程开关的滚轮时，动触点向左运动，触点动作，即常闭触点断开，常开触点闭合；撞铁移开滚轮后，在复位弹簧的作用下，动触点向右运动，触点复位，即常开触点断开，常闭触点闭合。

行程开关的型号组成含义如图 4-65 所示。

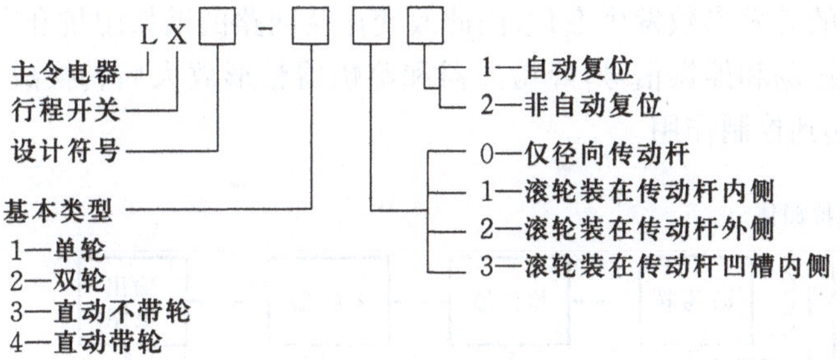

图 4-65　行程开关的型号组成含义

(2) 行程开关检测

观察行程开关动静触点、螺钉是否齐全牢固，动、静触点机械部位是否活动灵活。用万用表电阻挡测试常闭触点输入点和输出点是否全部接通，常开触点输入点和输出点是否全部不通，若不是，说明行程开关相应触点已损坏。

行程开关不动作时，常闭触点输入点和输出点全部接通，常开触点输入点和输出点全部不通。

3. 接近开关

接近开关，又称无触点行程开关，是一种无接触式开关型传感器。当接近开关与某种物体接近到一定距离时，就发出动作信号，它不像机械行程开关那样需要施加机械力，而是靠移动物体与接近开关的感应头接近时，使其输出一个电信号来控制电路的通断。

接近开关的应用已远超出一般行程控制和限位保护的范畴，可用于高速计数、检测金属体的存在、测速、液压控制、检测零件尺寸，以及用作无触头式按钮等。接近开关的外观和电气符号如图 4-66 所示。

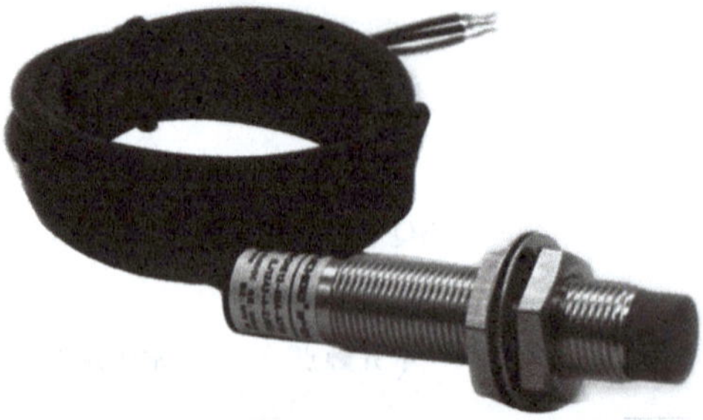

(a) 外观

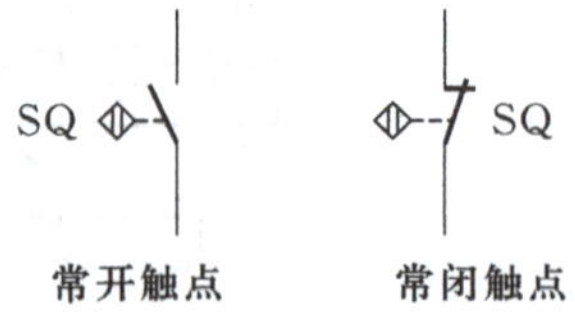

(b) 电气符号

图 4-66　接近开关的外观和电气符号

(1) 结构和工作原理

接近开关按辨识机构工作原理分为高频振荡型、感应型、电容型、光电型、永磁及磁敏元件型、超声波型等，其中高频振荡型最常用。如图 4-67 所示是晶体管停振型高频接近开关的框图。它由感辨头、振荡器、检波器、鉴幅器、输出电路、整流电源和稳压器组成。当装在运动部件上的金属检测体接近感辨头时，金属检测体中将产生涡流；由于涡流的去磁作用使感应头的等效参数发生变化，因此改变振荡回路的谐振阻抗和谐振频率，使振荡停止。振荡器的振荡和停振信号，经检波器和鉴幅器整形放大后转换成开关信号经输出电路输出，从而起到控制作用。

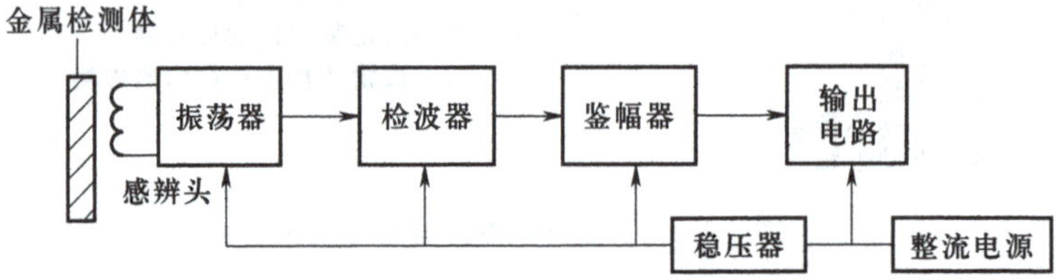

图 4-67　晶体管停振型高频接近开关的框图

(2) 接近开关检测

OBM-DO4NK 型接近开关如图 4-66 所示。该接近开关有 3 根引线，分别为棕色、黑色、蓝色，通电检测时，需要接直流 24 V 电源检测，要求棕色线接+24 V，蓝色线接 OV，黑色线作为信号线，可以作为控制器的输入端。

初始状态下，将万用表调至直流电压 200 V 挡(表头示数为 0 时，表示无信号输出状态，是断路；表头示数为 24 V 左右时，表示有信号输出，是通路状态)。对引线棕、黑两端进行测试，观察万用表的示数，显示值为 0，判断此时黑色信号线无信号。将金属部件靠近金属探头，测试黑色信号线的输出情况。对引线棕、黑两端测试，观察万用表的示数，显示值约为 24 V，判断此时黑色信号线有信号输出。

4. 万能转换开关

(1) 结构和功能

万能转换开关是具有更多操作位置和触点，能换接多个电路的一种手控电器。因它能控制多个电路，适应复杂电路的要求，故称为万能转换开关。万能转换开关主要用于控制电路的转换或切换，电气测量仪表的转换，亦可用于控制伺服电机和其他小容量电动机的启动、换向、调速和制动。万能转换开关的外观如图 4-68 所示，其型号组成含义如图 4-69 所示。

万能转换开关由触点系统、操作机构、转轴、手柄、定位机构等主要部件组成，并由 1～20 层触点底座叠装，用螺栓组装成整体。其中每层底座均装三对触点，并由触点底座中的凸轮来控制三对触点的接通和断开。由于凸轮可制成不同形状，因此转动手柄到不同位置时，通过凸轮作用，可使各对触点按所需的变化规律接通或断开，以达到换接电路的目的。如图 4-70 所示是其单层结构。

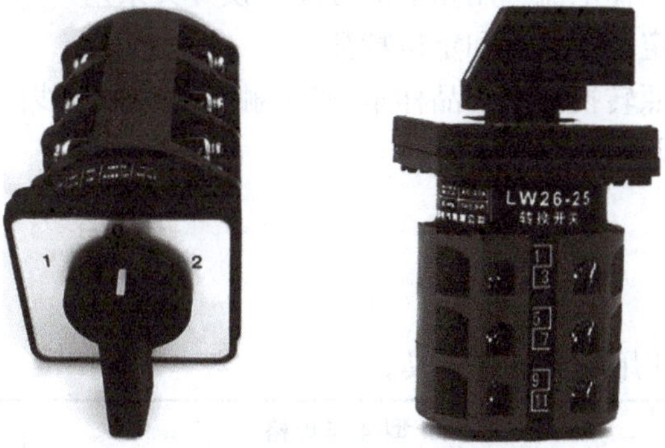

(a)　　(b)

图 4-68　万能转换开关的外观

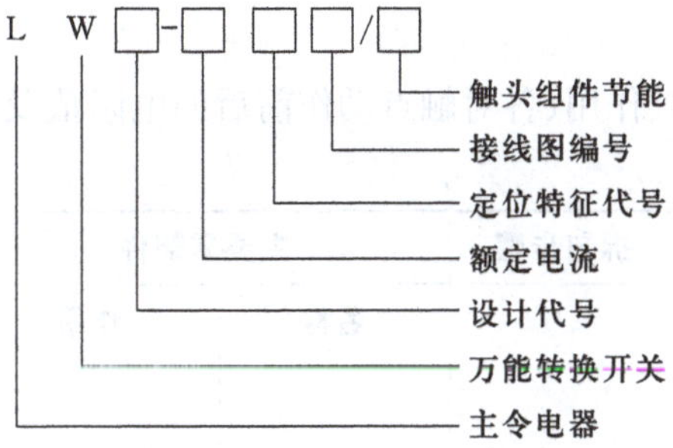

图 4-69　万能转换开关的型号组成含义

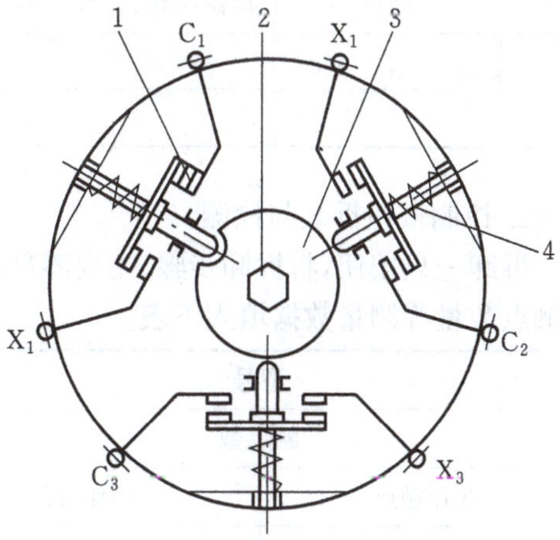

1-触点；2-转轴；3-凸轮；4-触点弹簧

图 4-70　万能转换开关的单层结构

万能转换开关的电气符号如图 4-71 所示，中间的竖线表示手柄的位置。当手柄处于某一位置时，处在接通状态的触头下方虚线上标有小黑点。触头的通断状态也可以用图 4-72 所示的触点分合表来表示，×表示触点闭合，空白表示触点断开。

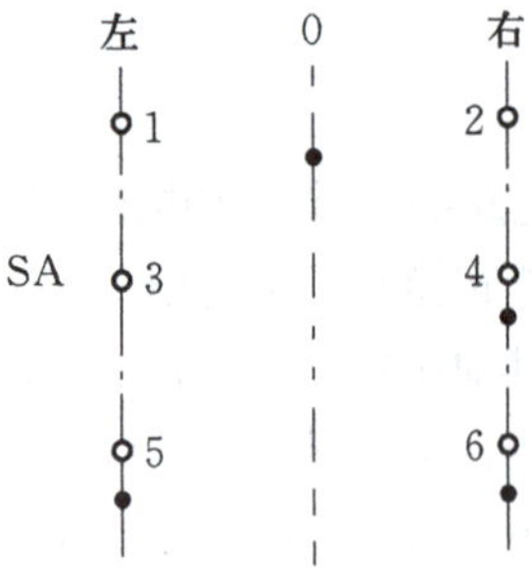

图 4-71　万能转换开关的电气符号

触点	↖	↑	↗
	45°	0°	45°
1-2		×	
3-4			×
5-6	×		×

图 4-72　万能转换开关触点分合表

(2) 选用

万能转换开关主要根据用途、接线方式、所需触头挡数和额定电流来选择。

① 按额定电压和工作电流选用相应的万能转换开关系列。

② 按操作需要选定手柄型式和定位特征。

③ 按控制要求参照转换开关产品样本，确定触头数量和接线图编号。

④ 选择面板型式及标志。

〖任务实施〗

1. 列出本任务所使用的设备和工具。

序号	名称	型号与规格	数量	单位	备注
1	常用电工工具	螺钉旋具、镊子、钢丝钳、尖嘴钳等	1	套	
2	仪表	万用表、绝缘电阻表	1	套	
3	器材	控制按钮、行程开关，根据实际情况准备	1	个	

2. 控制按钮拆装与检测。

拆卸一只按钮，将拆卸步骤、主要零部件名称、作用、各对触点动作前后的电阻值及各类触点数量等测量数据填入下表。

<table>
<tr><th colspan="4">型号</th><th>拆卸步骤</th><th colspan="2">主要零部件</th></tr>
<tr><td colspan="4">触点数</td><td rowspan="7"></td><td rowspan="7">名称</td><td rowspan="7">作用</td></tr>
<tr><td colspan="2">常开触点</td><td colspan="2">常闭触点</td></tr>
<tr><td colspan="2"></td><td colspan="2"></td></tr>
<tr><td colspan="4">触点电阻</td></tr>
<tr><td colspan="2">常开触点</td><td colspan="2">常闭触点</td></tr>
<tr><td>动作前</td><td>动作后</td><td>动作前</td><td>动作后</td></tr>
<tr><td></td><td></td><td></td><td></td></tr>
</table>

3. 行程开关拆装与检测。

将拆卸步骤、主要零部件名称及作用、各对触点动作前后的电阻值及各类触点数量等数据填入下表。

<table>
<tr><th colspan="4">型号</th><th rowspan="2">拆卸步骤</th><th colspan="2">主要零部件</th></tr>
<tr><td colspan="4"></td><th>名称</th><th>作用</th></tr>
<tr><td colspan="4">触点数</td><td rowspan="7"></td><td rowspan="7"></td><td rowspan="7"></td></tr>
<tr><td colspan="2">常开触点</td><td colspan="2">常闭触点</td></tr>
<tr><td colspan="2"></td><td colspan="2"></td></tr>
<tr><td colspan="4">触点电阻</td></tr>
<tr><td colspan="2">常开触点</td><td colspan="2">常闭触点</td></tr>
<tr><td>动作前</td><td>动作后</td><td>动作前</td><td>动作后</td></tr>
<tr><td></td><td></td><td></td><td></td></tr>
</table>

〖任务评价〗

本任务评价内容包含型号、触点数、常开触点电阻、常闭触点电阻、6S 管理。总分 90～100 为优，80～89 为良，70～79 为中，60～69 为合格，60 分以下为不合格。

<table>
<tr><td rowspan="2">基本信息</td><td>姓　　名</td><td></td><td>学　　号</td><td></td><td>班　　级</td><td colspan="2"></td></tr>
<tr><td>组　　别</td><td></td><td>考核日期</td><td></td><td>总评成绩</td><td colspan="2"></td></tr>
<tr><td rowspan="2">评价内容</td><td colspan="4" rowspan="2">评价标准</td><td rowspan="2">分值</td><td colspan="2">教师评价</td></tr>
<tr><td>扣分</td><td>得分</td></tr>
<tr><td>型号、触点数</td><td colspan="4">填写错误，每项扣 5 分</td><td>10</td><td></td><td></td></tr>
<tr><td>常开触点电阻</td><td colspan="4" rowspan="2">① 仪表选择，检测有误，每项扣 2 分
② 仪表使用不规范，扣 10 分
③ 检测方法及结果不正确，扣 10 分
④ 损坏仪表或不会检测，该项不得分</td><td>40</td><td></td><td></td></tr>
<tr><td>常闭触点电阻</td><td>40</td><td></td><td></td></tr>
<tr><td>6S 管理</td><td colspan="4">① 工位整洁、工器具摆放到位
② 按照安全生产规程操作设备</td><td>10</td><td></td><td></td></tr>
<tr><td colspan="5">总分</td><td>100</td><td colspan="2"></td></tr>
</table>

〖课后作业与思考〗

1. 按钮的常开触点和常闭触点在按钮按下时的动作顺序是怎样的？
2. 查阅带指示灯按钮的结构组成和工作原理。

3. 比较单滚轮式和双滚轮式行程开关触点动作的不同。
4. 查阅资料，说明二线制和三线制接近开关接线的不同。
5. 如何用万用表区分按钮的常开和常闭？
6. 如何用万用表测试按钮的好坏？

〖课外阅读〗

行程开关

行程开关，又称位置开关或限位开关，是一种常用的小电流主令电器，它利用生产机械运动部件的碰撞使其触头动作来实现接通或分断控制电路，从而达到一定控制目的。行程开关通常被用来限制机械运动的位置或行程，使运动机械能够按照一定位置或行程自动停止、变速运动、反向运动、自动往返运动等。

1. 日常生活中的应用

在日常生活中，行程开关的应用非常广泛。例如，在洗衣机脱水（甩干）过程中，转速很高，如果此时有人由于疏忽打开洗衣机的门或盖后，再把手伸进去，很容易造成伤害。为了避免这种事故的发生，大多数洗衣机都安装了有电接点的行程开关，一旦有人打开洗衣机的门或盖，电源就会自动关闭。此外，在录音机和录像机使用过程中，常常会用到快进或者倒带，当磁带急速地转动至端点时会自动停下来，这也正是行程开关发挥了作用。

2. 工业生产中的应用

在工业生产中，行程开关更是不可或缺的一部分。它主要用于将机械位移转变成电信号，使电动机的运行状态得以改变，从而控制机械动作或用作程序控制。机床上有很多这样的行程开关，用它控制工件运动或自动进刀的行程，可避免发生碰撞事故。有时利用行程开关使被控物体在规定的两个位置之间自动换向，从而得到不断的往复运动。

3. 选型指南和维护保养

在选择行程开关时，需要根据安装环境选择防护形式，根据控制回路的电压和电流选择采用何种系统的行程开关，以及根据机械与行程开关的传力与位移关系选择合适的头部结构形式。同时，行程开关安装位置要准确，否则不能达到位置控制和限位的目的。应定期检查位置开关，以免触头接触不良而达不到行程和限位控制的目的。

在维护保养方面，加工结束后要断开电源，关掉工作液，然后待贮丝筒运转一段时间后再停机。卸下钼丝，清扫机床及附件，润滑机床。这时必须要松开行程开关的挡块螺钉，使挡块与行程开关不接触即可。

总之，行程开关在日常生活和工业生产中都有着重要的作用，它不仅可以有效地保护人身安全，还可以提高生产率和自动化水平。因此，了解行程开关的工作原理、选型方法和维护保养知识，对于各行各业的人来说都是非常有用的。

项目5 电动机基本控制电路的安装与调试

项目描述

在生产过程中，可用导线把继电器、接触器、按钮、行程开关、热继电器等元件，按照一定的控制方式连接起来，组成用来满足所需生产工艺要求的自动控制线路。虽然生产工艺和生产过程不同，对控制线路的要求也不同，但是无论哪一种控制系统，都是由一些基本的典型控制线路组成的。因此，首先需要掌握一些基本的典型控制线路的工作原理，进而掌握复杂电气控制系统的分析方法和设计方法。本项目主要培养学生严格按国家标准和工艺规范识图、制图，培养学生严谨细致、精益求精的工作态度。

项目知识目标

1. 熟悉电气图绘制标准和识读方法。
2. 分析中级电工职业资格等级认证中电动机基本电气控制电路的工作原理。

项目技能与素质目标

1. 学会识读电动机基本电气控制电路。
2. 能够制作和完成接线图、元器件位置图等相关技术文件。
3. 具有信息获取、加工与处理利用能力。
4. 掌握沟通、交际、组织、团队合作等能力。
5. 具有良好的职业道德和高度的职业责任感。
6. 具有良好的规范、安全、环保、成本和质量意识。

任务 5.1 三相异步电动机连续运转控制电路的安装与调试

〖任务布置〗

1. 识读三相异步电动机点动、连续运转电路原理图，设计既能实现点动又能实现连续运转的控制电路。

2. 根据三相异步电动机连续运转电路原理图，绘制其元器件布置图和安装接线图，按工艺要求完成电气电路连接，并能进行电路检查和故障排除。

3. 安装工艺达到基本要求，线头长短适当、接触良好。

4. 遵守安全规程，做到文明生产。

〖任务分析〗(知识模块)

连续运转是指电动机启动后处于连续工作状态。点动控制电路工作特点是：一点就动，不点不动。机床设备在正常工作时，一般需要电动机处于连续工作状态。但在试车或调整刀具与工件的相对位置时，又需要电动机能点动控制。

1. 点动控制电路原理分析

如图 5-1 所示是按照电路原理图一般规定绘制的，三相交流电源线 L_1、L_2、L_3 依次水平画在图的上方，电源开关水平画出。主电路垂直电源线画在图的左侧。控制电路跨接在 L_1 和 N 两条电源线之间，垂直画在主电路的右侧，且能耗元件 KM 的线圈应画在电路的下方，为表示同一电器，在图形符号旁边标注了相同的文字符号 KM。电路按规定在各接点处进行标号，主电路用 U、V、W 和数字表示，如 U_{11}、V_{11}、W_{11}；控制电路用阿拉伯数字表示，编号原则按从左到右、从上到下数字递增。

电路工作原理如下：

首先合上电源开关 QF。

启动：按下 SB→KM 线圈得电→KM 主触点闭合→电动机 M 运转。

停止：松开 SB→KM 线圈失电→KM 主触点分断→电动机 M 惯性停止。

当按下按钮时电动机运转，松开按钮后电动机停转的控制方式，称为点动控制。

2. 长动控制电路原理分析

长动控制是指电动机启动后处于连续工作状态。如图 5-2 所示，增加了过载保护元件热继电器 FR。这是因为电动机在运行过程中，如果长期负载过大、频繁启动或者断相运行，都可能使电动机定子绕组的电流增大，超过其额定值，而在这种情况下熔断器往往不熔断，从而引起定子绕组过热，使温度超过允许值，造成绝缘损坏，导致缩短电动机使用寿命，严重时会烧毁电动机的定子绕组，因此在电动机控制电路中，必须采取过载保护措施。

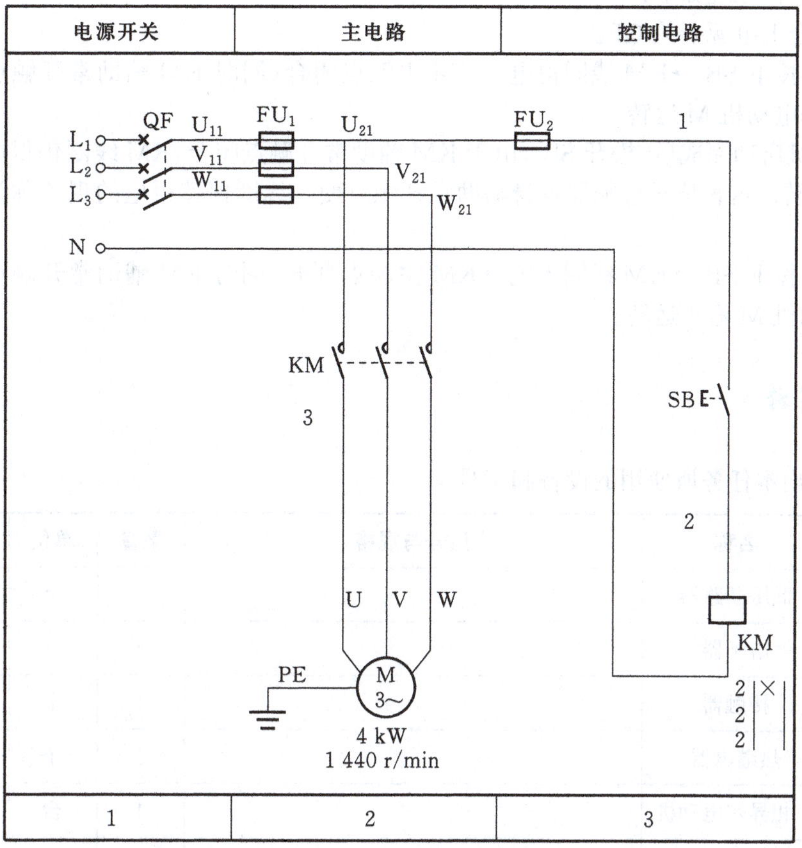

图 5-1　点动控制电路原理分析

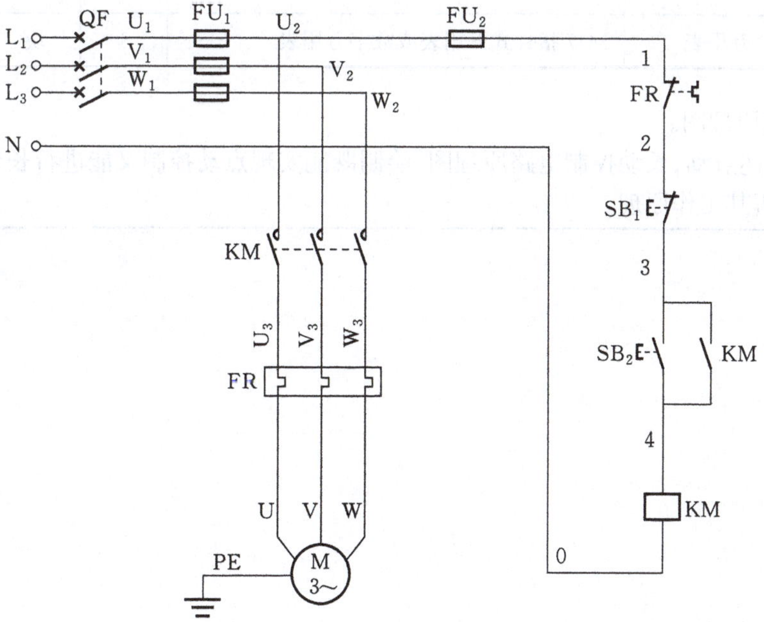

图 5-2　长动控制电路原理分析

电路工作原理如下：

首先合上电源开关 QF。

启动：按下 SB_2→KM 线圈得电→KM 主触点闭合（同时 KM 辅助常开触点闭合，形成自锁）→电动机 M 运转。

电动机启动完成后，松开 SB_2，由于 KM 辅助常开触点闭合，KM 线圈仍得电，电动机 M 继续运转。这种依靠接触器自身辅助常开触点使其线圈保持得电的现象称为自锁（或自保）。

停止：按下 SB_1→KM 线圈失电→KM 主触点断开（同时 KM 辅助常开触点分断，解锁）→电动机 M 停止运转。

〖任务实施〗

1. 列出本任务所使用的设备和工具。

序号	名称	型号与规格	数量	单位	备注
1	低压断路器		1	个	QF
2	熔断器		4	个	FU_1、FU_2
3	接触器		1	个	KM
4	热继电器		1	个	FR
5	三相异步电动机		1	台	M
6	按钮		2	个	SB_1、SB_2
7	电工通用工具	剥线钳、螺丝刀（十字、一字）、尖嘴钳等	1	套	
8	万用表	M47 指针式万用表或数字万用表	1	块	

2. 绘制原理图。

根据上述点动、长动控制电路原理图，绘制既能实现点动控制又能进行长动控制的电路图，并分析其工作原理。

3. 安装与调试长动控制电路。

(1) 绘制元器件位置图和安装接线图。

(2) 元器件检测。

在不通电的情况下，用万用表或目视检查各元器件触点的通断情况是否良好；检查熔断器的熔体是否完好；检查按钮中的螺钉是否完好，螺纹是否失效；检查接触器的线圈额定电压与电源电压是否相符。

① 用万用表对交流接触器进行检测，判断是否存在故障。

检测项目	万用表挡位	检测结果	考核标准及要求	分值	得分
A_1-A_2 线圈电阻			① 仪表选择、检测有误，每项扣 2 分 ② 仪表使用不规范，扣 10 分 ③ 检测方法及结果不正确，扣 10 分 ④ 损坏仪表或不会检测，该项不得分		
1-2(L_1-T_1)断开时电阻					
3-4(L_2-T_2)断开时电阻					
5-6(L_3-T_3)断开时电阻					
1-2(L_1-T_1)接通时电阻					
3-4(L_2-T_2)接通时电阻					
5-6(L_3-T_3)接通时电阻					
13-14(NO)断开时电阻					
13-14(NO)接通时电阻					
21-22(NC)断开时电阻					
21-22(NC)接通时电阻					
总分				100	

② 用万用表对熔断器进行检测，判断是否存在故障。

检测项目	万用表挡位	检测结果	考核标准及要求	分值	得分
熔断器未安装熔体时的电阻			① 仪表选择、检测有误，每项扣 2 分 ② 仪表使用不规范，扣 10 分 ③ 检测方法及结果不正确，扣 10 分 ④ 损坏仪表或不会检测，该项不得分		
熔断器安装熔体后的电阻					
总分				100	

③ 用万用表对低压断路器进行检测，判断是否存在故障。

检测项目	万用表挡位	检测结果	考核标准及要求	分值	得分
闭合时，1-2 间电阻			① 仪表选择、检测有误，每项扣 2 分 ② 仪表使用不规范，扣 10 分 ③ 检测方法及结果不正确，扣 10 分 ④ 损坏仪表或不会检测，该项不得分		
闭合时，3-4 间电阻					
闭合时，5-6 间电阻					
断开时，1-2 间电阻					
断开时，3-4 间电阻					
断开时，5-6 间电阻					
总分				100	

(3) 按所绘制的接线图进行接线。注意事项如下：

① 按钮内接线时，用力不可过猛，以防螺钉打滑。

② 按钮内部的接线不要接错，启动按钮必须接动合(常开)触点(可用万用表的欧姆挡或蜂鸣挡判别)。

③ 接触器的自锁触点应并接在启动按钮的两端；停止按钮应串接在控制电路中。

④ 热继电器的热元件应串接在主电路中，其动断(常闭)触点应并接控制电路中，二者缺一不可，否则不能起到过载保护作用。

⑤ 电动机外壳必须可靠接 PE(保护接地)线。

(4) 通电前检查。

① 按电气原理图或安装接线图从电源端开始，逐段核对接线及接线端子处是否正确，有无漏接、错接之处。检查导线接线端子是否符合要求，压接是否牢固。

② 用万用表电阻挡或蜂鸣挡进行通断检查。

先检查主电路，此时断开控制电路，可以用手压下接触器的衔铁来模拟接触器得电吸合时的情况进行检查，依次测量从电源端(L_1、L_2、L_3)到电动机出线端子(U、V、W)上每一相电路的电阻值，检查是否存在开路现象。

再检查控制电路，此时断开主电路，可将万用表表笔分别搭在 FU_2 的进线端和零线上（W_{11} 和 N），此时读数应为“1”。按下启动按钮 SB_2 时，读数应为接触器线圈的电阻值；压下接触器 KM 的衔铁，读数也应为接触器线圈 KM 的电阻值。

(5) 用兆欧表进行绝缘检查。将 U、V 或 W 与兆欧表的接线柱 L 相连，电动机的外壳和兆欧表的接线柱 E 相连，测量其绝缘电阻应大于等于 1 MΩ。

(6) 在教师的指导下，通电试车。合上 QF，按下启动按钮 SB_2，观察接触器是否吸合、电动机是否运转。在观察中，若遇到异常现象，应立即停车，检查故障。常见的故障一般分为主电路故障和控制电路故障两类。

(7) 通电试车完毕后，切断电源。

〖任务评价〗

本任务评价主要从任务准备、设计与安装、通电试车、规范操作、6S 管理以及展示汇报六个方面进行。

<table>
<tr><td rowspan="2">基本信息</td><td>姓　名</td><td></td><td>学　号</td><td></td><td>班　级</td><td></td></tr>
<tr><td>组　别</td><td></td><td>考核日期</td><td></td><td>总评成绩</td><td></td></tr>
<tr><td>序号</td><td>评价内容</td><td colspan="4">评价标准</td><td>教师评价</td></tr>
<tr><td>1</td><td>任务准备</td><td colspan="4">① 准备元器件，并测量元器件的好坏
② 绘制正确的电路图和接线图
③ 安全防护：操作台工位配备绝缘板，学生要穿绝缘鞋，戴安全帽</td><td></td></tr>
<tr><td>2</td><td>设计与安装</td><td colspan="4">① 电路能实现点动和自锁混合控制的功能
② 元器件布置符合国标要求
③ 接线正确、规范，套管编码与原理图一致
④ 能正确处理安装和调试过程中出现的问题</td><td></td></tr>
<tr><td>3</td><td>通电试车</td><td colspan="4">在保证人身和设备安全的情况下，通电实验一次成功</td><td></td></tr>
<tr><td>4</td><td>规范操作</td><td colspan="4">① 根据《低压电气装置　第 5-52 部分：电气设备的选择和安装　布线系统》(GB/T 16895.6—2014) 要求绘制元器件位置图
② 工具、仪表使用规范
③ 不带电插拔导线
④ 能按照电工工艺要求进行接线和通电试验</td><td></td></tr>
</table>

续表

序号	评价内容	评价标准	教师评价
5	6S 管理	① 工位整洁、工器具摆放到位 ② 导线无浪费,废品清理分类符合要求 ③ 按照安全生产规程操作设备	
6	展示汇报	能完整阐述自己的设计思想,针对调试过程中出现的问题提出解决方案	

注:评价标准采用 A(优秀)、B(良好)、C(合格)、D(须努力)4 个级别。

〖课后作业与思考〗

1. 说出本次实训所用的元器件(名称、型号、主要参数)。
2. 什么是自锁控制? 自锁的作用是什么? 电路中如何实现自锁?
3. 为什么点动控制电路不需要热继电器的保护?
4. 按下启动按钮后,接触器的线圈不得电,其原因是什么?
5. 按下启动按钮后,接触器的线圈得电,电动机不转动的原因是什么?
6. L_1、L_2、L_3 任意两相的电压是多少? L_1、L_2、L_3 和 N 相间的电压是多少?
7. 在电气控制电路中,常用的保护环节有哪些? 各种保护的作用是什么? 常用什么电器来实现相应的保护要求?

〖课外阅读〗

电气控制的发展历程

1. 开关控制电器阶段

电气控制技术的发展经历了几个有代表性的阶段。早期的电气控制都比较简单,主要是实现电器与电源之间的通断控制。由于当时的电器电压不是很高,电流不是很大,所以开关普遍采用裸露的非封闭形式,因此称为可见断点的开关。这种开关因为其接通和断开状态一目了然,从心理上可以给人安全感,而且实际上在断开状态下也确实是安全的。比较有代表性的开关电器就是刀开关,至今仍然在普遍使用。早期的刀开关一般由人直接操作,开关的通断速度不可能很快,因此只能用于低压且电流不太大的控制场合。因为电压较高及电流较大的开关在接通和断开的过程中会产生强烈的电弧,电弧会将开关的接触部分烧坏,电弧还会危及操作者的人身安全。为了安全起见,根据国家标准,一般电气控制中的隔离开关应采用可见断点的开关。对于全封闭型开关及远距离操控开关,必须在操作器件上醒目地标示出开关接通和断开位置。对于自动控制开关,则必须在操作后有检测开关通断状态的反馈信号显示,以确保操作的可靠性和安全性。

2. 继电控制电器阶段

“继电保护”是输变电过程中的一种专门技术,是由各种继电器及量测设备组成的保护电路,目的是保证持续不间断供电。“继电保护”技术的发展为电气自动控制技术的发展奠定了基础。所谓继电特性，是指在输入信号作用下输出仅为通、断等几个状态的特性。由于其控制方式是断续的，故称为断续控制系统。例如，在双位式温度调节中，常采用双金属片作为敏感元件，温度变化时，双金属片因两部分金属的膨胀系数不同而弯曲变形，接通或断开触点。液压和气动阀等也是具有继电特性的元件。各种接触器、继电器的使用，对电气控制技术的发展具有决定性的意义。各种接触器、继电器的操作方式彻底颠覆了开关设备只能近身操作的观念，开启了远距离电气操作的时代。继电器是一种当输入量(电、磁、声、光、热)达到一定值时，输出量将发生跳跃式变化的自动控制器件。继电器除具有开关功能外，还具有比较多的其他控制功能，这些功能为实现电气自动控制立下了汗马功劳。继电器与早期的开关电器相比具有以下特点：具有记忆功能、动作速度快、可以实现较远距离控制、可以实现非电量的控制、具有放大作用、可以实现各种保护和可以实现监测功能。

3. 自动化控制阶段

随着科学技术的不断发展、生产工艺的不断改进，特别是计算机技术的应用，新型控制策略的出现，不断改变着电气控制技术的面貌。在控制方法上，从手动控制发展到自动控制；在控制功能上，从简单控制发展到智能化控制；在操作上，从笨重发展到信息化处理；在控制原理上，从单一的有触头硬接线继电器逻辑控制系统发展到以微处理器或微计算机为中心的网络化自动控制系统。现代电气控制技术综合应用了计算机技术、微电子技术、检测技术、自动控制技术、智能技术、通信技术、网络技术等先进的科学技术成果。继电器-接触器控制系统至今仍是许多生产机械设备广泛采用的基本电气控制形式，也是学习更先进电气控制系统的基础。它主要由继电器、接触器、按钮、行程开关等组成，由于其控制方式是断续的，故称为断续控制系统。它具有控制简单、方便实用、价格低廉、易于维护、抗干扰能力强等优点。但由于其接线方式固定，灵活性差，难以适应复杂和程序可变的控制对象的需要，且工作频率低，触点易损坏，可靠性差。以软件手段实现各种控制功能、以微处理器为核心的可编程控制器PLC，是20世纪60年代诞生并开始发展起来的一种新型工业控制装置。它具有通用性强、可靠性高、能适应恶劣的工业环境，指令系统简单、编程简便易学、易于掌握，体积小、维修工作少、现场连接安装方便等一系列优点，正逐步取代传统的继电器控制系统，广泛应用于冶金、采矿、建材、机械制造、石油、化工、汽车、电力、造纸、纺织、装卸、环保等各个行业的控制中。

4. 现代电气控制技术

进入21世纪以后，我国的科技水平实现了重大飞跃，涌现出一批新工艺，尤其是互联网技术的不断创新，为电气控制技术的革新和发展提供了很好的经验和动力支持，使得电气控制技术成为与人们的日常生活密不可分的部分，电气控制技术与计算机技术和电子技术不断交错融合。为了实现电气控制技术在各行各业更广泛的应用，有必要对电气控制技术的概念、发展方向等内容进行进一步分析。一开始电气技术是靠强电、弱电两个方向传播，后来改变了弱电和强电的并行状态，实现了弱电控制强电的突破。电气控制技术经历了从手动化到自动化、从简单化到智能化、从逻辑化到网络化三个发展阶段，逐步实现了自动化仪表检测和电气传动控制这两类生产过程的融合。电气控制技术是运用于电气工程中的一种科学技术，它是计算机技术的一部分，涵盖了与电气相关的所有领域，如电子电力、电子通信、电子电气、数字电子、模拟电子、船舶电站等，与各行各业都有错综复杂的联系，信息含量巨大。电气控制技术在电气控制系统中得到体现和应用，有利于实现电气技术的自动化目标。

5. 未来发展趋势

电气控制技术必将在新技术、新工艺不断出现的情况下实现长足的发展，计算机技术和技能控制技术的发展能为电气控制技术提供源源不断的技能支持和动力支持。截至目前，已经有不少专家和学者注意到了电气控制技术的快速发展势头，他们通过研读相关科学理论和实践案例来分析电气控制技术应用于实践工作中的可能性和必要性，以尽量科学合理地论证和预测电气控制技术的发展趋势和方向。未来生活的一个重要趋势是电气控制技术公开化。科技的不断进步可以为生产力的发展提供技术支持和动力支持，为人类服务是科技发展的最终宗旨。随着互联网时代的到来，网络涉及的范围越来越广，公众要求信息的公开化和透明化，未来的电气控制技术也是如此。此外，高端信息化也是一个重要的发展趋势。前面已经提到，电气控制技术已经融入人们的日常生产和生活中且联系日益紧密，同时各行各业各个领域都需要电气控制技术的推广和应用。电气控制技术已经作为一种关键方式和技术手段，影响着产品的整个生产过程。但在遥远的未来，要想实现运行效率和传输效率的双向提升，必须有一整套行之有效的控制系统来保证目标的贯彻实施，这就必须有一个前提，那就是实现高端信息化——更强的技术生产率，更高的工作效率，更巨大的信息承载量。

任务 5.2 三相异步电动机正反转控制电路的安装与调试

〖任务布置〗

1. 识读三相异步电动机接触器联锁正反转控制电路原理图，设计接触器按钮双重联锁的正反转控制电路。

2. 根据三相异步电动机接触器联锁正反转控制电路原理图，绘制其元器件布置图和安装接线图，按工艺要求完成电气电路连接，并能进行电路检查和故障排除。

3. 安装工艺达到基本要求，线头长短适当、接触良好。

4. 遵守安全规程，做到文明生产。

〖任务分析〗(知识模块)

电动机单向旋转控制电路只能使电动机向一个方向旋转，带动生产机械的运动部件向一个方向运动。但许多生产机械往往要求运动部件能向正、反两个方向运动，如机床工作台的前进与后退、万能铣床主轴的正转与反转、起重机的上升与下降等。电动机正反转控制电路是电动机控制电路中最常见的基本控制电路，常见的控制电路有倒顺开关正反转控制电路、接触器联锁正反转控制电路、按钮接触器双重联锁正反转控制电路等。

1. 倒顺开关正反转控制电路原理分析

倒顺开关正反转控制电路如图 5 - 3 所示，转换开关 SA 处在“正转”位置，电动机正转；转换开关 SA 处在“反转”位置，电动机的相序改变，电动机反转；转换开关 SA 处在“停止”位置，电源被切断，电动机停车。

当电动机处于正转状态时，欲使之反转，必须把手柄扳到“停止”位置，先使电动机停转，然后再把手柄扳至“反转”位置。如直接由“正转”扳至“反转”，因电源突然反接，会产生很大的冲击电流，烧坏转换开关和电动机定子绕组。

优点：所用电器少，控制简单。

缺点：频繁换向时，操作不方便，无欠压，零压保护，只能适合容量在 5.5 kW 以下电动机的控制。

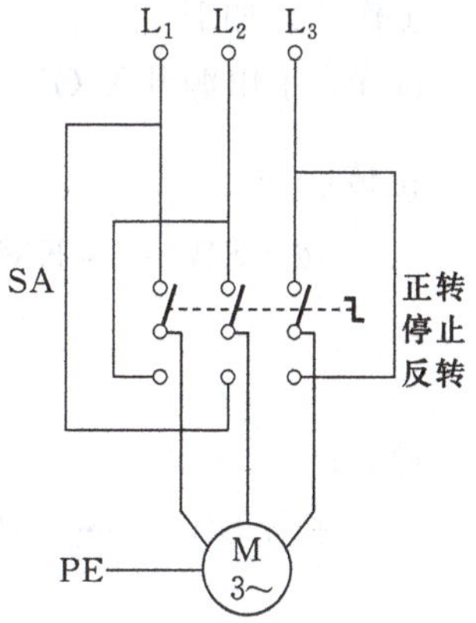

图 5-3 倒顺开关正反转控制电路

2. 接触器联锁正反转控制电路原理分析

接触器联锁正反转控制电路如图 5 - 4 所示。

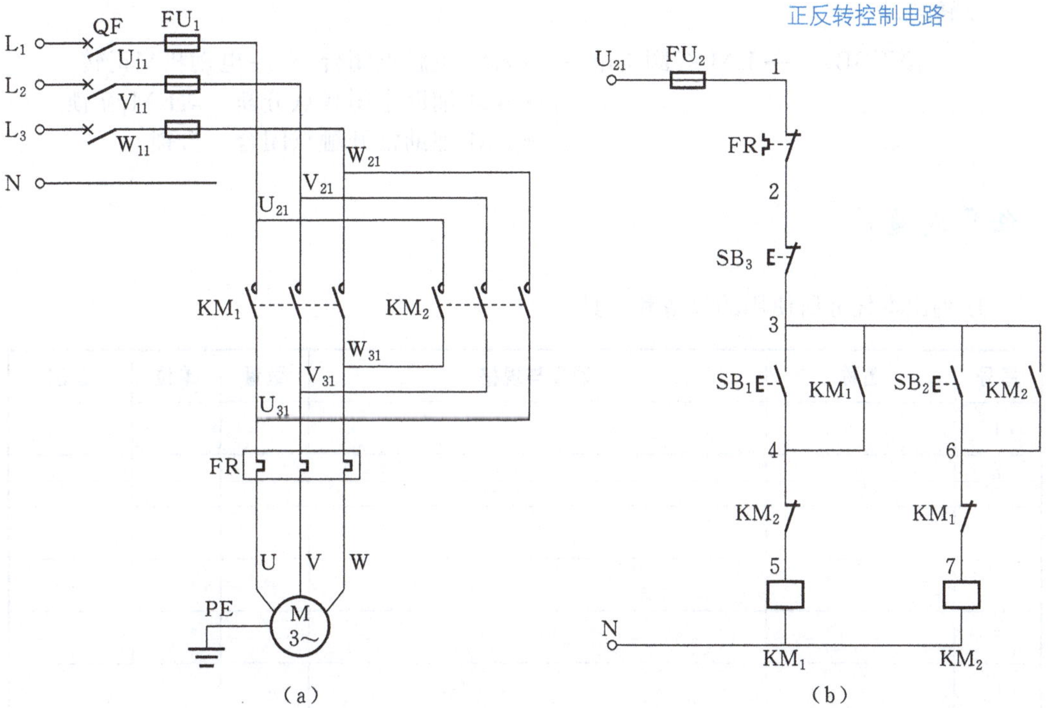

图 5-4 接触器联锁正反转控制电路

接触器联锁的正反转控制电路特点如下：

电路中采用 KM_1 和 KM_2 两个接触器，当 KM_1 主触点接通时，三相电源按 L_1-L_2-L_3 相序接入电动机；当 KM_2 主触点接通时，三相电源按 L_3-L_2-L_1 相序接入电动机。所以当两个接触器分别工作时，电动机的旋转方向相反。

电路要求接触器 KM_1 和 KM_2 的主触点绝对不允许同时闭合，否则将造成两相电源（L_1 和 L_3）短路事故。为避免两个接触器 KM_1 和 KM_2 同时得电动作，就在 KM_1 和 KM_2 线圈各自支路中相互串接了对方的一对常闭辅助触点，以保证 KM_1 和 KM_2 线圈不会同时通电。这样,当一个接触器得电动作时,通过其常闭辅助触点使另一个接触器不能得电动作,接触器间这种相互制约的作用称为接触器联锁(或互锁)。

工作原理如下:

首先合上电源开关 QF

正传启动:

按下SB_1 → KM_1线圈得电 → KM_1主触点闭合 → 电动机M正转
→ KM_1辅助常闭触点分断，对KM_2互锁
→ KM_1辅助常开触点闭合，自锁

停止:

按下SB_1 → KM_1线圈失电 → KM_1主触点分断 → 电动机M停转
→ KM_1辅助常闭触点闭合，互锁解锁
→ KM_1辅助常开触点分断，自锁解锁

反转启动:

按下SB_3 → KM_2线圈得电 → KM_2主触点闭合 → 电动机M正转
→ KM_2辅助常闭触点分断，对KM_1互锁
→ KM_2辅助常开触点闭合，自锁

〖任务实施〗

1. 列出本任务所使用的设备和工具。

序号	名称	型号与规格	数量	单位	备注
1					
2					
3					
4					
5					
6					
7					
8					
9					
10					

2. 绘制原理图。

根据上述接触器联锁正反转控制电路原理图,绘制接触器按钮双重联锁正反转控制电路,并分析其工作原理。

3. 安装与调试接触器联锁正反转控制电路。

(1) 元器件检测。

在不通电的情况下，用万用表或目视检查各元器件各触点的分合情况是否良好；用手感觉熔断器在插拔时的松紧度，及时调整瓷盖夹片的夹紧度；检查按钮中的螺钉是否完好，是否滑丝；检查接触器的线圈电压与电源电压是否相符。

(2) 安装与接线。

① 绘制元器件布置图和安装接线图。根据图 5-4 绘制接触器联锁正反转控制电路的元器件布置图和安装接线图。

② 按照所绘制的接线图和原理图进行接线。注意事项如下：

a. 按钮内接线时，用力不可过猛，以防螺钉打滑。

b. 按钮内部的接线不要接错，启动按钮选用绿色或黑色按钮，必须接常开触点；停止按钮选用红色按钮，必须接常闭触点(可用万用表的欧姆挡判别)。

c. 电路中两组接触器的主触点必须换相，图 5-4 中的出线端反相，否则不能反转。

(3) 通电前检查。

① 按电气原理图或安装接线图从电源端开始，逐段核对接线及接线端子处是否正确，有无漏接、错接之处。检查导线接线端子是否符合要求，压接是否牢固。

② 用万用表电阻挡或蜂鸣挡进行通断检查。

先检查主电路，此时断开控制电路，可以用手压下接触器的衔铁来模拟接触器得电吸合时的情况进行检查，依次测量从电源端（L_1、L_2、L_3）到电动机出线端子（U、V、W）上每一相电路的电阻值，检查是否存在开路现象。

再检查控制电路，此时断开主电路，可将万用表表笔分别搭在 FU_2 的进线端和零线上（U_{21} 和 N），此时读数应为"∞"。按下正转启动按钮 SB_1 或反转启动按钮 SB_2，读数应为接触器 KM_1 或 KM_2 线圈的电阻值；用手压住（压下不放）KM_1 或 KM_2 的衔铁，使 KM_1 或 KM_2 的常开触点闭合，读数也应为接触器 KM_1 或 KM_2 线圈的电阻值。同时按下 SB_2 和 SB_3，或者同时压住 KM_1 和 KM_2 的衔铁，万用表读数应为"∞"。

(4) 用兆欧表进行绝缘检查。

将 U、V 或 W 与兆欧表的接线柱 L 相连，电动机的外壳和兆欧表的接线柱 E 相连，测量其绝缘电阻应大于等于 1 MΩ。

(5) 在教师的指导下，通电试车。

合上断路器 QF，引入三相电源，按下正转启动按钮 SB_1，KM_1 线圈得电吸合并自锁，电动机正向启动运转；按下停止按钮 SB_3，KM_1 线圈断电，再按下反转启动按钮 SB_2，KM_2 线圈得电吸合自锁，电动机反向启动运转；同时按下 SB_1 和 SB_2，KM_1 和 KM_2 线圈都不吸合，电动机不转。按下停止按钮 SB_3，电动机停止。

(6) 故障排除。

操作过程中，如果出现不正常现象，应立即断开电源，分析故障原因，仔细检查线路（用万用表），在教师认可的情况下才能再通电调试。

(7) 结束。

通电试车完毕后，切断电源。

〖任务评价〗

本任务评价主要从任务准备、设计与安装、通电试车、规范操作、6S 管理以及展示汇报六个方面进行。

<table>
<tr><td rowspan="2">基本信息</td><td>姓　名</td><td></td><td>学　号</td><td></td><td>班　级</td><td></td></tr>
<tr><td>组　别</td><td></td><td>考核日期</td><td></td><td>总评成绩</td><td></td></tr>
<tr><td>序号</td><td>评价内容</td><td colspan="4">评价标准</td><td>教师评价</td></tr>
<tr><td>1</td><td>任务准备</td><td colspan="4">① 准备元器件，并测量元器件的好坏
② 绘制正确的电路图和接线图
③ 安全防护：操作台工位配备绝缘板，学生穿绝缘鞋，戴安全帽</td><td></td></tr>
</table>

续表

序号	评价内容	评价标准	教师评价
2	设计与安装	① 电路能实现接触器联锁正反转控制的功能 ② 元器件布置符合国标要求 ③ 接线正确、规范，套管编码与原理图一致 ④ 能正确处理安装和调试过程中出现的问题	
3	通电试车	在保证人身和设备安全的情况下，通电试验一次成功	
4	规范操作	① 根据《低压电气装置　第 5-52 部分：电气设备的选择和安装　布线系统》(GB/T 16895.6—2014)的要求绘制元器件位置图 ② 工具、仪表使用规范 ③ 不带电插拔导线 ④ 能按照电工工艺要求进行接线和通电试验	
5	6S 管理	① 工位整洁、工器具摆放到位 ② 导线无浪费，废品清理分类符合要求 ③ 按照安全生产规程操作设备	
6	展示汇报	能完整阐述自己的设计思想，针对调试过程中出现的问题能提出解决方案	

注：评价标准采用 A(优秀)、B(良好)、C(合格)、D(须努力)4 个级别。

［课后作业与思考］

1. 用什么方法可以使三相异步电动机改变转向？

2. 什么是电气互锁？在三相异步电动机电气互锁正反转控制电路中，如何实现电气互锁？为什么要设置电气互锁？

3. 三相异步电动机电气互锁正反转控制电路由正转到反转时，为什么必须先按下停止按钮？

［课外阅读］

苦练“内功”，“学徒”变“大咖”

张宏文，中国共产党党员，现任江苏国信协联能源有限公司电气专业高级工程师、公司首席技师。他是一位国家级技能大师工作室领办人，曾获得全国技术能手、江苏大工匠、江苏省五一劳动奖章、江苏省知识型职工标兵等荣誉称号。

张宏文从事发电和供热工作以来，专注于技艺、执着于创新，锐意进取，探索出一套精湛的电气检修和试验技艺和技法。他设计、指挥并圆满完成了20余项技改项目，维护设备1 000多台次，总计创效2 000余万元。他还培养出优秀技能人才120多人，为电力行业的建设和安全运行做出了突出贡献。

电气检修和试验在电厂各个专业中是一个高技术的工种，面对密如蛛网的线缆、各种各样的开关、成千上万台的机电设备，其中一个节点出现问题，就会导致全系统崩溃，甚至出现严重事故。刚进公司时，为了尽快熟悉这个专业，张宏文总是班组里第一个上班，最后一个下班。厂里有十几个车间，他每天雷打不动地都要跑一趟；30多个种类，几千台设备，都要检查一遍。不懂的地方，就向老师傅请教，直到弄清楚为止。遇到电气设备故障，总是先进行检测，摸清情况，然后进行分析，找出故障的成因，等师傅检查出故障后，再和自己的方案进行对照。太阳落下，月亮升起，张宏文房间里的台灯依然亮着，雪白的灯光照在堆满技术书籍的书桌上，一本《电气设备预防性试验方法》的书籍已经被他翻得磨破了边。青春年华，他几乎没有外出玩过一次，他跑得最多的地方就是书店。在协联公司1 600多名员工中，张宏文有“活字典”和“技术热线”的称号。要计算一个数据，不要找公式，也不用翻资料，问张工，数据立马就报出来了；遇到难以处理的技术问题，拿起电话，拨打张工的号码，一个个棘手难题便在张工亲和的声音里一一解决。在别人的眼里，他似乎对各类机器设备、系统熟稔得就像自己的手指，长长短短一清二楚，但是，他心里懂得，电气技术日新月异，唯有把自己绑在学习的小船上，奋力前行，才能不被潮流抛下。

任务5.3 三相异步电动机Y-△降压启动控制电路的安装与调试

〖任务布置〗

1. 识读三相异步电动机Y-△降压启动控制电路原理图。
2. 根据三相异步Y-△降压启动控制电路原理图，绘制其元器件布置图和安装接线图，按工艺要求完成电气电路连接，并能进行电路检查和故障排除。
3. 安装工艺达到基本要求，线头长短适当、接触良好。
4. 遵守安全规程，做到文明生产。

〖任务分析〗(知识模块)

在三相异步电动机直接启动时，启动电流较大(一般为额定电流的4～7倍，通常选额定电流的6倍计算)，直接启动会影响同一供电电路中其他电气设备的正常工作。为了避免电动机启动时对电网产生较大的电压降，启动电流不能太大，同时为了不减小电动机自身的启动转矩，就产生出各种降压启动控制电路，而在各种降压启动电路中，Y-△降压启动是最常见和最常用的。

三相笼型异步电动机时间继电器控制的Y-△降压启动电路原理如图5-5所示。

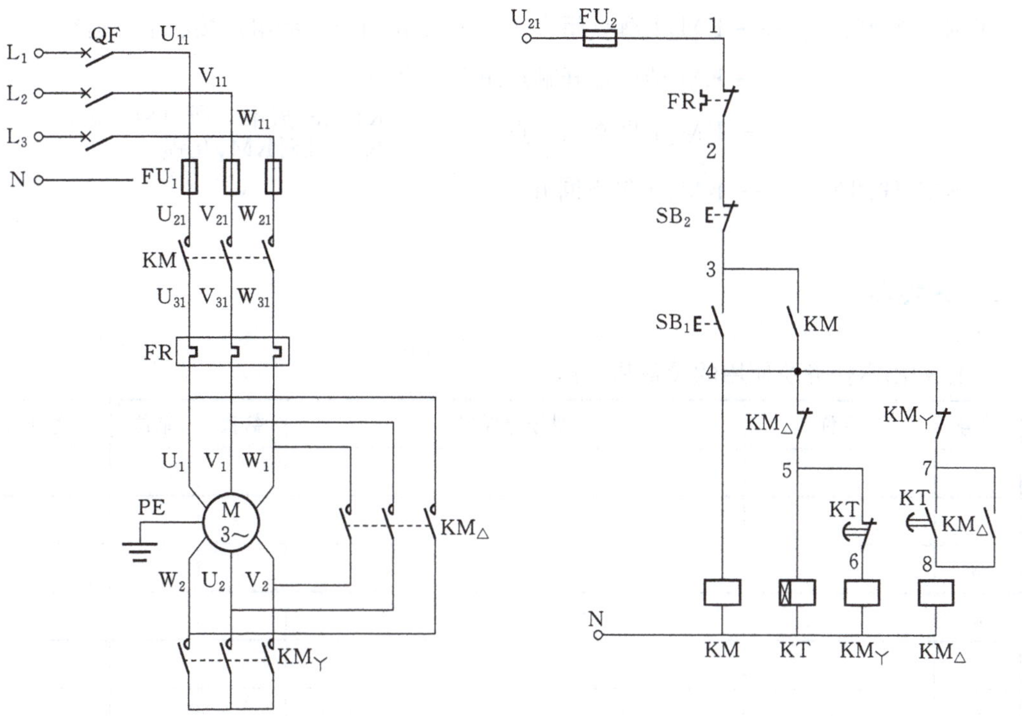

图 5-5　Y-△降压启动电路原理

Y-△降压启动是指电动机启动时，把定子绕组接成星形，以降低启动电压，限制启动电流，待电动机启动后，再把定子绕组改接为三角形，使其全压运行。

即合上电源开关 QF，控制电路接上电源，KM、KM_Y主触点闭合，电动机定子绕组接成星形降压启动；KM、$KM_{\triangle}$ 主触点闭合，电动机定子绕组接成三角形全压运行。KM_Y、$KM_{\triangle}$线圈得电后的切换动作由时间继电器自动控制。电路要求接触器 KM_Y和 $KM_{\triangle}$线圈不能同时通电，因此在控制电路中也设置了电气联锁。

Y-△降压启动适用于正常运行时定子绕组为三角形连接的电动机。Y 接法降压启动时，加在每相定子绕组上的启动电压只有三角形接法的 $1/\sqrt{3}$，启动电流为三角形接法的 1/3，启动转矩也只有三角形接法的 1/3。

工作原理如下：

首先，合上电源开关 QF。

按下SB_1 → KM线圈得电 → KM辅助常开触点闭合，自锁
　　　　　　　　　　　 → KM主触点闭合 ┐
　　　　　　　　　　　　　　　　　　　　├→ 电动机M定子绕组接成Y降压启动
　　　 → KM_Y线圈得电 → KM_Y主触点闭合 ┘
　　　　　　　　　　　 → KM_Y辅助常闭触点分断，对KM_2互锁

　　　 → KT线圈得电 —经过一段时间→ KT延时断开的常闭触点断开 → ①
　　　　　　　　　　　　　　　　　 → KT延时闭合的常开触点闭合 → ②

① KM_2线圈得电 → KM_2主触点闭合 → 电动机M定子绕组△接法全压运行
→ KM_2辅助常开触点闭合，自锁
→ KM_2辅助常闭触点分断 → KT线圈失电，所有触点瞬时复位，且对KM_Y互锁

② KM_Y线圈失电 → KM_Y主触点断开

〖任务实施〗

1. 列出本任务所使用的设备和工具。

序号	名称	型号与规格	数量	单位	备注
1					
2					
3					
4					
5					
6					
7					
8					
9					
10					

2. 安装与调试 Y-△降压启动控制电路。

(1) 元器件检测。

在不通电的情况下，用万用表或目视检查各元器件触点的通断情况是否良好；检查熔断器的熔体是否完好；检查按钮中的螺钉是否完好，螺纹是否失效；检查接触器的线圈额定电压与电源电压是否相符；时间继电器的动合(常开)、动断(常闭)延时触点是否动作正常。

(2) 安装与接线。

① 绘制元器件布置图和安装接线图。根据图 5－5 绘制 Y-△降压启动控制电路的元器件布置图和安装接线图。

② 按照所绘制的接线图和原理图进行接线。注意事项如下：

a. 按钮内部的接线不要接错，启动按钮必须接动合(常开)触点(可用万用表的欧姆挡判别)。

b. 用 Y-△降压启动的电动机，必须有 6 个出线端子(要拆开接线盒内的连接片)，并且定子绕组在三角形连接时的额定电压应为 380 V。

c. 接线时要保证电动机三角形连接的正确性，即接触器 $KM_△$ 主触点闭合时，应保证定子绕组的 U_1 与 W_2、V_1 与 U_2、W_1 与 V_2 相连接。

d. 接触器 $KM_△$ 的进线必须从三相定子绕组的末端引入，若误将其从首端引入，则在

KM_Y吸合时会产生三相电源短路事故。

e. 电动机外壳必须可靠接 PE(保护接地)线。

(3) 通电前检查。

① 按电气原理图或安装接线图从电源端开始,逐段核对接线及接线端子处是否正确,有无漏接、错接之处。检查导线接线端子是否符合要求,压接是否牢固。

② 用万用表电阻挡或蜂鸣挡进行通断检查。

先检查主电路。断开控制电路,用手压下接触器 KM_1 的衔铁来模拟接触器得电吸合时的情况进行检查,依次测量从电源端(L_1、L_2、L_3)到电动机出线端子(U_1、V_1、W_1)上的每一相电路的电阻值,检查是否存在开路现象。

再检查控制电路。断开主电路,可将万用表表笔分别搭在 FU_2 的进线端和零线上(U_{21}和 N),此时读数应为"∞"。按下启动按钮 SB_1,读数应为接触器 KM、KM_Y和 KT 线圈电阻的并联值;用手压下 KM 的衔铁,使 KM 动合(常开)触点闭合,读数也应为接触器 KM、KM_Y和 KT 线圈电阻的并联值;同时,压下 KM 和 $KM_\triangle$ 的衔铁,万用表读数应为 KM 和 $KM_\triangle$线圈电阻的并联值。

(4) 用兆欧表进行绝缘检查。

将 U、V 或 W 与兆欧表的接线柱 L 相连,电动机的外壳和兆欧表的接线柱 E 相连,测量其绝缘电阻应大于等于 1 MΩ。

(5) 在教师的指导下,通电试车。

合上断路器 QF,引入三相电源,按下按钮 SB_1,接触器 KM、KM_Y和 KT 线圈得电吸合自锁,电动机减压启动;延时几秒钟后,KM_Y线圈断电释放,$KM_\triangle$线圈得电吸合自锁,电动机全压运行;按下停止按钮 SB_2,KM 和 $KM_\triangle$线圈断电释放,电动机停止工作。

(6) 故障排除。

操作过程中,如果出现不正常现象,应立即断开电源,分析故障原因,仔细检查线路用万用表),在实训教师认可的情况下才能再通电调试。

(7) 结束。

通电试车完毕后,切断电源。

〖任务评价〗

本任务评价主要从任务准备、设计与安装、通电试车、规范操作、6S 管理以及展示汇报六个方面进行。

基本信息	姓　　名		学　　号		班　　级	
	组　　别		考核日期		总评成绩	
序号	评价内容	评价标准				教师评价
1	任务准备	① 准备元器件,并测量元器件的好坏 ② 绘制正确的电路图和接线图 ③ 安全防护:操作台工位配备绝缘板,学生穿绝缘鞋,戴安全帽				

续表

序号	评价内容	评价标准	教师评价
2	设计与安装	① 电路能实现 Y-△降压启动控制的功能 ② 元器件布置符合国标要求 ③ 接线正确、规范，套管编码与原理图一致 ④ 能正确处理安装和调试过程中出现的问题	
3	通电试车	在保证人身和设备安全的情况下，通电实验一次成功	
4	规范操作	① 根据《低压电气装置　第 5-52 部分：电气设备的选择和安装　布线系统》(GB/T 16895.6—2014)的要求绘制元器件位置图 ② 工具、仪表使用规范 ③ 不带电插拔导线 ④ 能按照电工工艺要求进行接线和通电试验	
5	6S 管理	① 工位整洁、工器具摆放到位 ② 导线无浪费，废品清理分类符合要求 ③ 按照安全生产规程操作设备	
6	展示汇报	能完整阐述自己的设计思想，针对调试过程中出现的问题能提出解决方案	

注：评价标准采用 A(优秀)、B(良好)、C(合格)、D(须努力)4 个级别。

〖课后作业与思考〗

1. Y-△降压启动适合什么样的电动机？分析在启动过程中电动机绕组的连接方式。

2. 电源断相时，为什么星形启动时电动机不动，到了三角形连接时，电动机却能转动(只是声音较大)？

3. Y-△降压启动时的启动电流为直接启动时的多少倍？

4. 当按下 SB_1 后，若电动机能星形启动，而一松开 SB_1，电动机即停转，则故障可能出在哪些地方？

5. 若按下 SB_1 后，电动机能星形启动，但不能三角形运转，则故障可能出在哪些地方？

〖课外阅读〗

“电气工匠”孔健飞

在九江公司 15 万吨生产线的现场，我们可以看到一个特殊的身影：个头不高，拎着工具袋，行走于各个车间、各个设备之中，设备改造、检修时经常可看到他默默地蹲在设备前详细查看。他不是电工，而是电气维护"高手"，我们称他为"电气维护一哥"，他的名字不为一般人所知，他是低调务实的九江公司机电维护队电气维护组副组长孔健飞。加入"巨石"十多年来，孔健飞摸爬滚打，从对基本设备不了解、处理简单故障花上好几个小时的门外汉，一路成长为驾驭全公司上千台生产设备的电气维护能手。那一年，他进入九江市技工学校学习电气自动化，从此爱上这门技艺，两年后，他毕业了，发誓要干一辈子的电气工作，将其做到极致。这个乍听冲动且鲁莽的想法，随着时光流逝，却愈发显得可贵，孔健飞将"电气梦"照进现实。

刻苦钻研、永不停步——这是孔健飞对自己的要求。"巨石"给了他施展才华的大舞台，他在与设备的不断接触中提升专业水准。刚来的头一年，看到老师傅们处理电气故障挥洒自如，孔健飞扪心自问"我要学几年才能到前辈这种技术程度?"2008 年，九江公司一期项目投产时，有很多新设备的工艺比之前的复杂得多，他摸不出门道，打开控制设备满眼都是电器元件，顿时傻了眼，完全不懂，什么都不会。当时，孔健飞的压力特别大，好在他没有放弃，读不懂的名词快速记下来查资料，搞不懂的原理不停地摸索总结，经过努力，现在他对自控化设备大脑 PLC 的运行原理已经稔熟于心。在电气维护这一行做得久了，他也总结出许多规律，其中一条便是：逆向推理程序。他说，仅仅对设备故障进行处理而不总结，很容易走弯路，如果能在处理结束后反复总结、实践，就能摸索出设备原理，这样可以按图索骥，应对相关设备故障时，能很快找出症结和解决方法。

每个人都要不停地学习，否则就会被飞速发展的时代淘汰，与日益进步的工业水平脱节。孔健飞坚信，通过不懈地钻研和创新，他的电气维护之路会越走越宽、越走越亮。

任务 5.4 双速电动机控制电路的安装与调试

〖任务布置〗

根据按钮切换的双速电动机控制电路原理图，绘制其元器件布置图和安装接线图，按工艺要求完成电气电路连接，并能进行电路检查和故障排除。

〖任务分析〗(知识模块)

常见的交流变极调速电动机有双速电动机和多速电动机，其中双速电动机是靠改变定子绕组的连接，形成两种不同的磁极对数，从而获得两种不同的转速。

双速电动机定子绕组常见的接法有 Y/YY 和△/YY 两种。本书只介绍△/YY 连接。如图 5-6 所示为双速电动机定子绕组接线△/YY 接法。根据变极调速原理"定子一半绕组中电流方向变化，磁极对数成倍变化"，定子绕组低速时为三角形连接，高速时为双星形连接。

△/YY 接线方式的定子绕组接成三角形，3 根电源线接在接线端 U_1、V_1、W_1 上，从每相绕组的中点引出接线端 U_2、V_2、W_2，这样定子绕组共有 6 个出线端，通过改变这 6 个出线端与电源的连接方式，就可以得到不同的转速。

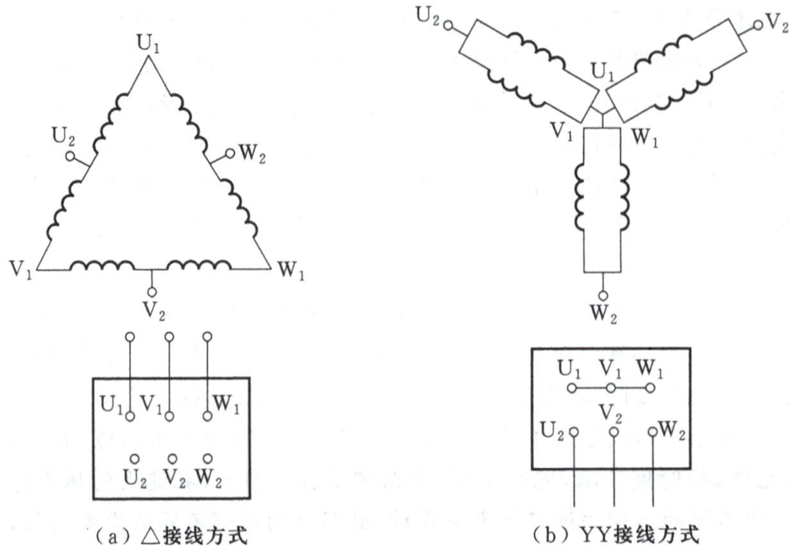

图 5-6　双速电动机定子绕组接线△/YY 接法

如图 5-6(a)所示，将绕组的 U_1、V_1、W_1 三个端接三相电源，将 U_2、V_2、W_2 三个端悬空，三相定子绕组接成三角形。这时每一相的两个半绕组串联，电动机以四极运行，为低速。

如图 5-6(b)所示，将 U_2、V_2、W_2 三个端接三相电源，将 U_1、V_1、W_1 连成一点，三相定子绕组接成双星形。这时每一相的两个半绕组并联，电动机以两极运行，为高速。

按钮切换的双速电动机电路原理分析：

为保证变极前后电动机转动方向不变，要求变极的同时改变电源相序，如图 5-7 所

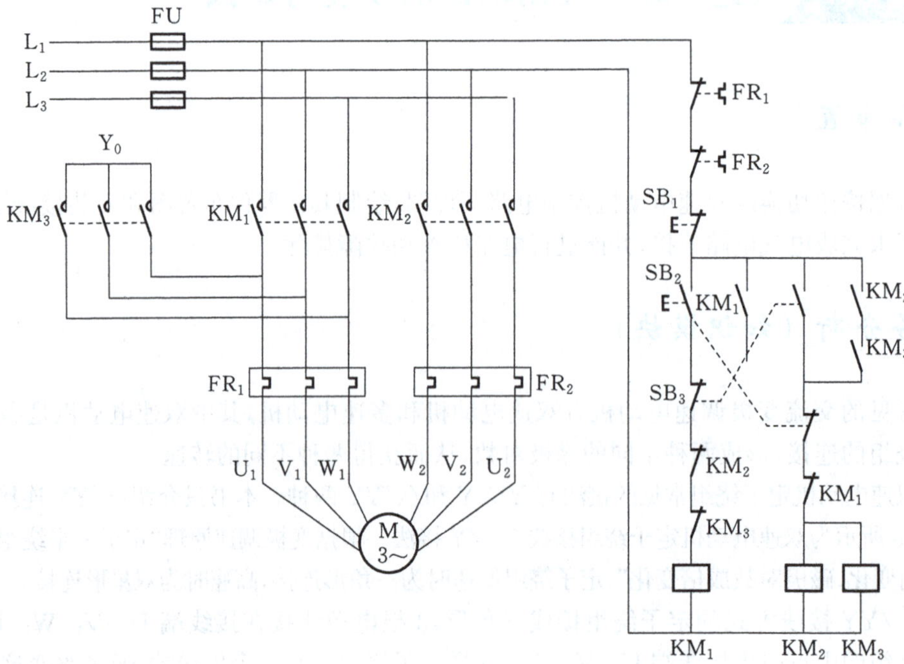

图 5-7　按钮切换的双速电动机电路原理

示。主电路中，当接触器 KM_1 主触点闭合，KM_2、KM_3 主触点断开时，三相电源从接线端 U_1、V_1、W_1 进入双速电动机定子绕组中，双速电动机绕组接成三角形连接，以四极运行，为低速。而当接触器 KM_1 主触点断开，KM_2、KM_3 主触点闭合时，三相电源从接线端 U_2、W_2、V_2 进入双速电动机定子绕组中，双速电动机定子绕组接成双星形连接，以两极运行，为高速。即 SB_2、KM_1 控制双速电动机低速运行。SB_3、KM_2、KM_3 控制双速电动机高速运行。高、低速时，W 与 U 接线关系对调(改变相序)。

〖任务实施〗

1. 列出本任务所使用的设备和工具。

序号	名称	型号与规格	数量	单位	备注
1					
2					
3					
4					
5					
6					
7					
8					
9					
10					

2. 安装与调试双速电动机控制电路。

(1) 元器件检测。

按照上表所示配齐所需要的元器件，并进行必要的检测。

在不通电的情况下，用万用表或目视检查各元器件触点的通断情况是否良好；检查熔断器的熔体是否完好；检查按钮中的螺钉是否完好，螺纹是否失效；检查接触器的线圈额定电压与电源电压是否相符。

(2) 安装与接线。

① 绘制元器件布置图和安装接线图。

根据如图 5－7 所示电路原理图，绘制其电路元器件布置图和安装接线图。

② 按照所绘制的接线图和原理图进行接线。注意事项如下：

a. 按钮内部的接线不要接错，启动按钮必须接动合(常开)触点(可用万用表的欧姆挡判别)。

b. 接线时，注意主电路中接触器 KM_1、KM_2 在两种转速下电源相序的改变，不能接错，否则两种转速下电动机的转向相反，换向时将产生很大的冲击电流。

c. 主电路接线时，要看清楚电动机出线端的标记，掌握接线要点：控制双速电动机三角形（△）连接的接触器 KM_1 和双星形（YY）连接的接触器 KM_2 的主触点与电动机连接线不能对换，否则不但无法实现双速控制要求，还会在双星形（YY）连接运行时造成电源短路事故。

d. 通电测试前，要反复检验电动机的接线是否正确，并测试绝缘电阻是否符合要求。

e. 电动机外壳必须可靠接 PE（保护接地）线。

（3）通电前检查。

① 按电气原理图或安装接线图从电源端开始，逐段核对接线及接线端子处是否正确，有无漏接、错接之处。检查导线接线端子是否符合要求，压接是否牢固。

② 用万用表电阻挡或蜂鸣挡进行通断检查。

a. 先检查主电路，此时断开控制电路。

三角形连接低速运行主电路：按下接触器 KM_1 衔铁，用万用表分别测量断路器 QF 下端 U_{11}—V_{11}、U_{11}—W_{11}、V_{11}—W_{11} 的电阻值，应分别为电动机 U_1—V_1、U_1—W_1、V_1—W_1 相绕组的电阻值。松开接触器 KM_1 的衔铁，万用表应显示由通到断。

双星形连接高速运行主电路：按下接触器 KM_2 的衔铁，用万用表分别测量断路器 QF 下端 U_{11}—V_{11}、U_{11}—W_{11}、V_{11}—W_{11} 的电阻值，应分别为电动机 U_2—W_2，U_2—V_2、W_2—V_2 相绕组的电阻值。松开接触器 KM_2 的衔铁，万用表应显示由通到断。

b. 再检查控制电路，此时断开主电路。

三角形连接低速运行控制电路：按下低速运行启动按钮 SB_2，读数应为接触器 KM_1

线圈电阻值；松开 SB_2，测得结果为断路。按下接触器 KM_1 的衔铁，读数应为 KM_1 线圈电阻值；松开接触器 KM_1 的衔铁，测得结果为断路。

双星形连接高速运行控制电路：按下高速运行启动按钮 SB_3，读数应为接触器 KM_2、KM_3 线圈电阻值（并联值）；松开 SB_3，测得结果为断路。按下接触器 KM_2、KM_3 的衔铁，读数应为 KM_2、KM_3 线圈电阻值；松开接触器 KM_2、KM_3 的衔铁，测得结果为断路。

c. 检查联锁电路。按下 SB_2，测出接触器 KM_1 线圈电阻值的同时，按下接触器 KM_2 或 KM_3 的衔铁，使其动断（常闭）触点分断，万用表应显示电路由通而断；按下 SB_3，测出接触器 KM_2 和 KM_3 线圈并联电阻值的同时，按下接触器 KM_1 的衔铁，使其动断（常闭）触点分断，万用表应显示电路由通而断。

（4）用兆欧表进行绝缘检查。

将 U、V 或 W 与兆欧表的接线柱 L 相连，电动机的外壳和兆欧表的接线柱 E 相连，测量其绝缘电阻应大于等于 1 MΩ。

（5）在教师的指导下，通电试车。

① 空操作测试。首先拆除电动机定子绕组的接线，合上断路器 QF，按下低速运行启动按钮 SB_2 后松开，接触器 KM_1 通电应动作，并保持吸合状态。按下高速运行启动按钮 SB_3，接触器 KM_1 应立即释放，接触器 KM_2 和 KM_3 通电应立即动作，并保持吸合状态。按下停止按钮 SB_1，KM_2 和 KM_3 应立即断电释放。重复操作几次，检查电路动作的可靠性。

② 带负载测试。首先断开电源，接上电动机定子绕组，合上 QF，按下低速启动按钮 SB_2，观察电动机启动运行情况，此时电动机低速启动运行；按下高速启动按钮 SB_3，此时电动机从低速启动运行切换到高速运行。按下停止按钮 SB_1，电动机停止工作。

（6）故障排除。

操作过程中，如果出现不正常现象，应立即断开电源，分析故障原因，仔细检查线路用万用表），在实训教师认可的情况下才能再通电调试。

（7）结束。

通电试车完毕后，切断电源。

〖任务评价〗

本任务评价主要从任务准备、设计与安装、通电试车、规范操作、6S 管理以及展示汇报六个方面进行。

基本信息	姓　　名		学　　号		班　　级	
	组　　别		考核日期		总评成绩	
序号	评价内容	评价标准				教师评价
1	任务准备	① 准备元器件，并测量元器件的好坏 ② 绘制正确的电路图和接线图 ③ 安全防护：操作台工位配备绝缘板，学生穿绝缘鞋，戴安全帽				

续表

序号	评价内容	评价标准	教师评价
2	设计与安装	① 电路能实现按钮切换的双速电动机电路控制的功能 ② 元器件布置符合国标要求 ③ 接线正确、规范,套管编码与原理图一致 ④ 能正确处理安装和调试过程中出现的问题	
3	通电试车	在保证人身和设备安全的情况下,通电实验一次成功	
4	规范操作	① 根据《低压电气装置　第 5-52 部分:电气设备的选择和安装　布线系统》(GB/T 16895.6—2014)的要求绘制元器件位置图 ② 工具、仪表使用规范 ③ 不带电插拔导线 ④ 能按照电工工艺要求进行接线和通电试验	
5	6S 管理	① 工位整洁、工器具摆放到位 ② 导线无浪费,废品清理分类符合要求 ③ 按照安全生产规程操作设备	
6	展示汇报	能完整阐述自己的设计思想,针对调试过程中出现的问题能提出解决方案	

注:评价标准采用 A(优秀)、B(良好)、C(合格)、D(须努力)4 个级别。

〖课后作业与思考〗

1. 双速电动机的定子绕组共有几个出线端?分别绘制双速电动机在低、高速运转时定子绕组的接线图。

2. 如何利用时间继电器实现低、高速运转的转换?要求按下低速启动按钮,双速电动机低速启动运行;按下高速启动按钮,双速电动机接成低速启动,然后自动切换成高速运转。

〖课外阅读〗

技改大王,专治疑难杂症的大国工匠——刘云清

从普通工人到大国工匠,从维修工到首席技师,从默默无闻到一鸣惊人,这就是刘云清。如今,他带领着一支由博士生、硕士生等组成的团队自主研发设备,直接创造经济效益超过 1.5 亿元。

“干活就要用心”，刘云清把师傅的话深深记在心中，并用“钉子”精神创造奇迹。他被称作“设备名医”，能诊治设备的各种“疑难杂症”；也被称为“技改大王”，自主设计的数控珩磨机达到国际领先水平。

刘云清的梦想是：设计建造更多自动化、智能化的生产线，为客户定制最适合的系统解决方案，帮助更多企业生产出高铁品质的产品，打响中国“智能制造”的民族品牌。

在“应用实践”单元学习中，走近刘云清，感受他敢为人先的工匠精神，以匠心守初心，学会以多元的角度看待和解决问题，用心浇灌，梦想终究会开花。

项目6 常见机床电气控制电路的故障检修

项目描述

机床是先进制造技术的载体和装备工业的基本生产手段，是装备制造业的基础设备。电气控制系统是机床设备的大脑，控制着机床各个运动部件的动作。机床电气控制电路图是机床工程技术人员进行技术交流的工程语言，能阅读、分析机床电气控制电路图是每个机床工程技术人员最基本的职业岗位技能。X62W 万能铣床和 Z3050 摇臂钻床是 1+X 中高级电工“机床电气控制电路调试、维修”等工作岗位的主要工作对象，对标该工作岗位对机床电气控制电路阅读、分析、调试和维修的职业技能需求及工作规范。采用项目引导、任务驱动、“教、学、做”一体化的行动导向教学设计，使学生学会分析、调试铣床和钻床的电气控制电路。借助万用表，通过电压测量法和电阻测量法，能对铣床和钻床的常见故障进行检测并排除。

项目知识目标

1. 熟悉分析常用机床控制电路的方法和步骤。
2. 掌握铣床和钻床电气控制电路的组成。
3. 分析铣床和钻床的电气控制原理图。
4. 判断铣床和钻床常见故障。

项目技能与素质目标

1. 能够对铣床和钻床进行操作，了解铣床和钻床的各种工作状态。
2. 正确识读铣床和钻床的电气控制原理图，了解铣床和钻床的电器元件分布位置和布线情况。
3. 学会调试铣床控制电路。
4. 学会对铣床和钻床常见故障进行诊断与排除。
5. 具有信息获取、加工与处理能力。
6. 掌握沟通、交际、组织、团队合作等能力。

7. 具有良好的职业道德和高度的职业责任感。

8. 具有良好的规范、安全、环保、成本和质量意识。

9. 遵守“6S”管理规定，做到安全文明操作。

任务 6.1 X62W 万能铣床电气电路的故障检修

〖任务布置〗

在 X62W 万能铣床电气线路模拟板上排除三个隐蔽故障。

操作内容：

(1) 根据通电操作观察到的故障现象，采用逻辑分析方法确定故障所在范围，用圆珠笔在原理图的相关电路上画一个较大的圈(三个故障可先后分别画圈)。

(2) 用万用表找出故障点所在具体部位，在原理图的具体部位画小圈(三个故障点分别画圈)。

(3) 用恰当的工具和正确的方法排除故障。

(4) 正确使用仪表和工具，做到安全文明操作。

结果要求：熟悉机床电气线路及其工作原理，分析、查找和排除故障的思路清晰，方法正确，操作熟练。

〖任务分析〗(知识模块)

1. X62W 型万能铣床的主要结构

X62W 型万能铣床的外观如图 6-1 所示，其结构如图 6-2 所示。

从图 6-2 中可以看出，万能铣床主要由床身、主轴、刀杆、悬梁、工作台、回转盘、横溜板、升降台和底座等部分组成。箱形的床身固定在底座上，床身内装有主轴的传动机构和变速操纵机构。在床身的顶部有水平导轨，上面装着带有一个或两个刀杆支架的悬梁。刀杆支架用来支持铣刀心轴的一端，心轴的另一端则固定在主轴上，由主轴带动铣刀铣削。刀架支架在悬梁上及悬梁在床身顶部的水平导轨上部水平移动，以便安装不同的心轴。在车身的前面有垂直导轨，升降台可沿着它上、下移动。在升降台上面的水平导轨上，装有可在平行主轴轴向方向移动(前、后移动)的溜板。溜板上部有可转动的回转盘，工作台就在溜板上部回转盘的导轨上做垂直于主轴轴向方向的移动。工作台上有 T 形槽用于固定工件。这样，安装在工作台上的工件就可在 3 个坐标轴的 6 个方向上调整位置或进给。由于回转盘相对于溜板可绕中心轴线左右转过一个角度，因此，工作台在水平面上除了能在水平于或垂直于主轴线方向进给外，还能在倾斜方向进给，可以加工螺旋槽，所以称其为万能铣床。

2. X62W 型万能铣床的运动形式

(1) 主运动。主运动为主轴带动铣刀的旋转运动，由一台鼠笼型异步电动机 M_1 拖

图 6-1　X62W 型万能铣床的外观

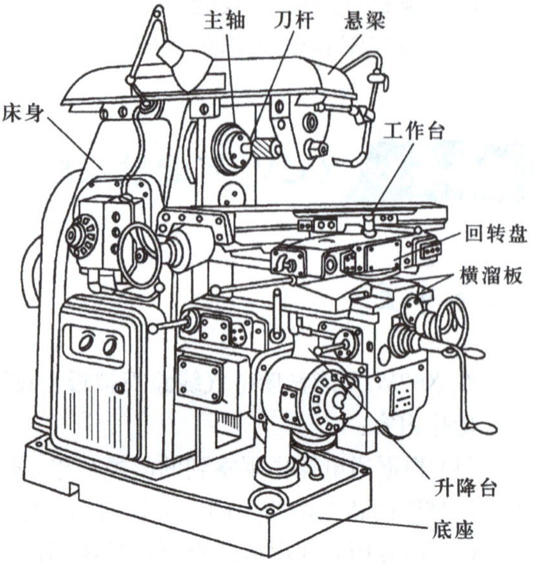

图 6-2　X62W 型万能铣床的结构

动。为适应顺铣和逆铣的需要，要求主轴电动机能进行正反转；为实现快速停车，主轴电动机常采用反接制动停车方式。

(2) 进给运动。进给运动为在进给电动机的拖动下，工作台带动工件在纵向、横向和垂直 3 种运动形式、6 个方向上的直线运动。若安装有附件圆工作台，也可完成旋转进给运动。由于铣床的主运动和进给运动之间没有速度比例协调的要求，故进给运动由一台进给电动机 M_2 拖动，要求进给电动机能正反转。

(3) 辅助运动。为了缩短调整运动的时间，提高铣床的工作效率，工作台在纵向、横向和垂直 3 个方向上必须能进行快速移动控制；另外，圆工作台能快速回转，这些都称为铣床的辅助运动。X62W 型万能铣床是采用快速电磁铁 YA 吸合来改变传动链的传动比，从而实现快速移动的。

(4) 变速冲动。为适应加工的需要，主轴转速与进给速度应有较宽的调节范围。X62W 型万能铣床采用的是机械变速的方法来改变变速器传动比的。为保证变速时齿轮易于啮合，减小齿轮端面的冲击，要求电动机变速时具有变速冲动(短时转动)控制。

(5) 联锁。

① 主轴电动机和进给电动机的联锁。在铣削加工中，为了不使工件和铣刀碰撞发生事故，要求进给拖动一定要在铣刀旋转时才能进行，因此要求主轴电动机和进给电动机之间要有可靠的联锁。

② 纵向、横向、垂直方向与圆工作台的联锁。为了保证机床、刀具的安全，在铣削加工时，只允许工作台进行一个方向的进给运动。在使用圆工作台加工时，不允许工件进行纵向、横向和垂直方向的进给运动。为此，各方向进给运动之间应具有联锁环节。

(6) 冷却润滑。铣削加工中，根据不同的工件材料，也为了延长刀具的使用寿命和提高加工质量，有时需要使用切削液对工件和刀具进行冷却润滑，而有时又不采用，因此采用转换开关控制冷却泵电动机单向旋转供给铣削时的冷却液。

(7) 两地控制及安全照明。为操作方便，应能在两地控制各部件的启动与停止，并配有安全照明电路。

3. X62W 型万能铣床电气原理图分析

X62W 型万能铣床电路如图 6-3 所示，由主电路、控制线路和其他控制组成。

(1) 主电路

电路中有三台电动机：M_1 是主轴电动机，M_2 是进给电动机，M_3 是冷却泵电动机。

① 主轴电动机。主轴电动机 M_1 通过换相开关 SA_5 与接触器 KM_1 配合，进行正反转控制，而与接触器 KM_2、制动电阻 R 及速度继电器配合，实现串电阻瞬时冲动和正反转反接制动控制。

② 进给电动机。进给电动机 M_2 进行正反转控制，通过接触器 KM_3、KM_4，与行程开关及 KM_5、牵引电磁铁 YA 配合，实现进给变速时的瞬时冲动、6 个方向的常速进给和快速移动控制。

③ 冷却泵电动机。冷却泵电动机 M_3 只能正转。

④ 保护设备。熔断器 FU_1 作为机床的总短路保护，也兼作 M_1 的短路保护；FU_2 作为 M_2、M_3 及控制变压器 TC 的短路保护；FU_3 作为控制线路的短路保护；FU_4 作为照明灯 EL 的短路保护；热继电器 FR_1、FR_2、FR_3 分别作为 M_1、M_2、M_3 的过载保护。

(2) 控制线路

① 主轴电动机的控制线路。从 X62W 型万能铣床的电气控制线图中，将主轴电动机 M_1 的电气控制线路部分单独画出，如图 6-4 所示。

为了操作方便，主轴电动机 M_1 采用两地控制方式。KM_1 是主轴电动机 M_1 的起动接触器，并兼作失电压和欠电压保护；KM_2 是主轴电动机 M_1 的串电阻反接制动接触器；SQ_7 是主轴变速时瞬时点动的位置开关；热继电器 FR_1 作为过载保护。铣床的加工方式有逆铣和顺铣两种，在开始工作前选定，加工过程中是不改变的，因此，主轴电动机 M_1 的转向由主轴换向转换开关 SA_5 预先确定。

X62W 型万能铣床主轴电动机 M_1 的控制可以分为主轴电动机启动、主轴电动机停机制动、主轴换铣刀控制和主轴变速冲动等。

a. M_1 启动。启动前，先选择主轴的转向，将主轴换向转换开关 SA_5 扳到所需要的转向，然后合上铣床电源总开关 QS。

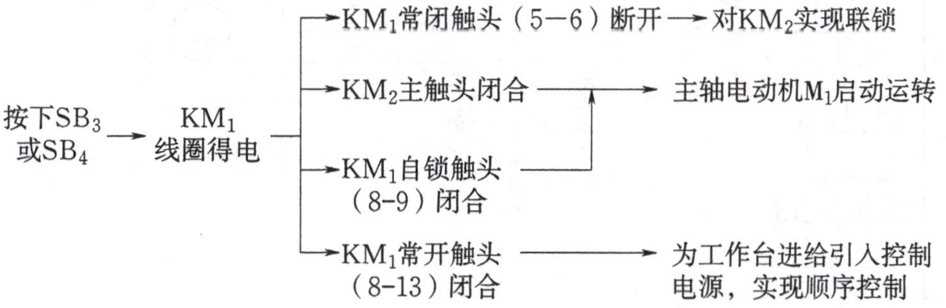

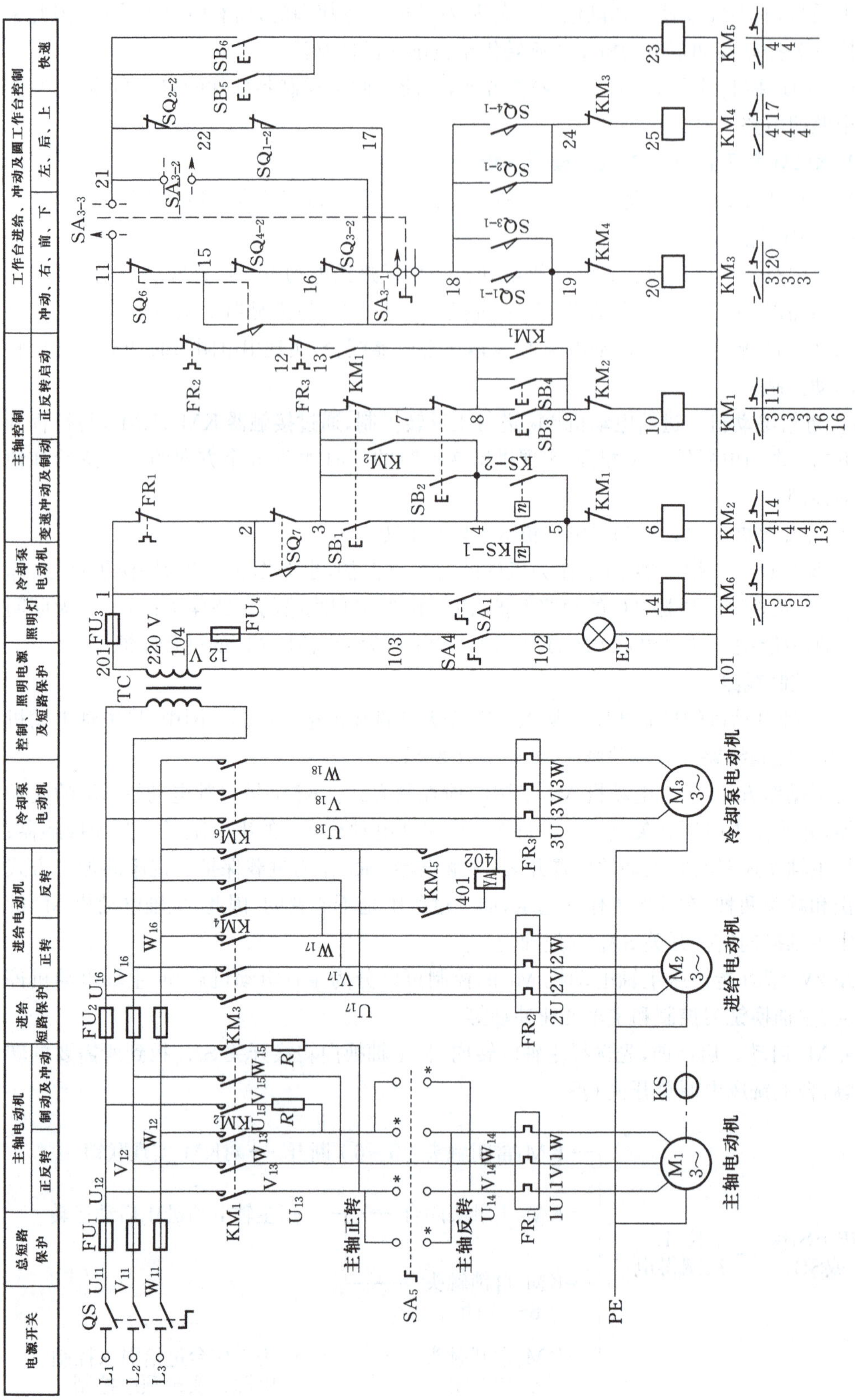

图 6-3　X62W 型万能铣床电路

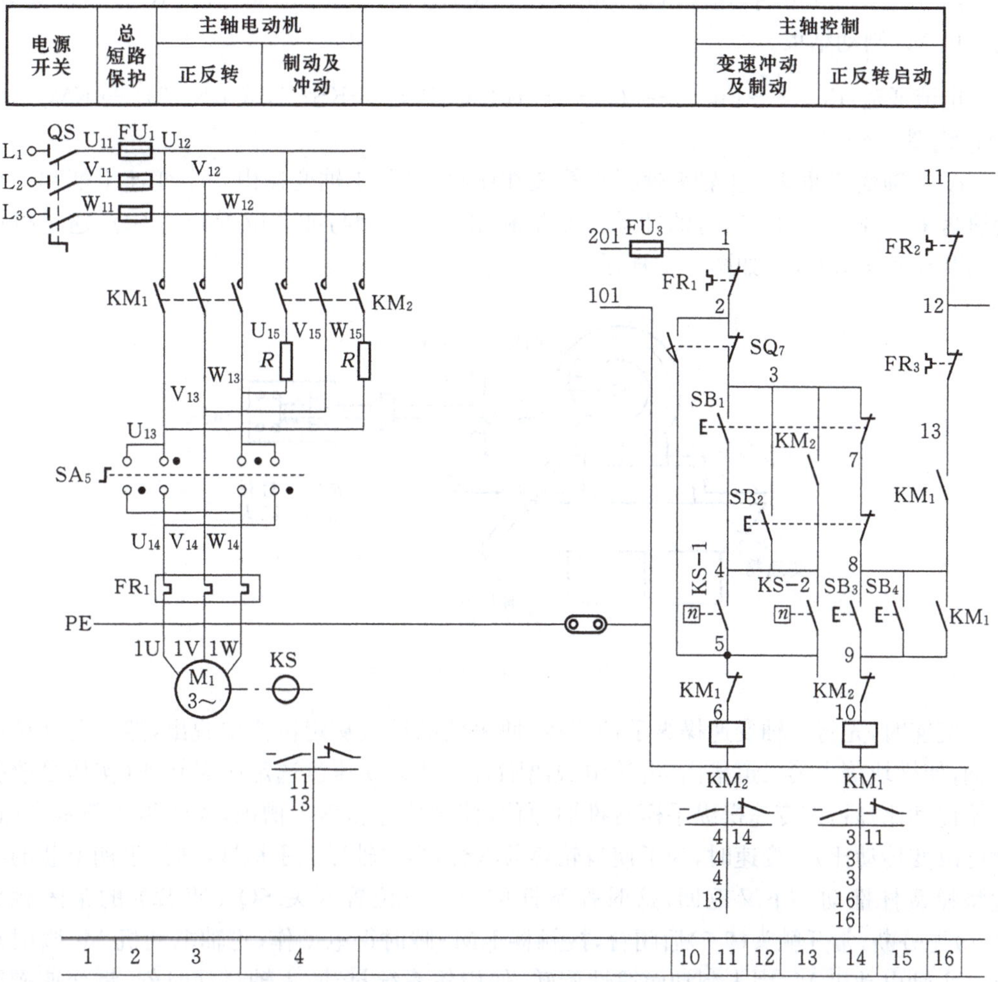

图 6-4　主轴电动机的控制线路部分电路

当 M_1 定向运行转速 $n \geqslant 130$ r/min 时，KS-1（或 KS-2）闭合，为 M_1 反接制动做准备。

主轴起动控制回路的电流通道：$FU_3 \xrightarrow{1\#} FR_1 \xrightarrow{2\#} SQ_7 \xrightarrow{3\#} SB_1 \xrightarrow{7\#} SB_2 \xrightarrow{8\#} SB_3$（或 SB_4）$\xrightarrow{9\#} KM_2 \xrightarrow{10\#} KM_1$ 线圈 $\longrightarrow$ 101。

b. M_1 停机制动。当铣削完毕，需要主轴电动机 M_1 停止时，为使主轴能迅速停止，主电路采用串电阻反接制动。

按下 SB_1 或 SB_2 →
- SB_1 常闭触头（3—7）先断开 → KM_1 线圈失电 →
  - KM_1 主触头断开，M_1 失电惯性运行
  - KM_1 常闭触头（5—6）闭合，解除与 KM_2 联锁，为 KM_2 得电做准备
- SB_1 常开触头（3—4）后闭合 → KM_2 线圈得电 →
  - KM_2 常闭触头（9—10）断开与 KM_1 的联锁
  - KM_2 常开触头（3—4）闭合自锁
  - KM_2 主触头闭合 → M_1 串电阻反接制动

当 $n \leqslant 30$ r/min 时，速度继电器的 KS-1（或 KS-2）触头（4-5）断开，使 KM_2 线圈失电，电动机 M_1 制动结束。

电流通道：$FU_3 \xrightarrow{1\#} FR_1 \xrightarrow{2\#} SQ_7 \xrightarrow{3\#} SB_1$（或 SB_2）$\xrightarrow{4\#}$ KS－1（或 KS－2）$\xrightarrow{5\#} KM_1 \xrightarrow{6\#}$ KM_2 线圈 $\longrightarrow$ 101。

c. 主轴变速冲动。主轴变速操纵箱装在床身左侧，主轴变速由一个变速手柄和一个变速盘来实现。主轴变速时的冲动控制是利用变速手柄与冲动位置开关 SQ_7 通过机械上的联动机构进行的，如图 6-5 所示。

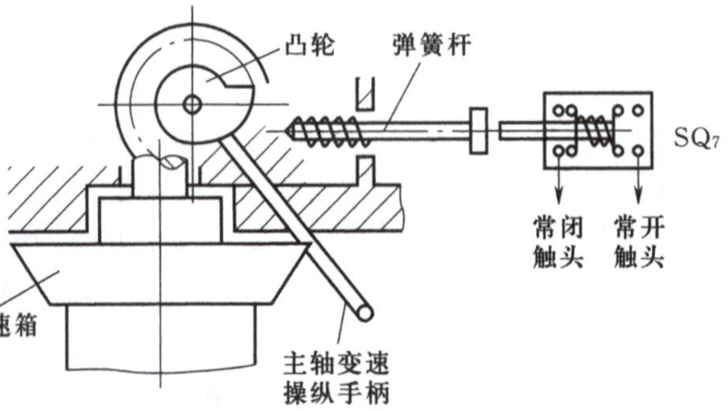

图 6-5　主轴变速冲动控制

变速时，先将主轴变速操纵手柄下压，使手柄的榫块从定位槽中脱出，然后向外拉动手柄，使榫块落入第二道槽内，齿轮组脱离啮合。转动变速盘选定所需转速（实质是改变齿轮传动比）后，把变速操纵手柄右推回原位，使榫块重新落入槽内，齿轮组重新啮合（这时已改变传动比）。变速时，为了使齿轮容易啮合，当主轴操纵手柄推进时，手柄上装的凸轮将弹簧杆推动一下又返回，这时弹簧杆推动一下位置开关 SQ_7，使 SQ_7 的常闭触头（2-3）先分断，常开触头（2-5）后闭合，接触器 KM_2 瞬时得电动作，主轴电动机 M_1 瞬时点动。主轴电动机 M_1 因未制动而惯性旋转，使齿轮系统抖动，主轴抖动时刻，将变速操纵手柄先快后慢地推进去，齿轮便顺利地啮合。

当瞬时点动过程中齿轮系统没有实现良好的啮合时，可以重复上述过程直到啮合为止。变速前应先停机。

SQ_7 动作，SQ_7（2-5）闭合，SQ_7（2-3）断开→KM_2 线圈得电→M_1 串电阻慢速运行。

电流通道：$FU_3 \xrightarrow{1\#} FR_1 \xrightarrow{2\#} SQ_7 \xrightarrow{5\#} KM_1 \xrightarrow{6\#}$ KM_2 线圈 $\longrightarrow$ 101#。

② 进给电动机的控制线路。工作台的纵向、横向和垂直运动都由进给电动机 M_2 驱动，接触器 KM_3 和 KM_4 使 M_2 实现正反转，用以改变进给运动方向。它的控制线路采用了与纵向运动机械操纵手柄联动的行程开关 SQ_1、SQ_2，以及与横向和垂直运动机械操纵手柄联动的行程开关 SQ_3、SQ_4，组成复合联锁控制。即在选择 3 种运动形式的 6 个方向移动时，只能进行其中一个方向的移动，以确保操作安全。当这两个机械操纵手柄都在中间位置时，各行程开关都处于未受压的原始状态。

a. 启动主轴电动机 M_1，因进给控制电流需通过 KM_1（8-13）。

b. 圆工作台转换开关扳至“断”的位置（SA_3），即 SA_{3-1}（17-18）闭合，SA_{3-2}（19-21）断开，SA_{3-3}（11-21）闭合。

c. 观察进给冲动按钮 SQ_6 是否处于释放状态(被压迫后主轴启动,KM_3 动作)。

在分析故障时,大多采用电流通道法,因为每一个状态线圈得、失电不多,只有 1～2 个,但电流通道较复杂,各状态的共同通道较多。

进给操作均由操纵杆(手柄)完成,上/下、前/后为一十字开关(手柄),左、右为一字开关(手柄)。

具体分布:SQ_1 为向右进给,SQ_2 为向左进给,SQ_3 为向前、向下进给,SQ_4 为向后、向上进给。

• 工作台向右进给:SQ_1 动作,SQ_{1-1}(18-19)闭合,SQ_{1-2}(17-22)断开。

电流通道:$KM_1(8-13)\xrightarrow{13^{\#}}FR_3\xrightarrow{12^{\#}}FR_2\xrightarrow{11^{\#}}SQ_6(11-15)\xrightarrow{15^{\#}}SQ_{4-2}\xrightarrow{16^{\#}}SB_{3-2}\xrightarrow{17^{\#}}SA_{3-1}\xrightarrow{18^{\#}}SQ_{1-1}\xrightarrow{19^{\#}}KM_4(19-20)\xrightarrow{20^{\#}}KM_3$ 线圈$\longrightarrow 101^{\#}$。

KM_3 线圈得电,KM_3 主触头闭合,进给电动机 M_2 得电动作,带动工作台向右进给。

• 工作台向左进给:SQ_2 动作,SQ_{2-1}(18-24)闭合,SQ_{2-2}(21-22)断开。

电流通道:$KM_1(8-13)\xrightarrow{13^{\#}}FR_3\xrightarrow{12^{\#}}FR_2\xrightarrow{11^{\#}}SQ_6(11-15)\xrightarrow{15^{\#}}SQ_{4-2}\xrightarrow{16^{\#}}SQ_{3-2}\xrightarrow{17^{\#}}SA_{3-1}\xrightarrow{18^{\#}}SQ_{2-1}\xrightarrow{24^{\#}}KM_3(24-25)\xrightarrow{25^{\#}}KM_4$ 线圈$\longrightarrow 101^{\#}$。

KM_4 线圈得电,KM_4 主触头闭合,进给电动机 M_2 得电动作,带动工作台向左进给。

• 工作台向前或向下进给:SQ_3 动作,SQ_{3-1}(18-19)闭合,SQ_{3-2}(16-17)断开。

电流通道:$KM_1(8-13)\xrightarrow{13^{\#}}FR_3\xrightarrow{12^{\#}}FR_2\xrightarrow{11^{\#}}SA_{3-3}\xrightarrow{21^{\#}}SQ_{2-2}\xrightarrow{22^{\#}}SQ_{1-2}\xrightarrow{17^{\#}}SA_{3-1}\xrightarrow{18^{\#}}SQ_{3-1}\xrightarrow{19^{\#}}KM_4(19-20)\xrightarrow{20^{\#}}KM_3$ 线圈$\longrightarrow 101^{\#}$。

KM_3 线圈得电,KM_3 主触头闭合,进给电动机 M_2 得电动作,带动工作台向前(下)进给。

• 工作台向后或向上进给:动作 SQ_4,SQ_{4-1}(18-27)闭合,SQ_{4-2}(15-16)断开,电流通道。

电流通道:$KM_1(8-13)\xrightarrow{13^{\#}}FR_3\xrightarrow{12^{\#}}FR_2\xrightarrow{11^{\#}}SA_{3-3}\xrightarrow{21^{\#}}SQ_{2-2}\xrightarrow{22^{\#}}SQ_{1-2}\xrightarrow{17^{\#}}SA_{3-1}\xrightarrow{18^{\#}}SQ_{4-1}\xrightarrow{24^{\#}}KM_3(24-25)\xrightarrow{25^{\#}}KM_4$ 线圈$\longrightarrow 101^{\#}$。

KM_4 线圈得电,KM_4 主触头闭合,进给电动机 M_2 得电动作,带动工作台向后(上)进给。

注:对以上 3 个方式 6 个方向的进给,为了保护和防误操作,采用了多种形式的互锁。手柄控制具有可靠的机械联锁。

KM_3 与 KM_4 的常闭触头实现了电气联锁。

SQ_1(SQ_3)和 SQ_4(SQ_2)的常闭触头分别设置在一闭合回路的两端,使上/下、前/后和左/右分别走两条不同的支路,并实现支路互锁。

• 工作台进给变速冲动控制:SQ_6 动作,SQ_6(15-19)闭合,SQ_6(11-15)断开。

电流通道(工作台变速前,所有进给手柄都必须扳至“0”位):$KM_1(8-13)\xrightarrow{13^{\#}}FR_3\xrightarrow{12^{\#}}FR_2\xrightarrow{11^{\#}}SA_{3-3}\xrightarrow{21^{\#}}SQ_{2-2}\xrightarrow{22^{\#}}SQ_{1-2}\xrightarrow{17^{\#}}SQ_{3-2}\xrightarrow{16^{\#}}SQ_{4-2}\xrightarrow{15^{\#}}SQ_6(15-19)\xrightarrow{19^{\#}}KM_4(19-20)\xrightarrow{20^{\#}}KM_3$ 线圈$\longrightarrow 101^{\#}$。

注:工作台进给变速冲动的电流通道分别通过 SQ_{1-2}、SQ_{2-2}、SQ_{3-2}、SQ_{4-2},只要有任何一个方向的进给,上述触头就会有一个断开,从而切断冲动回路。

• 圆工作台的进给控制。

准备：停止主轴电动机 M_1，因圆工作台没有专用的启动、停止按钮，只有转换开关 SA_3，在圆工作台通的状态时，圆工作台的启动、停止均由主轴启动、停止按钮来共同控制。

圆工作台转换开关扳至“通”的位置，即 SA_{3-1}(17-18)断开、SA_{3-2}(19-21)闭合、SA_{3-3}(11-21)断开。所有进给手柄均扳至“0”位。具体操作为按下 SB_3(SB_4)→KM_1 得电。

电流通道：$KM_1(8-13)\xrightarrow{13^\#}FR_3\xrightarrow{12^\#}FR_2\xrightarrow{11^\#}SQ(11-15)\xrightarrow{15^\#}SQ_{4-2}\xrightarrow{16^\#}SQ_{3-2}\xrightarrow{17^\#}SQ_{1-2}\xrightarrow{22^\#}SQ_{2-2}\xrightarrow{21^\#}SA_{3-2}\xrightarrow{19^\#}KM_4\xrightarrow{20^\#}KM_3$ 线圈得电$\longrightarrow 101^\#$。

注：与进给冲动一样，电流通道要分别通过 SQ_{1-2}、SQ_{2-2}、SQ_{3-2}、SQ_{4-2} 的四个常闭触头，只要有一个断开，圆工作台就不能工作。

(3) 其他控制

① 冷却泵电动机控制由旋钮 SA_1 控制 KM_5 线圈实现(控制需在 M_1 得电后)。

② 快速进给控制由 SB_5 和 SB_6 两地点动控制 KM_5 线圈，以控制牵引电磁铁 YA 的得电、失电。快速进给时，需先锁定进给方式的方向，才可进行操作。

③ X62W 型万能铣床照明电路由控制电压器 TC 的二次侧提供 12V 交流电压，作为铣床低压照明灯的电源，熔断器 FU_4 对照明灯 EL 起短路保护作用。

合上照明开关灯 SA_4，照明灯 EL 亮；照明灯开关断开，照明灯 EL 熄灭。

〖任务实施〗

在 X62W 型万能卧式铣床电气电路中设置 3 个故障，学生观察故障现象，分析原因和故障范围，用电阻法或电压法进行故障检查与排除。

合理设置故障，试车检测并排除。针对以下故障现象分析故障范围，用万用表检测并排除故障。

1. 列出本任务所需设备和工具。

序号	名称	型号与规格
1	设备	X62W 型万能铣床模拟控制台
2	仪表	万用表
3	工具	验电器、电工刀、剥线钳、尖嘴钳、斜口钳、螺钉旋具等
4	材料	导线、绝缘胶带等

2. 故障现象。

针对下列故障现象分析故障范围，编写检修流程，按照检修步骤排除故障。

(1) 主轴电动机没有换刀制动状态。

(2) 主轴变速无变速冲动状态。

(3) 在工作台前按下主轴电动机启动按钮 SB_2，M_1 不工作。

(4) 横向和纵向进给工作正常，但无快速进给。

(5) 工作台能左、右进给，但不能上、下进给。

(6) 工作台能向上进给，但不能向下进给。

3. 检修步骤及工艺要求

(1) 在教师指导下对铣床进行操作，熟悉铣床各元器件的位置、电路走向。

(2) 观察、理解教师示范的检修流程。

(3) 在 X62W 型万能卧式铣床上人为设置自然故障。故障的设置应注意以下三点：

① 人为设置的故障必须是铣床在工作中受外界因素影响而造成的自然故障。

② 不能设置更改电路或更换元器件等非自然故障。

③ 设置故障不能损坏电路元器件，不能破坏电路美观；不能设置易造成人身事故的故障；尽量不设置易引起设备事故的故障。

〖任务评价〗

本任务评价主要从判定故障现象、判定故障范围、排除故障、职业素养、额定工时五个方面进行。总分 90～100 为优，80～89 为良，70～79 为中，60～69 为合格，60 分以下为不合格。

<table>
<tr><td rowspan="2">基本信息</td><td>姓　　名</td><td></td><td>学　　号</td><td></td><td>班　　级</td><td></td><td>组别</td><td></td></tr>
<tr><td>考核日期</td><td></td><td>开始时间</td><td></td><td>结束时间</td><td></td><td>实际用时</td><td></td></tr>
<tr><td>评价内容</td><td colspan="5">评分细则</td><td>分值</td><td>扣分</td><td>得分</td></tr>
<tr><td>通过操作正确判定故障现象</td><td colspan="5">① 判别错误，每一故障扣 3 分
② 不完全正确，每一故障扣 1～2 分</td><td>10</td><td></td><td></td></tr>
<tr><td>正确判定故障范围</td><td colspan="5">① 故障范围判断错误，每一故障扣 6 分
② 故障范围分析不完整，每一故障扣 2～4 分</td><td>20</td><td></td><td></td></tr>
<tr><td>正确排除故障写出故障点</td><td colspan="5">① 不能排除故障，每一故障扣 20 分
② 排除故障思路不清，每处扣 5 分
③ 排除故障方法不正确，每次扣 5～10 分
④ 仪表使用不正确，每次扣 3 分
⑤ 扩大故障不能自行修复，每处扣 10 分，自行修复每处扣 5 分
⑥ 发生短路现象，每次扣 10 分(包括被教师制止)
⑦ 损坏器材仪表，每次扣 10 分
⑧ 修复故障时接错线，每次(条)扣 5 分</td><td>60</td><td></td><td></td></tr>
</table>

续表

评价内容	评分细则	分值	扣分	得分
职业素养	① 穿戴不符合要求或工具仪表不齐,扣 5 分 ② 违规操作,每次扣 5 分	10		
额定工时 30 min	不允许超时检查故障,在修复故障或填写答题单时,每超时 1 min 扣 1 分			
总分		100		

〖课后作业与思考〗

1. 如何用万用表测量万能转换开关 SA_1、SA_2、SA_3 各触点的通断情况?

2. 主轴变速冲动与进给变速冲动的电路实现有什么不同?

3. 在 X62W 型万能卧式铣床电路中有哪些联锁与保护? 为什么要有这些联锁与保护? 它们是如何实现的?

4. 简述工作台向左进给时电路的工作过程。

5. 如果 X62W 型万能卧式铣床的工作台能纵向(左、右)进给,但不能横向(前、后)和垂直(上、下)进给,试分析故障原因。

6. 阅读图 6-3 所示的 X62W 型万能铣床电路图,思考并回答下列问题。

(1) 接触器 KM_1 主触点熔焊后,会产生什么后果?

(2) FR_1 常闭触点断开与 FR_3 常闭触点断开后果一样吗?

(3) X62W 型万能铣床电气控制电路主要采取了哪些联锁? 它们是如何实现的

(4) L_3 相中的 FU_1 熔断器熔断,对电路会产生什么影响?

(5) 电路中采取变速冲动(或瞬时点动)有什么好处?

〖课外阅读〗

中国机床的发展

1. 起步阶段(1949—1958 年)

中国机床工业的起步阶段是在中华人民共和国成立之初,当时全国机床保有量在 9.5 万台左右,而金属切割机床年产量仅有 1.37 万台。与欧美国家相比,我国在技术上存在明显差距。尽管如此,我国在这一时期成功打造了一批骨干企业,并逐步成立了多个机床研究所,为我国机床工业奠定了良好的基础。

2. 混乱阶段(1959—1978 年)

在国际关系紧张的背景下,我国机床工业经历了混乱阶段。由于过度重视机床产量,忽视了产品质量，导致产业发展受到严重影响。此外，由于国际技术封锁和机床行业内部存在的问题，我国机床技术再次远远落后于国外。

3. 行业整合时期(1979—2000 年)

改革开放前期，我国机床行业进入了行业整合时期。在市场竞争下，一批骨干企业开始进行转制重组。同时，中国开始大幅降低关税，进口机床涌入国内，对我国机床行业带来了巨大挑战。尽管如此，这一时期我国机床体系得到了完善，技术与出口业务也取得了一定突破。

4. 行业爆发阶段(2001—2011 年)

中国机床行业的发展迎来了新的爆发阶段。随着我国加入世贸组织，以沈阳机床为代表的企业订单明显增加。尽管全球金融危机在 2008 年爆发，市场疲软，但国内消费的景气度保持较好，使得机床行业延续了增长势头。然而，这一时期我国主要生产的都是偏低端的产品，国外产品在中高端数控机床上的市场占有率较高。

5. 新机遇期(2011 年至今)

近年来，中国机床行业迎来了新的发展机遇。由于高端机床实力匮乏，我国一直处于被动状态。然而，随着国产机床技术的不断提升，国产化已经成为必然趋势。例如，国产机床发力频频传出捷报，主持修订的"S 试件"五轴机床测试方法正式成为国际标准。此外，国家级大基金已经开始投向机床行业，各项政策持续显效，预示着我国机床行业将迎来更广阔的发展空间。

综上，中国机床的发展经历了从无到有、从模仿到自主创新的过程。虽然在过去的发展中遇到了许多挑战，但通过不断的改革和技术创新，我国机床行业正在逐渐摆脱依赖进口的局面，向着独立自主的方向发展。

任务 6.2　Z3050 摇臂钻床电气电路的故障检修

〖任务布置〗

在 Z3050 摇臂钻床电气线路模拟板上排除三个隐蔽故障。

操作内容：

(1) 根据通电操作观察到的故障现象，采用逻辑分析方法确定故障所在范围，在原理图上的相关电路上画一个较大的圈(三个故障可先后分别画圈)。

(2) 用万用表查找出故障点所在具体部位，在原理图上的具体部位画小圈(三个故障点分别画圈)。

(3) 用恰当的工具和正确的方法排除故障。

(4) 正确使用仪表和工具，做到安全文明操作。

结果要求：熟悉机床电气线路及其工作原理，分析、查找和排除故障的思路清晰，方法正确，操作熟练。

〖任务分析〗(知识模块)

钻床是一种用途广泛的孔加工机床,它主要用钻头钻削精度要求不太高的孔,另外还可以用来扩孔、铰孔、镗孔,以及修刮端面、攻螺纹等多种形式的加工。如图 6-6 所示是 Z3050 型摇臂钻床外形。

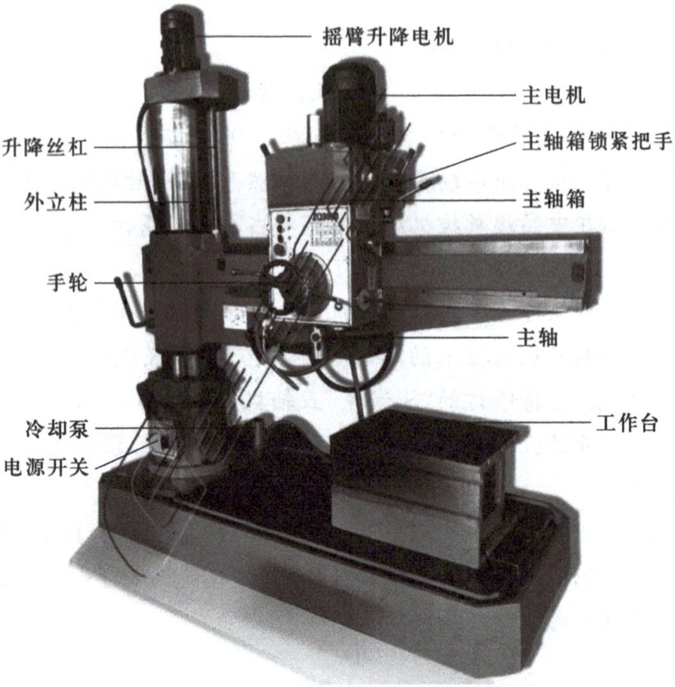

图 6-6　Z3050 型摇臂钻床外形

Z3050 型号的含义:Z 代表钻床;3 代表摇臂钻床组;0 代表摇臂钻床型;50 代表最大钻孔直径为 50 mm。

1. Z3050 型摇臂钻床的结构

Z3050 型摇臂钻床主要由底座、工作台、摇臂、主轴箱、主轴、内/外立柱等部分组成。工作台用螺栓固定在底座上,工作台上面固定加工工件,内立柱也固定在底座上。外立柱套在内立柱上,用液压夹紧机构夹紧后,二者不能相对运动,松开夹紧机构后,外立柱用手推动可绕内立柱旋转 360°。

2. Z3050 型摇臂钻床的运动形式

摇臂钻床由 4 台电动机进行拖动。主轴电动机 M_1 带动主轴旋转;摇臂升降电动机 M_2 带动摇臂进行升降;液压泵电动机 M_3 带动液压泵,使液压系统的夹紧机构实现夹紧与放松;冷却泵电动机 M_4 带动冷却泵给钻床提供冷却液。

(1) 主轴转动及进给传动

主轴转动及进给传动系统由主轴电动机驱动,主轴变速机构和进给变速机构都装在主轴箱里,通过主轴箱内的主轴、进给变速传动机构及正反转摩擦离合器和操纵安装在主轴箱下端的操纵手柄、手轮，实现主轴正/反转、停车(制动)、变速、进给、空挡等控制。钻削加工时，钻头一面旋转进行切削，同向进行纵向进给。主轴也可随主轴箱沿摇臂上的水平导轨作手动径向移动。

(2) 辅助运动

辅助运动包括摇臂连同外立柱围绕着内立柱的回转运动、摇臂在外立柱上的上升下降运动、主轴箱在摇臂上的左、右运动等。

摇臂的升降由一台交流异步电动机拖动，装于主轴顶部，通过正、反转来实现摇臂的上升和下降。摇臂的移动严格按照摇臂松开→移动→夹紧的程序进行。因此，摇臂的夹紧、放松与摇臂的升降按自动控制进行。

摇臂的回转和主轴箱的左、右移动采用手动控制，内/外立柱、主轴箱与摇臂的夹紧和放松是由液压泵电动机通过正、反转拖动一台齿轮泵来实现的，同时通过电气联锁来实现主轴箱的夹紧与放松，因此要求液压泵电动机能正、反向旋转，采用点动控制。

摇臂钻床的主轴旋转和摇臂升降不允许同时进行，以保证安全生产。

3. Z3050 型摇臂钻床电气原理图分析

Z3050 型摇臂钻床的电气原理如图 6－7 所示。

(1) 主电路分析

Z3050 型摇臂钻床共有 4 台电动机，除冷却泵电动机采用开关直接启动外，其余 3 台异步电动机均采用接触器直接启动。

① M_1：主轴电动机。由交流接触器 KM_1 控制，只要求单方向旋转，主轴的正、反转由机械手柄操作。M_1 装于主轴箱顶部，带动主轴及进给传动系统，热继电器 FR_1 是过载保护元件。

② M_2：摇臂升降电动机。装于主轴顶部，用接触器 KM_2 和 KM_3 控制正、反转。因为该电动机短时间工作，故不设过载保护电器。

③ M_3：液压油泵电动机。可以做正向转动和反向转动。正向旋转和反向旋转的启动与停止由接触器 KM_4 和 KM_5 控制。热继电器 FR_2 是液压油泵电动机的过载保护电器。该电动机的主要作用是供给夹紧装置压力油、实现摇臂和立柱的夹紧与松开。

④ M_4：冷却泵电动机。功率很小，由开关直接启动和停止。

(2) 控制电路分析

① 主轴电动机 M_1 的控制

a. 按启动按钮 SB_2，则接触器 KM_1 吸合并自锁，使主电动机 M_1 启动运行，同时指示灯 HL_3 显亮。

b. 按停止按钮 SB_1，则接触器 KM_1 释放，使主电动机 M_1 停止旋转，同时指示灯 HL_2 熄灭。

② 摇臂上升

按上升按钮 SB_3，则时间继电器 KT 通电吸合，它的瞬时闭合的常开触头 KT23-25 瞬时闭合，接触器 KM_4 线圈通电，液压油泵电动机 M_3 启动正向旋转，供给压力油；断电延时断开触头 KT1-29 瞬时闭合，电磁阀 YV 通电，二位六通换向阀换向，压力油经换向阀进入摇臂的“松开油腔”，推动活塞移动，活塞推动菱形块，将摇臂松开，此时 SQ_{31-29} 闭合(摇臂松开时闭合，夹紧时断开)。

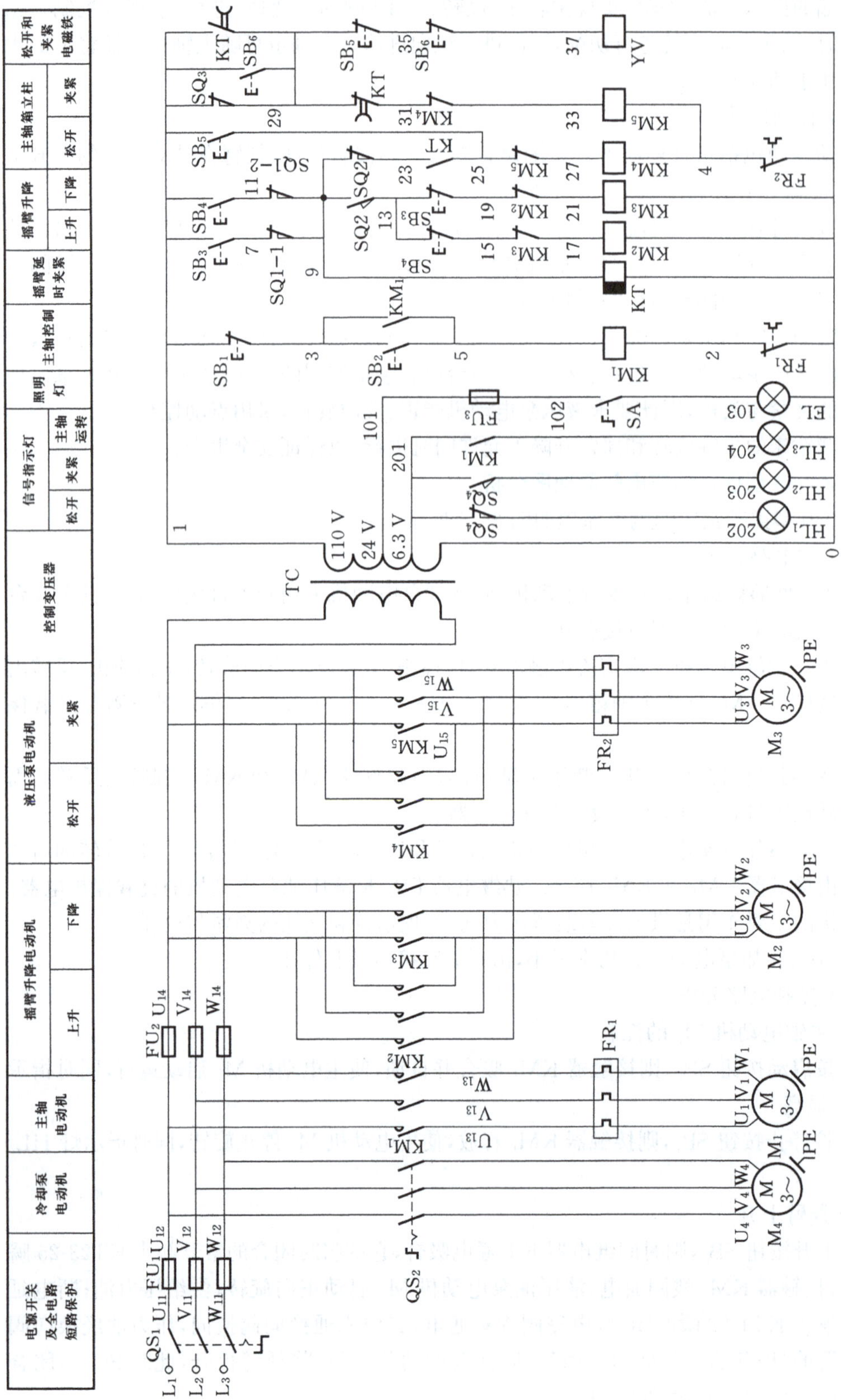

图 6-7 Z3050 型摇臂钻床电气原理

同时，活塞杆通过弹簧片压位置开关 SQ_2，使其常闭触头 SQ_{29-23} 断开，常开触头 SQ_{29-13} 闭合。前者切断了接触器 KM_4 的线圈电路，KM_4 的主触头断开，液压油泵电机停止工作。后者使交流接触器 KM_2 的线圈通电，主触头接通 M_2 的电源，摇臂升降电动机启动正向旋转，带动摇臂上升（如果此时摇臂尚未完全松开，则位置开关 SQ_2 常开触头不闭合，接触器 KM_2 就不能吸合，摇臂就不能上升）。

当摇臂上升到所需位置时，松开按钮 SB_3，则接触器 KM_2 和时间继电器 KT 同时断电释放，M_2 停止工作，随之摇臂停止上升。

由于 KT 为断电延时型，KT 断电释放，经 1～3 s 的延时后，其延时闭合的常闭触点 KT29-31 闭合，使 KM_5 线圈通电，M_3 反转；因摇臂还是松开状态，所以 SQ_{31-29} 是闭合的，YV 通电，液压油经二位六通阀进入摇臂“夹紧”油腔，向相反方向推动活塞和菱形块，使摇臂夹紧，在摇臂夹紧的同时，活塞杆通过弹簧片压位置开关 SQ_3，使 SQ_{31-29} 断开，则 KM_5 和 YV 都失电，最终液压泵电动机 M_3 停止旋转，完成了摇臂的松开、上升、夹紧的整套动作。

③ 摇臂下降

按上升按钮 SB_4，则时间继电器 KT 通电吸合，它的瞬时闭合的常开触头 KT23-25 瞬时闭合，接触器 KM_4 线圈通电，液压油泵电动机 M_3 启动正向旋转，供给压力油；断电延时断开触头 KT1-29 瞬时闭合，电磁阀 YV 通电，二位六通换向阀换向，压力油经换向阀进入摇臂的“松开油腔”，推动活塞移动，活塞推动菱形块，将摇臂松开，此时 SQ_{31-29} 闭合（摇臂松开时闭合，夹紧时断开）。

同时，活塞杆通过弹簧片压位置开关 SQ_2，使常闭触头 SQ_{29-23} 断开，常开触头 SQ_{29-13} 闭合。前者切断了接触器 KM_4 的线圈电路，KM_4 的主触头断开，液压油泵电机停止工作。后者使交流接触器 KM_3 的线圈通电，主触头接通 M_2 的电源，摇臂升降电动机启动反向旋转，带动摇臂下降（如果此时摇臂尚未完全松开，则位置开关 SQ_2 常开触头不闭合，接触器 KM_2 就不能吸合，摇臂就不能上升）。

当摇臂下降到所需位置时，松开按钮 SB_3，则接触器 KM_3 和时间继电器 KT 同时断电释放，M_2 停止工作，随之摇臂停止下降。

由于 KT 为断电延时型，KT 断电释放，经 1～3 s 的延时后，其延时闭合的常闭触点 KT29-31 闭合，使 KM_5 线圈通电，M_3 反转；因摇臂还是松开状态，所以 SQ_{31-29} 是闭合的，YV 通电，液压油经二位六通阀进入摇臂“夹紧”油腔，向相反方向推动活塞和菱形块，使摇臂夹紧，在摇臂夹紧的同时，活塞杆通过弹簧片压位置开关 SQ_3，使 SQ_{31-29} 断开，则 KM_5 和 YV 都失电，最终液压泵电动机 M_3 停止旋转，完成了摇臂的松开、上升、夹紧的整套动作。

④ 立柱和主轴箱的松开与夹紧控制

立柱和主轴箱的松开与夹紧是同时进行的。

a. 立柱和主轴箱的松开

按下松开按钮 SB_5，接触器 KM_4 线圈通电磁合，KM_4 主触头闭合，液压泵电动机 M_3 正转，供给压力油，压力油经二位六通阀（此时电磁铁 YV 处于释放状态）进入立和主轴箱松开油缸，推动活塞及菱形块，使立柱和主轴箱分别松开，松开指示灯亮。

b. 立柱和主轴箱的夹紧

按下夹紧按钮 SB_6，KM_5 通电吸合，M_3 反转，供给压力油，压力油经二位六通阀（此时电磁铁 YV 处于释放状态）进入立柱和主轴箱夹紧油缸，推动活塞及菱形块，使立柱和主轴箱分别夹紧，夹紧指示灯亮。

4. 常见故障分析与检修

Z3050 型摇臂钻床的电气电路比较简单，其电气控制的特殊环节是摇臂的运动。摇臂在上升或下降时，摇臂的夹紧机构先自动松开，上升或下降到预定位置后，其夹紧机构又要将摇臂自动夹紧在立柱上。这个工作过程是由电气、机械和液压系统紧密配合实现的。所以，在维修和调试时，不仅要熟悉摇臂运动的电气过程，而且更要注重掌握机电液配合的调整方法和步骤。

(1) 摇臂不能上升（或下降）

① 首先检查位置开关 SQ_2 是否动作，若已动作，即 SQ_2 的动合（常开）触点(6-7)已闭合，说明故障发生在接触器 KM_2 或摇臂升降电动机 M_2 上；若 SQ_2 没有动作，而这种情况较常见，实际上此时摇臂已经放松，但由于活塞杆压不上 SQ_2，使接触器 KM_2 不能吸合，升降电动机不能得电旋转，摇臂不能上升。

② 液压系统发生故障，如液压泵卡死、不转，油路堵塞或气温太低时油的黏度增大，使摇臂不能完全松开，压不上 SQ_2，摇臂也不能上升。

③ 电源的相序接反，按摇臂上升按钮 SB_3，液压泵电动机反转，使摇臂夹紧，压不上 SQ_2，摇臂也就不能上升或下降。排除故障时，若判断是位置开关 SQ_2 的位置改变造成的，则应与机械、液压维修人员配合，调整好 SQ_2 的位置并紧固。

(2) 摇臂不能夹紧

① 位置开关 SQ_3 安装位置不准确，或紧固螺钉松动造成 SQ_3 过早动作，使液压泵电动机 M_3 在摇臂还未充分夹紧时就停止工作。

② 接触器 KM_5 线圈回路出现故障。

(3) 立柱、主轴箱不能夹紧（松开）

立柱、主轴箱的夹紧或松开是同时进行的，立柱、主轴箱不能夹紧或松开可能是因油路堵塞、接触器 KM_4 或 KM_5 线圈回路出现故障造成的。

(4) 立柱、主轴箱夹紧不能保持

按 SB_6 按钮，立柱、主轴箱能夹紧，但放开按钮后，立柱、主轴箱却松开。立柱、主轴箱的夹紧和松开，都采用菱形块结构。故障多为机械原因造成，可能是菱形块和承压块的角度方向装错，或者因距离不合适。如果菱形块立不起来，则是夹紧力调得太大或夹紧液压系统压力不够所致。作为电气维修人员，掌握一些机械、液压知识将给维修工作带来方便，避免盲目检修并能缩短机床停机时间。

(5) 摇臂上升或下降位置开关失灵

位置开关 SQ_1 失灵的两种情况：

① 位置开关损坏、触点不能因开关动作而闭合、接触不良，使电路不能正常工作。电路断开后，信号不能传递，不能使摇臂上升或下降。

② 位置开关不能动作，触点熔焊，使电路始终呈接通状态。当摇臂上升或下降到极

限位置后，摇臂升降电动机堵转，发热严重，由于电路中未设过载保护元件，将会导致电动机绝缘损坏。

(6) 主轴电动机刚启动运转，熔断器即熔断

按主轴起动按钮 SB_2，主轴电动机刚旋转，就发生熔断器熔断故障。原因可能是机械机构发生卡阻现象，或者是钻头被铁屑卡住，造成电动机堵转，负载太大，主轴电动机电流剧增，热继电器来不及动作，使熔断器熔断。也可能由于电动机本身的故障造成熔断器熔断。

排除故障时，应先退出主轴，根据空载运行情况，区别故障现象，找出原因。

〖任务实施〗

1. 列出本任务所需的设备和工具。

序号	名称	型号与规格
1	机车	Z3050 型摇臂钻床模拟电气控制台
2	仪表	万用表
3	工具	测电笔、尖嘴钳、螺丝刀等
4	材料	导线、绝缘胶带等

2. 检修步骤及工艺要求。

(1) 根据实训装置数量和学生人数合理进行分组。

(2) 在教师指导下对钻床进行操作，熟悉钻床各元器件的位置、电路走向。

(3) 观察、理解教师示范的检修流程。

(4) 在 Z3050 型摇臂钻床模拟电气控制台设置 3 个典型故障。故障的设置应注意以下三点：

① 人为设置的故障必须是钻床在工作中由于受外界因素影响而造成的自然故障。

② 不能设置更改电路或更换元器件等非自然故障。

③ 设置故障不能损坏电路元器件，不能破坏电路美观；不能设置易造成人身事故的故障；尽量不设置易引起设备事故的故障。

(5) 观察故障现象。按正常操作程序通电试车，仔细观察故障现象，并将观察到的故障现象填入下表。

(6)确定故障范围。根据故障现象，结合 Z3050 型摇臂钻床电气原理图，分析确定故障范围，并将结果填入下表。

(7) 故障排除。利用万用表逐一对故障范围内电路进行检测，确定并修复故障点，最

后通电试车正常。将检测过程和实际故障点填入下表。

序号	故障现象	故障范围判定	排除故障经过	实际故障点
第一故障				
第二故障				
第三故障				

(8) 通电试车完毕后,切断电源。

〖任务评价〗

本任务评价主要从判定故障现象、判定故障范围、排除故障、职业素养、额定工时五个方面进行。总分 90～100 为优,80～89 为良,70～79 为中,60～69 为合格,60 分以下为不合格。

基本信息	姓　　名		学　　号		班　　级		组　　别	
	考核日期		开始时间		结束时间		实际用时	
评价内容	评分细则					分值	扣分	得分
通过操作正确判定故障现象	① 判别错误,每个故障扣 3 分 ② 不完全正确,每个故障扣 1～2 分					10		
正确判定故障范围	① 故障范围判断错误,每个故障扣 6 分 ② 故障范围分析不完整,每个故障扣 2～4 分					20		
正确排除故障,写出故障点	① 不能排除故障,每个故障扣 20 分 ② 排除故障思路不清,每处扣 5 分 ③ 排除故障方法不正确,每次扣 5～10 分 ④ 仪表使用不正确,每次扣 3 分 ⑤ 扩大故障不能自行修复,每处扣 10 分,自行修复每处扣 5 分 ⑥ 发生短路现象,每次扣 10 分(包括被教师制止) ⑦ 损坏器材仪表,每次扣 10 分 ⑧ 修复故障时接错线,每次(条)扣 5 分					60		
职业素养	① 穿戴不符合要求或工具仪表不齐,扣 5 分 ② 违规操作,每次扣 5 分					10		
额定工时 30 min	不允许超时检查故障,但在修复故障或填写答题单时,每超时 1 min 扣 1 分							
总分						100		

〖课后作业与思考〗

1. Z3050 型摇臂钻床在摇臂升降的过程中，液压泵电动机和摇臂升降电动机应如何配合工作？以摇臂上升为例叙述电路的工作情况。

2. 在修理 Z3050 型摇臂钻床后，若摇臂升降电动机的三相电源相序接反会发生什么事故？

3. 在 Z3050 型摇臂钻床中各位置开关的作用是什么？结合电路工作情况进行说明。

4. 根据 Z3050 摇臂钻床的电气控制原理图，分析下列故障现象产生的原因，并在电气原理图中用虚线标出最小故障范围。

(1) M_1、M_2、M_3、M_4 各电动机启动后均缺一相。

(2) 除冷却泵电动机可正常运转外，控制回路均失效。

(3) 主轴电动机启动，按 SB_1 不能停止。

(4) 主轴电动机不能启动。

(5) 摇臂不能升降，且 KT 线圈不得电。

(6) 摇臂升降时，液压松开、夹紧正常，但摇臂上升失效，摇臂下降正常。

〖课外阅读〗

我国第一台摇臂钻床

在我国摇臂钻床的发展史上，1952 年是一个重要的年份。这一年，沈阳第二机床厂（中捷友谊厂）在没有任何技术指导的情况下，依靠苏联留下的图纸，开始了我国第一批摇臂钻床的试制工作。技术人员经过半年的摸索，最终生产出了我国第一台摇臂钻床。这台钻床在初期的使用中出现了钻孔不垂直的问题，但经过技术人员的改进，最终解决了问题，使得摇臂钻床能够正式投入批量生产。

我国第一台摇臂钻床被正式命名为 Z35 摇臂钻床，并在 1953 年进入了批量生产阶段。在这个型号中，“Z”代表摇臂钻床，“30”代表摇臂钻床的最大钻孔直径是 30 mm，“50”则是摇臂钻主轴中心至立柱母线的最大距离是 1.6 m。

Z35 摇臂钻床的批量生产为我国的工业建设作出了重要贡献。它的出现不仅填补了国内空白，而且提高了我国机械加工的效率和精度，对加快我国工业化进程起到了重要作用。此外，老一辈劳动者在摇臂钻床研发过程中的革新精神和创新智慧，也成为我国工业发展的重要动力。

目前，摇臂钻床仍然是机械加工车间中的常见设备。山东天河数控装备有限公司是鲁南地区专业生产摇臂钻床的生产厂家，他们生产的 ZQ3050 型摇臂钻床因其高质量和低价位而受到市场的欢迎。这些摇臂钻床不仅在国内销售，还出口到了其他国家和地区。

项目7 常用电工仪表的使用

项目描述

随着科学技术的发展,特别是电工、电子技术的发展,电气工程技术从业人员的数量在迅速增加。同时,为了提高生产率,在生产岗位上需要大量使用电工测量仪表。另外,国家职业标准中已对许多工种常用电工类仪表的使用提出了要求。因此,学习仪表的使用技能十分必要。本项目的主要内容包括常用电工测量仪表的结构和工作原理、仪表的选择和使用方法。通过本项目的学习,可以正确选择和使用常用电工测量仪表。

项目知识目标

1. 掌握电工测量的基本方法。
2. 熟悉常用电工仪表的结构与原理。
3. 能够叙述常用电工仪表,如电压表、电流表、万用表、兆欧表的结构和使用方法。

项目技能与素质目标

1. 学会用万用表测量电压、电流、电阻、二极管的极性等参数。
2. 学会用兆欧表检查设备绝缘电阻,用钳形电流表直接测量线路电流。
3. 学会用接地电阻测量仪测量接地装置的接地电阻。
4. 具有信息获取、加工与处理利用能力。
5. 掌握沟通、交际、组织、团队合作等能力。
6. 具有良好的职业道德和高度的职业责任感。
7. 具有良好的规范、安全、环保、成本和质量意识。
8. 遵守“6S”管理规定,做到安全文明操作。

任务 7.1 万用表的使用

〖任务布置〗

分别用 MF-47 型指针万用表和 DT-9205A 型数字万用表测量直流电压、交流电压、直流电流、电阻，并检测电子元器件的好坏。

〖任务分析〗（知识模块）

万用表是电工工作过程中不可缺少的测量仪表。万用表按显示方式分为指针式万用表和数字式万用表，是一种多功能、多量程的测量仪表。一般万用表可测量直流电流、直流电压、交流电流、交流电压、电阻（含判断导线的通断）和音频电平等，有的还可以测量电容量，电感量及半导体的一些参数（如 β）。下面将详细介绍应用广泛的 MF-47 型指针式万用表和 DT-9205A 型数字式万用表的结构及使用方法。

1. 模拟式万用表

模拟式万用表，又称指针式万用表，其型号繁多，如图 7－1 所示为常用的 MF-47 型指针式万用表的外形。

（1）使用前的检查与调整

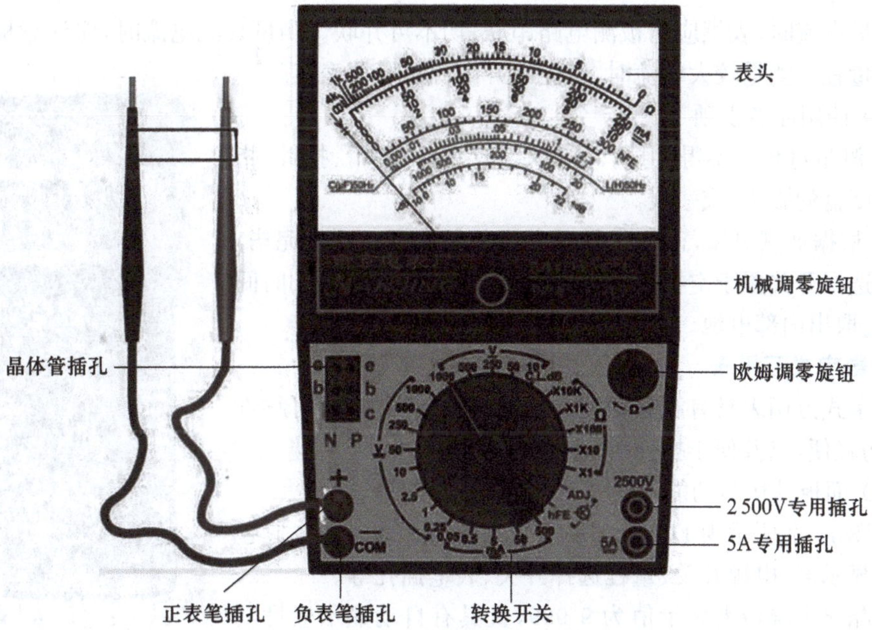

图 7-1　MF-47 型指针式万用表的外观

① 外观应完好无损，当轻轻摇晃时，指针应摆动自如。

② 旋动功能选择开关应切换灵活且无卡阻，挡位应准确。

③ 水平放置万用表，转动表盘指针下面的机械调零旋钮，使指针对准标度尺左边的零位线。

④ 测量电阻前进行电阻调零。

⑤ 检查表笔插接是否正确。

⑥ 检查测量机构是否有效。

(2) 直流电阻的测量

① 断开被测电路的电源及连接导线。

② 合理选择量程挡位，以指针居中或偏右为最佳。

③ 测量时表笔与被测电路应接触良好，双手不得同时接触表笔的金属部分，以防将人体电阻并入被测电路造成误差。

④ 正确读数并计算出实测值。

(3) 电压的测量

① 测量电压时，表笔应与被测电路并联。

② 测量直流电压时，应注意极性。若无法区分正、负极，则先将量程选在较高挡位，用表笔轻触电路；若指针反偏，则调换表笔。

③ 合理选择量程。若被测电压无法估计，应先选择最大量程，视指针偏摆情况再进行量程范围的调整。

④ 测量时应与带电体保持安全距离，手不得触及表笔的金属部分。测量高电压时(500～2 500 V)，应戴绝缘手套且站在绝缘垫上使用高压测试笔测量。

(4) 电流的测量

测量电流时，表笔应与被测电路串联，切不可并联。测量直流电流时，应注意极性，合理选择量程。测量较大电流时，应先断开电源再撤掉表笔。

(5) 使用注意事项

① 测量过程中不得换挡。读数时，应三点(眼睛、指针、指针在刻度盘的影子)成一线。

② 根据被测对象，正确读取标度尺上的数据。测量完毕，将功能选择开关置于空挡、“OFF”挡或电压最高挡。若长时间不用，应取出内部电池。

2. 数字式万用表

数字式万用表具有测量精度高、显示直观、功能全、可靠性好、小巧轻便，以及便于操作等优点。

(1) 面板结构与功能

如图 7-2 所示为 DT-9205A 型数字式万用表外观。它包括液晶显示屏、电源开关、量程选择开关、表笔插孔等。

图 7-2 DT-9205A 型数字式万用表的外观

液晶显示屏最大显示值为 9 999，且具有自动显示极性功能。若被测电压或电流的极性为负，则显示值前将带“－”号。若输入超量程，则显示屏左端会出现“1”或“－1”的提示字样，根据需要，电源开关(POWER)可分别置于“ON”(开)或“OFF”(关)状态。测量完毕，应将其置于“OFF”位置，以免空耗电池。数字式万用表的电池盒位于后盖的下方，采用 9 V 叠层电池。电池盒内还装有熔丝管，起到过载保护的作用。

旋转式量程选择开关位于面板中央，用以选择测试功能和量程。

hFE 测试插孔用以测量晶体管的 hFE 值，测量时需要将三极管的 e、b、c 极插入相应的插孔。

表笔插孔是万用表通过表笔与被测量部件连接的部位，设有“COM”“V/Ω”“mA”“10 A”四个插口。使用时，黑表笔应置于“COM”插孔，红表笔依被测量种类和大小置于“V/Ω”“mA”“10 A”插孔。在“COM”插孔与其他三个插孔之间分别标有最大(MAX)测量值。

(2) 使用方法

测量交、直流电压(ACV，DCV)时，红、黑表笔分别接“V/Ω”与“COM”插孔，旋动量程选择开关至合适位置(200 mV、2 V、20 V、200 V、700 V 或 1 000 V)，红、黑表笔并接于被测电路(若是直流，注意红表笔接高电位端，否则显示屏左端将显示“－”)。此时显示屏显示被测电压数值。若显示屏只显示最高位“1”，则表示溢出，应调高量程。

测量交、直流电流(ACA、DCA)时，红、黑表笔分别接“mA”(大于 20 mA 时，应接“10 A”)与“COM”插孔，旋动量程选择开关至合适位置(2 mA、20 mA、200 mA 或 10 A)，将两表笔串接于被测回路(直流时注意极性)，显示屏所显示的数值即为被测电流的数值。

测量电阻时，无须调零。将红、黑表笔分别插入“V/Ω”与“COM”插孔，旋动量程选择开关至合适位置(200 Ω、2 kΩ、200 kΩ、2 MΩ、20 MΩ、200 MΩ)，将两笔表跨接在被测电阻两端(注意：不得带电测量)，显示屏所显示的数值即为被测电阻的数值。当使用 200 MΩ 量程进行测量时，先将两表笔短接，若该数不为零，仍属正常，此读数是一个固定的偏移值，实际数值应为显示数值减去该偏移值。

进行二极管和电路通断测试时，红、黑表笔分别插入“V/Ω”与“COM”插孔，旋动量程选择开关至二极管测试位置。正向情况下，显示屏显示二极管的正向导通电压，单位为 mV(锗管应为 200～300 mV，硅管应为 500～800 mV)；反向情况下，显示屏显示“1”，表明二极管不导通，否则，表明此二极管反向漏电流大。正向状态下，若显示“000”，表明二极管短路；若显示“1”，表明二级管断路。在测量线路或器件的通断状态时，若检测的阻值小于 30 Ω，则表内发出蜂鸣声以表示线路或器件处于导通状态。

进行晶体管测量时，旋动量程选择开关至“hFE”位置(或“NPN”“PNP”位置)，将被测晶体管依 NPN 型或 PNP 型将 e、b、c 极插入相应的插孔中，显示屏所显示的数值即为被测晶体管的 hFE 参数。

进行电容测量时，将被测电容插入电容插座，旋动量程选择开关至“CAP”位置，显示屏显示数值即为被测电容的电荷量。

(3) 使用注意事项

① 当显示屏出现“LOBAT”时，表明电池电压不足，应予更换。

② 若测量电流时没有读数，应检查熔断丝是否熔断。

③ 测量完毕，应关上电源；若长期不用，应将电池取出。

④ 不宜在日光及高温、高湿环境下使用与存放(工作温度为 0 ℃～40 ℃，湿度为 80%)，使用时应轻拿轻放。

〖任务实施〗

1. 教师提出任务内容。

用万用表测量交流电压、直流电压、直流电流、电阻。

2. 教师示范操作步骤。

(1) 把单相变压器接上 220 V 交流电源，用万用表交流电压挡分别测量原、副边电压。将测量结果填入下表。

(2) 调节稳压直流电源输出按钮，分别输出 30 V、15 V、3 V 直流电压，用万用表直流电压挡测量，将结果填入下表。

(3) 把 10 Ω、220 Ω、1 kΩ、12 kΩ、150 kΩ 电阻分别接于直流稳压电源，调节输出 3 V 直流电压，用万用表直流电流挡测量通过各电阻的电流，将测量结果填入下表。

(4) 用万用表电阻挡测量电阻，将测量结果填入下表。

测量项目	测量内容	测量结果	测量项目	测量内容	测量结果
交流电压	交流 6 V		直流电压	直流 3 V	
	交流 12 V			直流 15 V	
	交流 220 V			直流 30 V	
电阻	10 Ω		直流电流	接 10 Ω	
	220 Ω			接 220 Ω	
	1 kΩ			接 1 kΩ	
	12 kΩ			接 12 kΩ	
	150 kΩ			接 150 kΩ	

〖任务评价〗

本任务评价内容包含电压、电阻、电流测量，团队协作以及安全文明生产。总分 90～100 为优，80～89 为良，70～79 为中，60～69 为合格，60 分以下为不合格。

<table>
<tr><td rowspan="2">基本信息</td><td>姓　名</td><td></td><td>学　号</td><td></td><td>班　级</td><td></td><td>组　别</td><td></td></tr>
<tr><td>考核日期</td><td></td><td>开始时间</td><td></td><td>结束时间</td><td></td><td>实际用时</td><td></td></tr>
<tr><td>评价内容</td><td colspan="5">评分细则</td><td>分值</td><td>扣分</td><td>得分</td></tr>
<tr><td>电压测量</td><td colspan="5" rowspan="3">① 拨错测量挡，每项扣 10 分
② 读数错误，每次扣 5 分
③ 测量结果误差大，每次扣 5 分</td><td>30</td><td></td><td></td></tr>
<tr><td>电阻测量</td><td>20</td><td></td><td></td></tr>
<tr><td>电流测量</td><td>30</td><td></td><td></td></tr>
<tr><td>团队协作</td><td colspan="5">小组成员分工协作不明确，扣 5 分；成员不积极参与，扣 5 分</td><td>10</td><td></td><td></td></tr>
<tr><td>安全文明生产</td><td colspan="5">违反安全文明操作规程，扣 5～10 分</td><td>10</td><td></td><td></td></tr>
<tr><td colspan="6">总分</td><td>100</td><td></td><td></td></tr>
</table>

〖课后作业与思考〗

1. 用完万用表后，为什么要把转换开关放到交流电压最高挡？
2. 用数字式万用表测量时，首位数字不停闪烁是什么原因？

〖课外阅读〗

万用表使用小技巧

1. 判断线路或器件是否带电

数字万用表的交流电压挡很灵敏，哪怕周围有很小的感应电压都可以显示出来。根据这一特点，可以当作测试电笔用。方法如下：将万用表打到 AC 220 V 挡，黑表笔悬空，手持红表笔与所侧路线或器件相接触，这时万用表会有显示，如果显示数字在几伏到十几伏之间（不同的万用表会有不同的显示），表明该线路或器件带电，如果显示为零或很小，表明该线路或器件不带电。

2. 区分供电线是火线还是零线

可以用上面的方法加以判断：显示数字较大的就是火线，显示数字较小的就是零线。这种方法需要与所测量的线路或器件接触。另一种方法：不需要与所测量的线路或器件接触。将万用表打到 AC 200 V 挡，黑表笔悬空，手持红表笔使笔尖沿线路轻轻滑动，这时表上如果显示为几伏，表明该线是火线。如果显示只有零点几伏甚至更小，则说明该线是零线。这样的判断方法不与线路直接接触，不仅安全而且方便快捷。

3. 寻找电缆的断点

当电缆线中出现断点时，传统的方法是用万用表电阻挡一段一段地寻找电缆的断点，这样做不仅浪费时间，而且会在很大程度上损坏电缆的绝缘。利用数字万用表的感应特性可以很快地寻找到电缆的断开点。先用电阻挡判断出是哪一根电缆芯线发生断路，然后将发生断路的芯线的一头接到 AC 220 V 的电源上，随后将万用表打到 AC 200 V 挡的位置上，黑表笔悬空，手持红表笔使笔尖沿线路轻轻滑动，这时若显示有几伏或零点几伏（因电缆的不同而不同）的电压，如果移动到某一位置时表上的显示突然降低很多，记下这一位置。一般情况下，断点就在这一位置的前方 10～20 cm 的地方。

任务 7.2 兆欧表的使用

〖任务布置〗

用兆欧表测量三相异步电动机相对相及相对地（外壳）的绝缘电阻。

〖任务分析〗(知识模块)

兆欧表大多采用手摇发电机供电，故又称摇表。它的刻度是以兆欧(MΩ)为单位的。兆欧表是电工常用的一种测量仪表，主要用来检查电气设备、家用电器或电气线路对地及相间的绝缘电阻，以保证这些设备、电器和线路工作在正常状态，避免发生触电伤亡及设备损坏等事故。

1. 面板结构

如图 7-3 所示为 ZC-7 型兆欧表的外观。它主要由表盘、接地柱、金属手提和手摇柄组成。

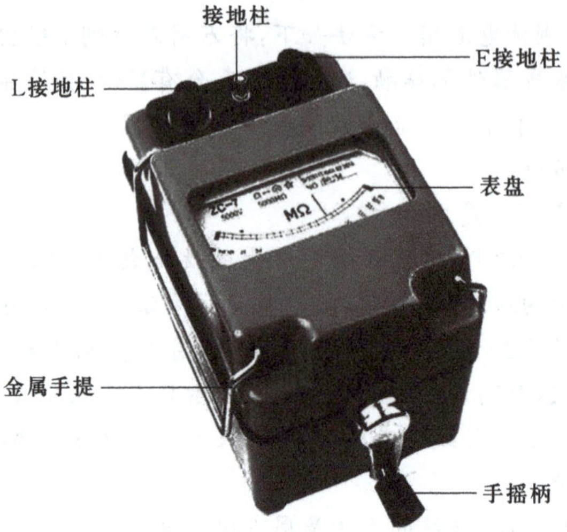

图 7-3　ZC-7 型兆欧表的外观

2. 兆欧表的选用

规定兆欧表的电压等级应高于被测物的绝缘电压等级。因此，测量额定电压低于 500 V 的设备或线路的绝缘电阻时，选用 500 V 或 1 000 V 量程的兆欧表；测量额定电压高于 500 V 的设备或线路的绝缘电阻时，选用 1 000～2 500 V 量程的兆欧表；测量绝缘子时，选用 2 500～5 000 V 量程的兆欧表。一般情况下，测量低压电气设备的绝缘电阻时，选用 0～200 MΩ 量程的兆欧表。

3. 使用步骤

(1) 切断被测设备或线路的电源，并将其导电部分对地进行充分放电。

(2) 检验兆欧表是否正常工作。检验方法如下：将 L 与 E 端两根检测棒短接起来，顺时针缓慢转动手柄，正常情况下，指针向左滑动后停留在“0”的位置，如图 7-4(a)所示；无接线的情况下，顺时针摇动手柄，正常情况下，指针向右滑动停留在“∞”的位置，如图 7-4(b)所示。

注意：测量时，兆欧表应水平放置。测量过程中，不可用手触及被测物所需测量的部分，以防触电。

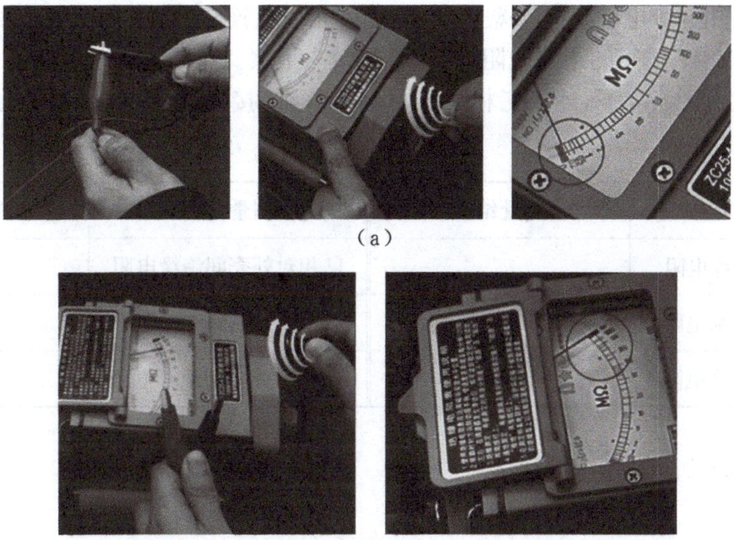

（a）

（b）

图 7-4　兆欧表的使用

(3) 读数。兆欧表的刻度值是自右向左增加的。读数时，若指针恰好指在刻度线上，直接读取即可；若指针不在刻度线上，则读取指针右侧最近的刻度值，加上指针左右刻度之间的估计值。

注意：读数完毕，将被测设备放电。

4. 注意事项

(1) 禁止在雷电时或高压设备附近测量绝缘电阻，只能在设备不带电也没有感应电的情况下进行测量。

(2) 测量过程中，被测设备上不能有人工作。

(3) 兆欧表线不能绞在一起，要分开。

(4) 兆欧表停止转动或被测设备放电之前，严禁用手触及。拆线时，不要触及引线的金属部分。

(5) 测量结束时，对于大电容设备要放电。

(6) 兆欧表接线柱引出的测量软线绝缘应良好，两根导线之间和导线与地之间应保持适当距离，以免影响测量精度。

(7) 为了防止被测设备表面泄漏电阻，使用兆欧表时，应将被测设备的中间层（如电缆壳芯之间的内层绝缘物）接于保护环。

(8) 要定期校验兆欧表的准确度。

〖任务实施〗

1. 教师提出任务内容。

用兆欧表测量三相异步电动机相对相及相对地（外壳）的绝缘电阻。

2. 教师示范操作步骤。

(1) 把三相异步电动机接线盒打开，拆除各相绕组连接片，用兆欧表分别测量电动机三相绕组 U、V、W 之间的绝缘电阻，测量结果填入下表。

(2) 在教师的指导下，连接三相异步电动机绕组，接通三相电源，用钳形表测量各线电流，测量结果填入下表。

测量内容	测量结果	测量内容	测量结果
U-V 相间绝缘电阻		U 相对外壳间绝缘电阻	
V-W 相间绝缘电阻		V 相对外壳间绝缘电阻	
W-U 相间绝缘电阻		W 相对外壳间绝缘电阻	

〖任务评价〗

本任务评价内容包含相间绝缘电阻、相对外壳间绝缘电阻、电流、团队协作以及安全文明生产。总分 90～100 为优，80～89 为良，70～79 为中，60～69 为合格，60 分以下为不合格。

<table>
<tr><td rowspan="2">基本信息</td><td>姓　　名</td><td></td><td>学　　号</td><td></td><td>班　　级</td><td></td><td>组　　别</td><td></td></tr>
<tr><td>考核日期</td><td></td><td>开始时间</td><td></td><td>结束时间</td><td></td><td>实际用时</td><td></td></tr>
<tr><td>评价内容</td><td colspan="5">评分细则</td><td>分值</td><td>扣分/分</td><td>得分/分</td></tr>
<tr><td>相间绝缘电阻</td><td colspan="5" rowspan="3">① 接线错误，每次扣 20 分
② 读数错误，每次扣 10 分</td><td>30</td><td></td><td></td></tr>
<tr><td>相对外壳间绝缘电阻</td><td>30</td><td></td><td></td></tr>
<tr><td>电流</td><td>20</td><td></td><td></td></tr>
<tr><td>团队协作</td><td colspan="5">小组成员分工协作不明确，扣 5 分；成员不积极参与，扣 5 分</td><td>10</td><td></td><td></td></tr>
<tr><td>安全文明生产</td><td colspan="5">违反安全文明操作规程，扣 5～10 分</td><td>10</td><td></td><td></td></tr>
<tr><td colspan="6">总分</td><td>100</td><td></td><td></td></tr>
</table>

〖课后作业与思考〗

1. 用兆欧表测量绝缘电阻时应注意什么？
2. 兆欧表应如何接线？屏蔽端钮 G 的作用是什么？

〖课外阅读〗

兆欧表的发展

1. 工作原理的发展

传统的兆欧表主要是由手摇发电机、比率型磁电系测量机构，以及测量电路等组成。然而，随着技术的发展，兆欧表的工作原理也得到了改进。数字兆欧表主要是由中、大规模集成电路组成，输出功率大，短路电流值高，输出电压等级多。其工作原理为由机内电池作为电源，经 DC/DC 变换产生的直流高压，由 E 极经被测试品到达 L 极，从而产生一个从 E 到 L 极的电流，经过 I/V 变换，经除法器完成运算，直接将被测的绝缘电阻值由 LCD 显示出来。

2. 类型的发展

兆欧表根据操作方式分为手摇式、电动式；根据显示方式可分为数显式、指针式；根据功能特点可分带吸收比及极化指数、不带吸收比及极化指数；根据挡位量程可分为多款设备。例如，BC 系列数字兆欧表具有多种电压输出等级(500 V、1 000 V、2 500 V、5 000 V)、容量大、抗干扰强、指针与数字同步显示、交直流两用、操作简单、自动计算各种绝缘指标(吸收比、极化指数)等特点。

3. 应用领域的扩展

兆欧表是电力、邮电、通信、机电安装和维修，以及利用电力作为工业动力或能源的工业企业部门常用且必不可少的仪表。它适用于测量各种绝缘材料的电阻值及变压器、电动机、电缆及电器设备等的绝缘电阻。随着科技的进步，兆欧表的应用领域也在不断扩展，如测量大容量变压器、发电机、高压电动机、电力电容、电力电缆、互感器、避雷器等。

4. 测试电压等级的发展

传统的兆欧表电压等级较低，如 50 V、100 V、250 V、500 V、1 000 V 等。随着技术的发展，高压兆欧表的测试电压等级也得到了提升，如 2 500 V、5 000 V、10 000 V 等。

5. 智能化的趋势

目前，兆欧表的发展趋势是智能化。智能化兆欧表能够提供更精确的测量结果，并且操作更加简便。此外，智能化兆欧表还可以提供更多的功能，如自动计算各种绝缘指标、自动量程等。

项目8 安全用电

项目描述

本项目让学生了解电流对人体的伤害，熟悉可能触电的几种情况，并掌握主要的保护措施，以便积极预防电气火灾等。让学生掌握急救的方法是保证自身及他人安全的重要手段之一，引导其倍加爱惜生命。

项目知识目标

1. 掌握电工安全用电基本知识。
2. 掌握电工安全操作规程。
3. 掌握防止触电的主要保护措施。
4. 熟悉电气火灾的紧急处理办法。

项目技能与素质目标

1. 掌握触电急救的一些基本知识。
2. 熟练掌握常用灭火器的使用。
3. 具备积极预防电气火灾的能力。
4. 能够查阅相关资料，提高独立工作的能力和团队协作的能力。
5. 遵守“6S”管理规定，做到安全文明操作。

任务 8.1 安全用电常识

〖任务布置〗

1. 观看相关教学录像或视频，想一想你所知道的电气火灾的发生原因。
2. 利用实训器材和自备道具模拟火灾场景，进行火灾报警和火灾扑救模拟训练。

〖任务分析〗（知识模块）

电是生产和生活中必不可少的能源，它在带来光明和方便的同时，也具有极大的危险性和破坏性，如果操作和使用不当，不仅会造成电能浪费，而且会发生电气事故，危及人身和设备安全，给国家和人民带来重大损失。

因此，学习电工知识，不仅要掌握电路的基本理论和分析方法，而且要懂得如何安全用电，只有安全用电，才能使电能为我们所用。电气工作人员进行操作时应该认真贯彻执行"安全第一，预防为主"的基本方针，掌握安全用电技术，熟悉安全用电的各项措施，预防事故发生。

1. 触电的危害

触电是指人体触及带电体或在进行带电操作时产生强烈的电弧，电流流过人体，对人体造成的伤害。它有两种类型，即电伤和电击。电伤又称外伤，主要是指电弧对人体表面的烧伤。当烧伤面积不大时，不会有生命危险；电击是指电流通过人体的内部，影响呼吸、内脏和神经系统，造成人体内部组织的损伤和破坏，导致残废或死亡，这又称内伤。

电流对人体的危害程度与通过人体电流的大小、频率、持续时间、电流流经人体的路径，以及人体电阻的大小等多种因素有关。

(1) 通过人体电流的大小

通过人体的电流越大，对人体的伤害越严重。当通过人体的工频电流（工频是指交流电的频率为 50 Hz）大于 100 mA 时，人就会因呼吸困难、心脏停止跳动而死亡。

通过人体的电流大小，取决于加在人体上的电压和人体的电阻。

人体电阻的变化很大。当人体皮肤干燥、洁净而又无损伤时，电阻可高达 1～100 k；但当皮肤潮湿、出汗、破损或附着有导电的粉尘时，电阻就会降低，可能降低在 1 k 以下，这时通过人体的电流就会随之增大。

在其他条件相同的情况下，电压越高，则通过人体的电流越大。因此，一般来说，电压越高，触电的危险性就越大。

(2) 流过人体电流的频率

不同频率的电流对人体的伤害是不同的，一般来说，直流电的危险性比交流电要小，世界上通用 50 Hz 或 60 Hz 的交流电，这个频率区间对于设计电气设备比较合理，但从安全角度来看，40～60 Hz 的电流对人体的危害最严重，当电流频率大于 2 000 Hz 时，对心肌的影响就很小了，因此，医生常用高频电流给病人治病。但是，也必须指出，在高频电压的冲击过程中，也有可能发生人身触电死亡事故。

(3) 电流通过人体的持续时间

电流通过人体时持续时间越长，对生命的危害就越大。

(4) 电流通过人体的路径(图 8-1)

一般认为，电流通过心脏、肺部和中枢神经系统，其危害程度大于其他路径。

实践证明，电流从一侧手到另一侧手或从手到脚流过，触电的危害最严重，这主要是因为电流通过心脏，会引起心室颤动，使心脏停止工作，直接威胁着人的生命安全。因此，应特别注意，勿让触电电流经过心脏。

当然，这并不是说，电流从一侧脚到另一侧脚流过就没有危害。因为人体的任何部位触电，都可能形成肌肉收缩及脉搏和呼吸神经中枢的急剧失调，从而丧失知觉，造成触电伤亡事故。

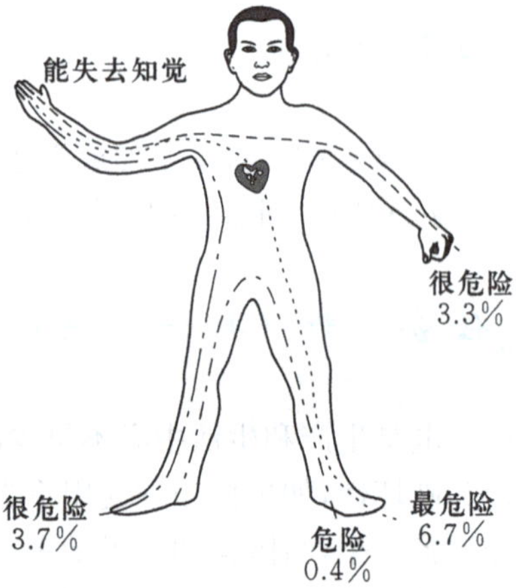

图 8-1 电流通过人体的路径

2. 触电方式

按照人体触及带电体的方式和电流流过人体的途径，触电可分为单相触电、两相触电和跨步电压触电。

(1) 单相触电

人体接触电气设备或线路中任意一根带电导线(相线)，电流通过人体流入大地，称为单相触电。

① 中性点直接接地系统的单相触电

如图 8-2 所示，人体只接触一根相线(火线)，但是人站在地上，电源中性线又是接地的，人体承受 220 V 的相电压，电流经过人体、大地和中性点的接地装置，形成闭合回路。

该触电形式发生较多，后果往往很严重。如手持电动工具正在工作时，工具漏电，有一根火线与金属外壳连通；固定在金属机座上的电动机绝缘损坏，有一根火线碰壳，而人此时触及机器；更换灯泡时，手触及带电的螺纹口等。

② 中性点不接地系统的单相触电

如图 8-3 所示，人碰到任一相带电体时，该相电流通过人体进入大地，再经另外两根相线对地绝缘电阻和分布电容流回电源，形成回路。如果绝缘阻抗非常大，则通过人体的电流较小，对人体伤害的危险性也较低；如果线路的绝缘不良，则通过人体的电流较大，对

图 8-2 中性点直接接地系统的单相触电

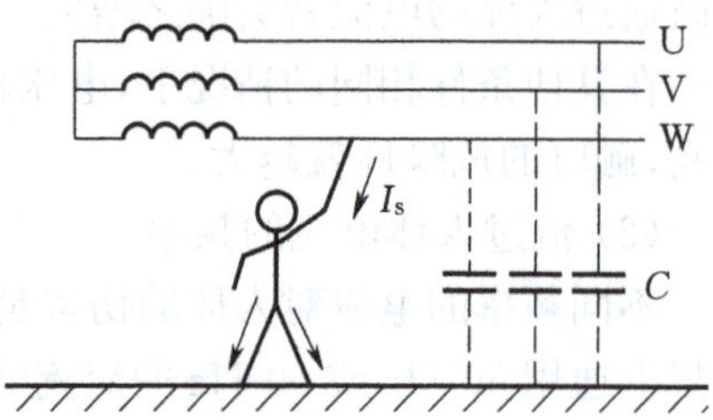

图 8-3 中性点不接地系统的单相触电

人体伤害的危险性较高。

(2) 两相触电

人体同时接触带电的两根相线(火线),电流就会从一根相线通过人体,再流到另一根相线,形成回路,称为两相触电,如图 8-4 所示。两相触电时,人体承受的电压是线电压(380 V),通过人体的电流基本上取决于人体的电阻,因此,两相触电的危害性很严重,但是出现这种危险情况的可能性较小。

(3) 跨步电压触电

对于外壳接地的电气设备,当绝缘损坏而使外壳带电,或架空电力线路的一根带电导线断落在地上时,电流由设备外壳经接地线、接地体或由断落导线经接地点流入大地,就会形成一个以接地点为圆心的电位分布区。

离接地点越远,地面的电位越低,在离接地点 20 m 以外的地方,由于入地电流非常小,地面的电位近似等于零;离接地点越近,地面电位越高,如果有人走近接地点附近,由于人的两脚间电位不同,则在两脚之间出现电位差,这个电位差称为跨步电压,如图 8-5 所示。此时,电流就会从一脚经胯部再到另一脚流入地下,形成回路,称为跨步电压触电。前、后脚距离越大,所受跨步电压也就越大,触电的危险性也就越大。当跨步电压较高时,就会使人体因双脚抽筋而倒地,这时有可能使电流通过人体的重要器官,造成严重的触电事故。

引起触电事故的原因有很多,比如使用有缺陷的电气设备,触及带电的破旧电线,触及未接地的电气设备及裸露线、开关、熔断器等;无保护性的地线或地线质量不良;非电气工作人员进行电气维修;不按规定使用安全电压的便携式灯具;缺少电气危险警告标志等。

3. 造成触电的基本因素和预防措施

(1) 造成人身触电伤亡事故的基本因素

人身触电伤亡事故主要由以下 3 个基本因素促成。

① 人体成了闭合电路的一部分,人体的一部分相当于电路中的负载阻抗。

② 在人体的某两个部位之间施加了一个足以危及人身安全的接触电压。

③ 在一段持续时间间隔内,有一个足以危及人身安全的电流值(致命电流)通过人体。

(2) 预防触电的措施

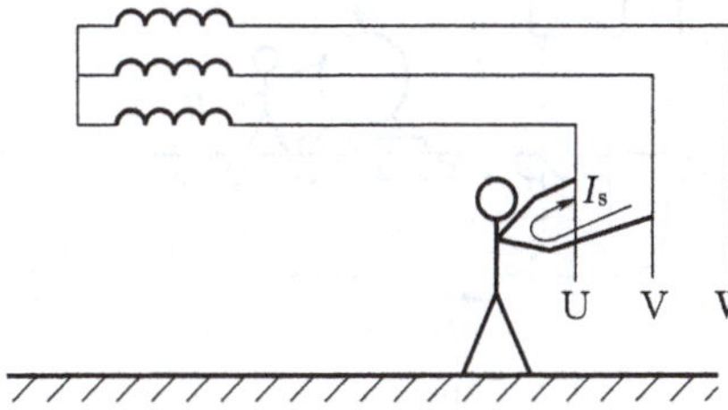

图 8-4　两相触电

图 8-5　跨步电压触电

现代的各种触电防护技术手段都是立足于控制、改变上述三个基本因素来实现的。例如，各种电气设备的绝缘措施，操作人员穿绝缘鞋、戴绝缘手套、垫绝缘垫，进行检修作业时使用基本绝缘工具及小容量低压配电系统，采用中性点不接地方式等，都是为了使人在触及带电体时不会构成闭合电路。电气设备外壳或架构采用接地或接零，或采用 36 V 及以下的安全电压，是为了降低接触电压。采用迅速切断漏电电源的自动开关(如漏电保护器等)是为了限制触电者接触电源的持续时间，以确保在发生人身触电时，使人在尚未危及人身安全时脱离电源。下面主要介绍几种预防触电的措施。

① 采用安全电压

所谓安全电压，就是把可能加在人身上的电压限制在某一范围内，使得在这种电压下，通过人体的电流在短时间内不会对人有生命危险，我国规定了工频安全电压不超过 50 V。根据我国的具体条件和环境，规定安全电压等级有 42 V、36 V、24 V、12 V、6 V。

具体应用范围：携带式照明、隧道照明、机床照明、距离地面高度不足 2.5 m 的工厂照明，以及在危险环境下使用的部分手持电动工具等，如无特殊安全结构或安全措施，均应采用 36 V 的安全电压；在地方狭窄、工作不便、潮湿阴暗的场所，如金属容器内、矿井内、隧道内及工作面周围有大面积金属导体的危险环境中，应采用 24 V 及以下的安全电压。在“安全电压”国家标准中，还进一步规定，当电气设备采用 24 V 以上的安全电压时，还必须采取其他防止直接接触带电体的防护措施，也就是说，当采用了 24 V 及以下的电压作为额定工作电压时，这种措施本身已满足了直接接触的保护要求。水下作业等场所应采用 6 V 的安全电压。

② 绝缘保护

绝缘防护就是利用绝缘材料(瓷、玻璃、云母、橡胶、木材、胶木、塑料、布、纸和矿物油等)把带电导体封闭起来，从而保证在正常工作条件下，人体不触及带电导体。

需要注意的是，很多绝缘材料受潮后或在强电场作用下遭到破坏，丧失绝缘性能。

(3) 保护接地

对于中性点不接地的三相供电系统，可以采用接地保护。具体做法是把设备的金属外壳都接地，如图 8-6(a)所示。

设备外壳不接地且意外带电，外壳与大地间存在电压，人体触及外壳，人体将有电容电流 I_d 流过，有可能构成触电危险，如图 8-6(b)所示。

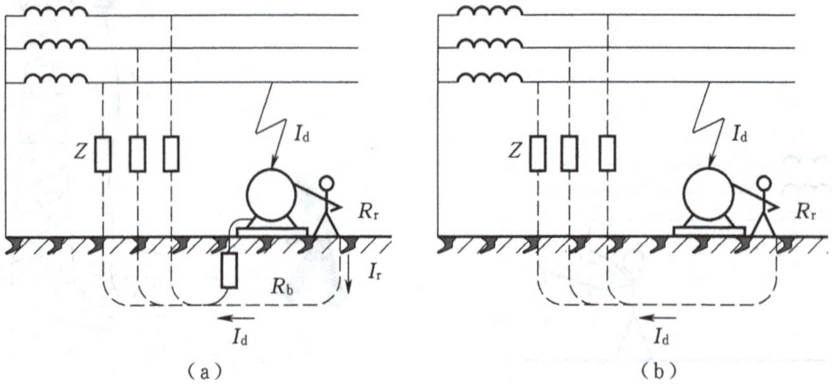

图 8-6　保护接地

如果将设备外壳接地，人体与接地体相当于电阻并联，由于接地带电阻 R_b 远远小于人体电阻 R_r，因此接地装置极大地分流了接地电流 I_d，使流过人体的电流 I_r 大大减小，从而保证了人身安全。

对于保护接地方式中的接地电阻 R_b，1 000 V 以下中性点不接地系统，一般要求 R_b 不大于 4 Ω；1 000 V 以上系统，要求 R_b 更小。

保护接地适用于中性点不接地的低压电网。在不接地电网中，由于单相对地电流较小，利用保护接地可使人体避免发生触电事故。但在中性点接地电网中，由于单相对地电流较大，保护接地就不能完全避免人体触电的危险，因而要采用保护接零。

(4) 保护接零

保护接零是指在电源中性点接地的系统中，将设备需要接地的外露部分与电源中性线直接连接，相当于设备外露部分与大地进行了电气连接。

如图 8-7 所示是三相四线制低压配电系统保护接零，当设备正常工作时，因零线是接地的，外露部分不带电，人体触及外壳相当于触及零线，无危险。当电气设备漏电致使其金属外壳带电时，电流将从设备外壳经零线流回电源中性点，此时如果有人接触设备金属外壳，由于人体电阻远大于设备外壳和零线之间的电阻，因而通过人体的电流很小，几乎为零，从而消除了触电危险。

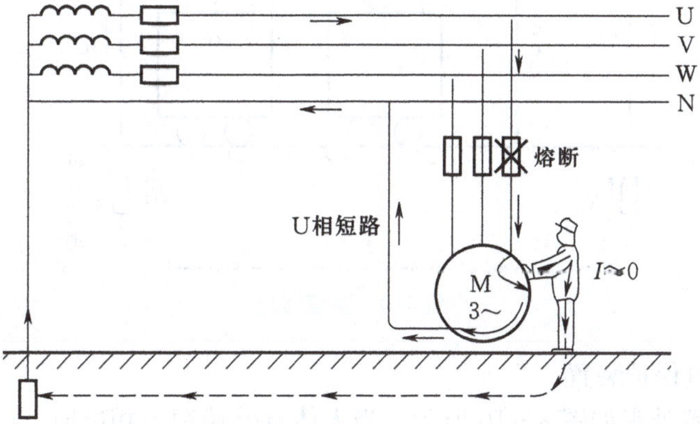

图 8-7　三相四线制低压配电系统保护接零

但是三相四线制供电系统，由于负载往往不对称，零线电流不为零，因而零线对地电压不为零，距离中性点越远，电压越高，但一般在安全电压值以下，无危险性。为了确保设备外壳对地电压为零，可从电源中性点引出两根零线，一根称为工作零线(N)，另一根称为保护零线(PE)，如图 8-8 所示为三相五线制系统，电气设备的金属外壳都接到保护零线(PE)上，工作零线(E)上的电位不能传递到用电设备的外壳上，这样就能有效隔离三相四线制系统所造成的危险电压，使用电设备外壳上的电位始终处在“地”电位，从而消除了设备产生危险电压的隐患。

三相四线制供电系统采用保护接零措施后，零线绝对不允许断开，所以零线上不能安装熔断器和开关。另外，为了确保安全，还应将零线与接地装置进行可靠连接，即重复接地。此时万一零线断开，重复接地也能将漏电电流导入大地，如图 8-9 所示。

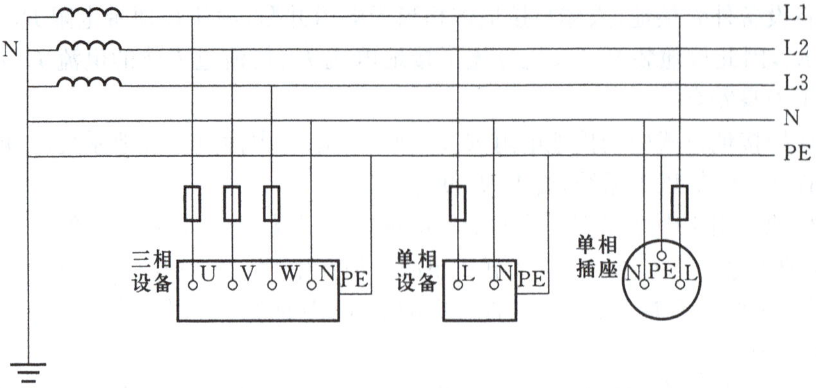

图 8-8　三相五线制系统

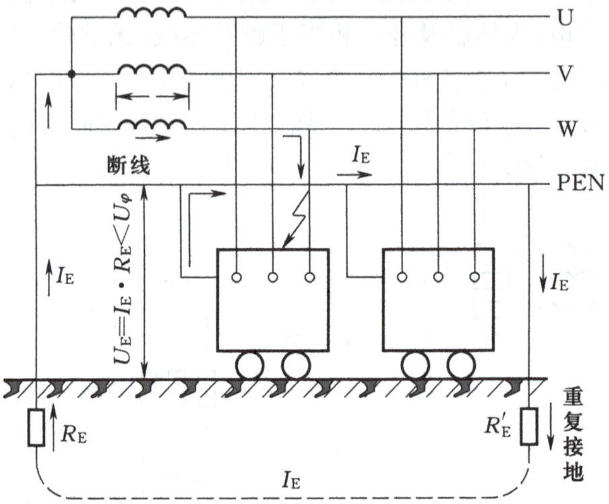

图 8-9　重复接地

（5）安装漏电保护装置

漏电保护装置外观如图 8 - 10 所示。当人体意外接触单相电时，会有电流经人体流入大地，由于三相四线制供电系统是工作接地的，该电流又会从大地流入供电系统的接地，漏电保护装置则可以检测出此异常电流信号，立即切断电源。有的漏电保护装置还有短路、过载保护功能，称为漏电断路器。

漏电保护装置一般要求每月测试一次切断功能是否正常。测试方法：正常通电情况下，按下漏电保护装置上标有“T”（TEST）的按钮，装置应能迅速跳闸切断电路。若要恢复供电，可按下复位（RESET）按钮（对没有此按钮的漏电保护装置可跳过此步），再将操作手柄向上闭合。

（6）设置屏护、安全间距与安全标志

设置屏护、安全间距与安全标志的目的都是防止作业人员意外触碰或过于接近带电体而发生触电。屏护是用遮栏、栅栏、围墙、保护网等防护装置将带电部位、场所或范围隔离开。安全标志常设置在有触电危险或容易产生误判断、误操作的地方，以及存在不安全因素的现场。

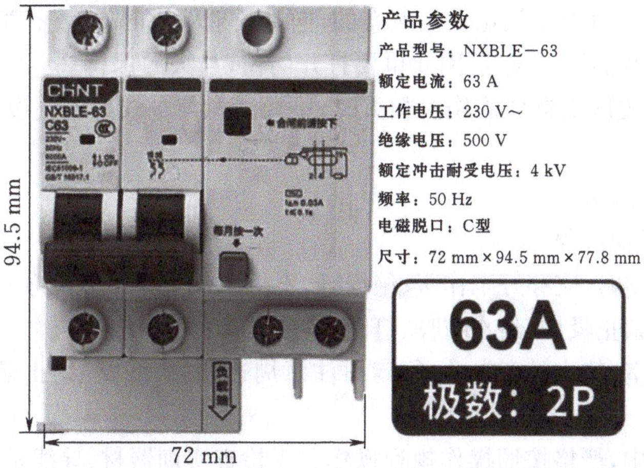

图 8-10　漏电保护装置外观

4. 日常生活安全用电常识

为防止触电事故发生，需要宣传并且普及安全用电常识。下面是日常生活中一些简单的安全用电常识。

(1) 不靠近高压带电体(高压线、变压器等)，不接触低压带电体。任何电气设备在未确认无电之前应一律视为有电，不要随意接触电气设备，不要盲目信赖开关或控制装置，不要依赖绝缘设备来防范触电。

(2) 严禁用一线(相线)一地(指大地)安装用电器。在一个插座上不可接过多或功率过大的用电器。

(3) 不可用湿手接触带电的电器，如开关、插座等，更不可用湿布擦拭电器。

(4) 若发现电线、插头损坏应立即更换，禁止用铜丝代替熔断丝，禁止用金属丝绑扎电源线，禁止用橡皮胶代替电工绝缘胶布，禁止乱设临时电线。

(5) 电线上、电动机和电气设备上不可放置衣物，晾晒衣物的绳线也不能靠近电线，更不能与电线交叉搭接或缠绕在一起，不可在电动机上坐立，雨具不可挂在电动机或开关等电器的上方。

(6) 在搬运电钻、电焊机和电炉等可移动电器时，要先切断电源，不允许拖拉电源线来搬移电器。堆放和搬运各种物资、安装其他设备时，要与带电设备和电源线相距一定的安全距离。

(7) 安装、检修电器时，应穿绝缘鞋，站在绝缘体上，且要切断电源。

(8) 雷雨天气时，不使用收音机、录像机、电视机，且拔出电源插头、天线插头；暂时不使用电话，如一定要用，应使用免提功能。

(9) 当电线断落在地上时，不可走近。对落地的高压线应离开落地点 8～10 m 或以上，以免跨步电压伤人，更不能用手去拿。应立即禁止他人通行，派人看守，并通知供电部门处理。

(10) 当电气设备起火时，应立即切断电源，并用干沙覆盖灭火，或用四氯化碳、二氧化碳灭火器灭火，绝不能用水或一般酸性泡沫灭火器灭火，否则会有触电危险。在使用四氯化碳灭火器时，应打开门窗，保持通风，防止中毒，如有条件最好戴上防毒面具；在使用二氧化碳灭火器时，由于二氧化碳是液态的，向外喷射灭火时，强烈扩散，大量吸热，形成温度很低的干冰，并隔绝了氧气，因此也要打开门窗，与火源保持 2～3 m 的距离，小心喷射，防止干冰沾到皮肤上造成冻伤。救火时，不要随意与电线或电气设备接触，特别要留心地上的导线。

5. 实训室安全用电

(1) 实训室操作规程

① 进入实训室时，应穿好工作服、绝缘鞋，不得佩戴手链等金属饰品。

② 实训室内禁止吸烟，禁止喧哗、打闹，禁止携带食物、饮料等。

③ 进入实训室，禁止随意走动，行走时注意周边物品、线路，禁止摆弄与本节课无关的实训器材。

④ 实训过程中，严格按照操作规程操作。先检查实训器材、导线是否完好，发现有缺陷应立即报告，停止使用并及时更换。

⑤ 严格按照仪器仪表的操作规程使用。

⑥ 实训操作时，严格按照指导教师的要求去做。经教师检查无误后方可通电，禁止学生私自通电。用电结束后，关闭电源。

⑦ 实训操作时，注意观察，出现异常应立即断电并报告教师。

⑧ 发现有人触电时应立即切断电源，并采取必要的急救措施进行救治。

⑨ 定期检查实训室的安全设施，保证灭火器等应急设备能安全使用。

⑩ 实训完毕后，关闭电源。整理实训器材，打扫实训室卫生，关好门窗。

(2) 实训室紧急救护

在学习电工技能的时候，稍不注意就可能造成设备或人身伤亡事故，掌握必要的急救知识非常重要。若出现紧急情况，应做到以下五点：

① 遇到突发状况，不要慌乱，第一时间断电。

② 断电之后，注意检查人身和设备的情况。

③ 发生人员触电事故，要根据情况进行救护。

④ 设备出现故障后，必须查出故障原因并排除，经教师检查后方可继续实训。

⑤ 实训台若出现起火，切忌使用水灭火，必须使用专门的灭火器灭火。

6. 电气火灾的紧急处理

(1) 电气火灾的发生原因与预防措施

造成电气火灾的原因很多，总的来看，除设备缺陷、安装不当等设计和施工方面的原因外，在运行中，电流的热量和电流的火花或电弧是引发火灾甚至爆炸的直接原因。

电气设备运行时总要发热，正确设计、正确施工、正确运行的电气设备稳定运行时，其最高温度和高出周围环境温度的数值不会超出允许范围，但当电气设备因为绝缘老化、遭到雷击、严重受潮等引起短路事故，或乱拉乱接线路，使设备长时间超负荷工作(过载)，或是接触部位松动导致接触不良、电动机卡住致使铁芯发热，或是设备散热不良时，发热量就会增加，温度升高，在一定条件下就可能引起火灾。

火花在日常生活中很常见，比如断开热水器的开关时有时会见到火光一闪，冬天脱毛衣时也容易见到静电火花，这些火花如果出现在充满油雾和可燃性气体的空间里也可能引发火灾甚至爆炸。

要预防电气火灾，从根本上说就是要控制燃烧和爆炸的三个基本条件不能同时满足，即可燃物、助燃物和火源不能同时出现，因此，防火、防爆必须采取综合性措施。除了选用合格的电气设备外，还应在设备上装设合理的保护装置，运行时保证通风良好，保持必要的防火间距，保证电气设备正常运行，周围环境采用耐火材料并配置适当的灭火器材等。

(2) 电气火灾的紧急处理

一旦发生电气火灾，应立即切断电源，同时派人拨打“119”报警电话，疏散现场人员，在自身安全情况下设法扑救。无法及时切断电源时，应选用不导电的灭火器扑救。

拨打“119”报警电话时，应准确地向消防队说出发生火灾的时间、地点、燃烧物性质、火势状况、报警人姓名、联系电话，并安排人站到交叉路口处，指引消防车辆迅速赶到火灾现场救灾灭火。

发生火灾时的自救方法：

① 争取时间，尽快脱离现场，但不能乘坐电梯。

② 现场有浓烟时，寻找湿毛巾蒙住口鼻，尽量放低身体或爬行离开浓烟区。

③ 遭遇明火时，应将头发和衣服浇湿以免着火。

④ 万一衣服被烧，可就地翻滚或用厚重衣物压灭火焰。

常用的灭火器有干粉灭火器、二氧化碳灭火器、泡沫灭火器等，其外形如图 8－11 所示。干粉灭火器可用于 50 kV 以下的带电灭火，一般家庭用灭火器都属于这一类。二氧化碳灭火器可用于 600 V 以下的带电灭火。泡沫灭火器灭火时喷出的泡沫里含有大量水分，不宜用于带电灭火，但可以在切断电源后使用。

（a）干粉灭火器　（b）二氧化碳灭火器　（c）水基型灭火器

图 8-11　常用的灭火器

常用灭火器的使用方法如图 8－12 所示。除掉铅封，拔出保险销，站在距离火源 23 m 的上风处，压下压把开关，喷嘴对准火焰根部由远及近、快速地向前平推扫射。使用干粉灭火器时，应先将瓶体颠倒几次，使筒内干粉松动。使用二氧化碳灭火器时，不能直接用手抓住金属连接管，防止手被冻伤；在室内狭小空间内使用后应迅速离开，以防窒息。

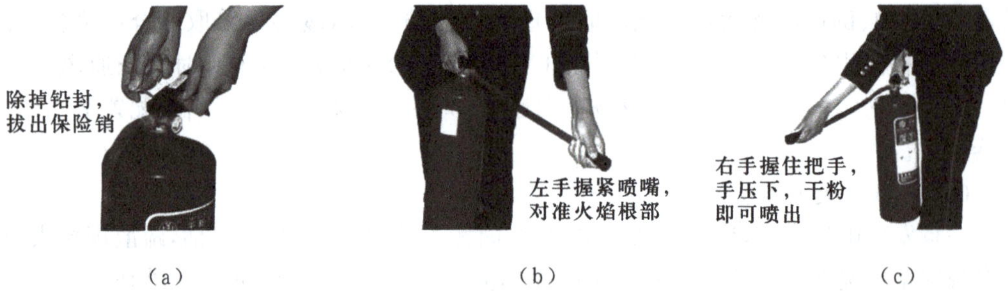

图 8-12　常用灭火器的使用方法

〖任务实施〗

1. 实训器材。

电源开关、干粉灭火器、模拟火源等。

2. 火灾报警模拟训练。

(1) 教师发出模拟火灾信息，学生寻找电源开关，切断电源。

(2) 一名学生模拟拨打“119”火警电话，说出发生火灾的时间、地点、燃烧物性质、火势状况、报警人姓名、联系电话，由其他学生记入表中。

报警人		联系电话	
火灾情况			
时间		地点	
燃烧物		火势	
救援安排			

(3) 模拟安排另一名同学站到交叉路口处指引消防车辆，其他同学疏散现场人员。

3. 火灾扑救模拟训练。

学生找到灭火器，先将瓶体颠倒几次，再拔出保险销，站在距离火源 2～3 m 的上风处，压下压把开关，喷嘴对准火焰根部由远及近、快速地向前平推扫射。

4. 注意事项：

(1) 灭火器的使用可以模拟进行。

(2) 如果有条件，可以增加火灾自救模拟训练。

【任务评价】

本任务评价内容包含火灾报警及火灾扑救的模拟训练、团队协作和安全文明生产。总分 90～100 为优，80～89 为良，70～79 为中，60～69 为合格，60 分以下为不合格。

基本信息	姓　　名		学　　号		班　　级		组　　别	
	考核日期		开始时间		结束时间		实际用时	
评价内容	评分细则					分值	扣分	得分
火灾报警模拟训练	火灾报警记录填写错误，每处扣 5 分					40		
火灾扑救模拟训练	灭火器方法错误，扣 10～30 分					40		
团队协作	小组成员分工协作不明确，扣 5 分；成员不积极参与，扣 5 分					10		
安全文明生产	违反安全文明操作规程，扣 5～10 分					10		
总分						100		

【课后作业与思考】

1. 何谓电力系统？电力系统的组成是什么？
2. 电力系统为什么要采用高压甚至超高压送电？
3. 什么叫安全电流？安全电流一般是多少？
4. 什么叫触电？它对人体有什么危害？
5. 保护零线的统一标识是什么？

【课外阅读】

电力安全事故等级划分标准

电力安全事故等级划分标准主要依据事故造成的人员伤亡、电网减供负荷比例、城市供电用户停电比例、发电厂或变电站全厂停电的影响和持续时间以及发电机组和供热机组停运的时间等因素进行划分。具体如下：

(1) 特别重大事故：造成 30 人以上死亡，或 100 人以上重伤，或 1 亿元以上直接经济损失的事故；或区域性电网减供负荷比例超过 50%，或城市供电用户停电比例超过 70% 以上，或发电厂或变电站全厂停电持续时间超过 12 小时的事故。

(2) 重大事故：造成10人以上30人以下死亡，或50人以上100人以下重伤，或5 000万元以上1亿元以下直接经济损失的事故；或区域性电网减供负荷比例超过30%但未达到50%，或城市供电用户停电比例超过50%但未达到70%，或发电厂或变电站全厂停电持续时间超过6小时但未达到12小时的事故。

(3) 较大事故：造成3人以上10人以下死亡，或10人以上50人以下重伤，或1 000万元以上5 000万元以下直接经济损失的事故；或区域性电网减供负荷比例超过10%但未达到30%，或城市供电用户停电比例超过30%但未达到50%，或发电厂或变电站全厂停电持续时间超过2小时但未达到6小时的事故。

(4) 一般事故：造成3人以下死亡，或10人以下重伤，或1 000万元以下直接经济损失的事故；或区域性电网减供负荷比例未达到10%，或城市供电用户停电比例未达到30%，或发电厂或变电站全厂停电持续时间未达到2小时的事故。

需要注意的是，这些划分标准可能会随着国家法律法规的修订而发生变化。在实际工作中，应以最新的法律法规为准。同时，在发生电力安全事故时，应立即采取应急措施，减少事故损失，并按规定及时上报相关部门。

任务 8.2 触电急救常识

〖任务布置〗

1. 观看相关教学录像或视频，想一想如果发现触电事故应该怎么做。

2. 两名学生为一组，其中一人模拟触电者，另一人模拟施救者，利用实训器材和自备道具模拟触电场景进行施救。

〖任务分析〗(知识模块)

触电急救的要点：动作迅速，救护得法。当发现有人触电时，切不可惊慌失措，束手无策，更不可借故逃离。应尽快使触电者脱离电源，然后根据触电者的具体情况，进行相应的救治。

1. 脱离电源

(1) 脱离低压电源的方法

① 如果触电现场离开关或插座较近，应迅速拉下开关或拔出插头，以切断电源。

② 如果触电现场距离开关、插座较远或不具备关断电源的条件，应使用干燥的木棒、竹竿等绝缘物将电源移走，或用带有绝缘手柄的刀、斧、钳等工具切断电源，使触电者迅速脱离电源。

③ 救护人员可用几层干燥的衣服将手裹住，或者站在干燥的木板、木桌椅或绝缘橡胶垫等绝缘物上，用一只手拉触电者的衣服，使其脱离电源。不要赤手直接去拉触电人，

以防造成群伤触电事故。

(2) 脱离高压电源的方法

① 立即通知有关部门停电。

② 戴上绝缘手套，穿上绝缘鞋，使用相应电压等级的绝缘工具，拉开高压跌开式熔断器或高压断路器。

③ 抛掷裸金属软导线，使线路短路，迫使继电保护装置动作，切断电源，但应保证抛掷的导线不触及触电者和其他人。

(3) 注意事项

① 未采取任何绝缘措施，救护人不得直接接触触电者的皮肤和潮湿衣服。

② 救护人员不得使用金属或其他潮湿的物品作为救护工具。

③ 救护人员最好采用一只手操作，以防自身触电。

④ 防止高空触电者脱离电源后发生摔伤事故。

⑤ 观察周围环境，以防止事故扩大，再误伤他人。

⑥ 夜间发生触电事故时，应解决临时照明问题，以便在切断电源后进行救护，同时防止出现其他事故。

2. 简单诊断

当触电者脱离电源后，根据具体情况应就地迅速进行救护。

① 当触电者伤势不重，神志清醒，但心慌、四肢发麻、全身无力，或曾一度昏迷，但已清醒过来时，应使触电者安静休息，不要走动，并请医生诊治或送往医院治疗。

② 当触电者伤势较重，已失去知觉，但还有心脏和呼吸时，应使触电者舒适安静地平躺，周围不要围观，并应让空气流通。解开触电者衣服以利呼吸，如果天气寒冷，要注意保暖，并迅速请医生诊治或送往医院治疗。

③ 当触电者伤势严重，触电者已停止呼吸，常为“假死”，应立即进行人工呼吸。如果触电者心跳和呼吸都已停止，人体完全失去知觉，应通过人工呼吸和心脏按压等方法进行抢救，并迅速请医生或送医院抢救。

3. 现场急救方法

(1) 口对口人工呼吸法(表 8-1)

口对口人工呼吸法是在触电者呼吸停止后应用的急救方法，是用人工的力量，促使肺部膨胀和收缩，达到恢复呼吸的目的。

表 8-1　口对口人工呼吸的操作步骤

步骤	图示	说明
1	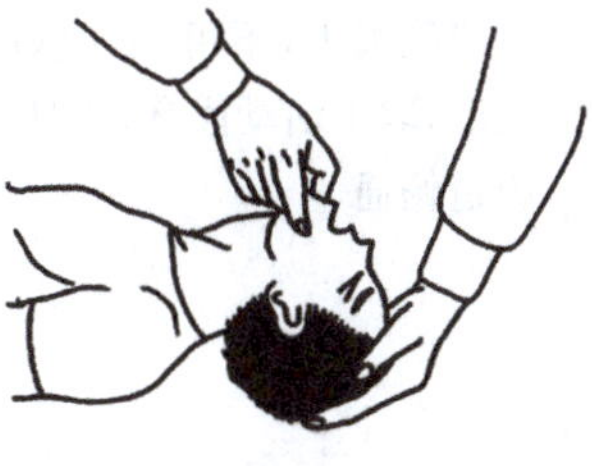	头部后仰：触电者脱离电源后，使触电者仰卧，颈部伸直，解开触电者身上妨碍呼吸的领口和衣服等；清除触电者口腔内妨碍呼吸的呕吐物、黏液、活动假牙等；使触电者的头部尽量后仰，鼻孔朝天。注意：头下不要垫枕头，否则会影响通气

续表

步骤	图示	说明
2		捏鼻掰嘴：施救者在触电者的头部一边，用一只手捏紧其鼻孔，另一只手的拇指和食指掰开其嘴巴
3		贴紧吹气：施救者做深呼吸后，紧贴触电者的嘴（要防止漏气）吹气，同时观察触电者胸部膨胀情况，以胸部略有起伏为宜。吹气用力大小要根据不同的触电者而有区别。每 5 s 吹一次，吹 2 s 放松 3 s；对于儿童只能小口吹气
4	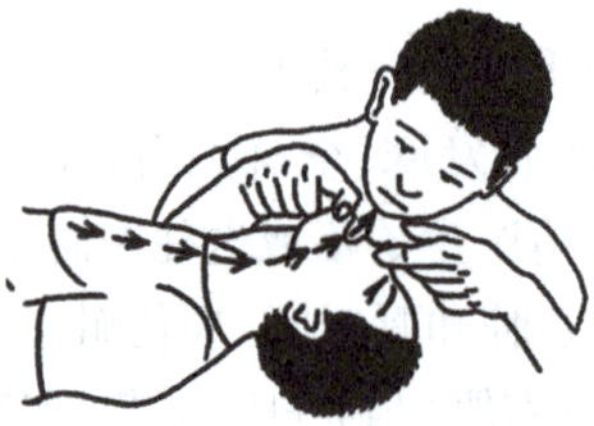	放松换气：施救者吹气完毕准备换气时，应立即离开触电者的嘴，并放开捏紧的触电者鼻孔，让触电者自行呼气

（2）胸外心脏按压法

胸外心脏按压法是用人工的方法在胸外挤压心脏，使触电者的心脏恢复跳动。这种方法适用于抢救心脏跳动停止或心脏跳动不规则的触电者，具体做法见表 8－2。

表 8－2　胸外心脏按压的操作步骤

步骤	图示	说明
1	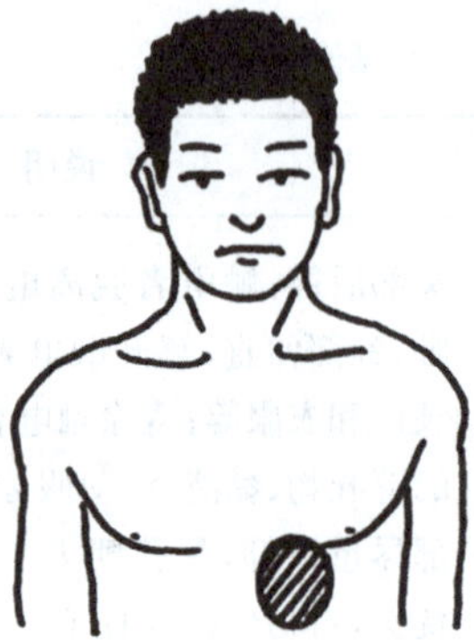	正确压点：将触电者的衣服解开，仰卧在地上或硬板上，不可躺在软的地方，清除嘴里痰液，取下活动假牙，不使舌根后缩，使其呼吸道畅通

续表

步骤	图示	说明
2	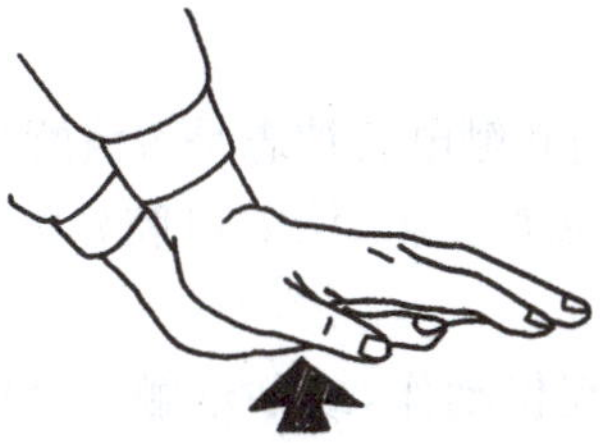	叠手姿势：施救者跨腰跪在触电者的腰部（儿童用一只手），肘关节伸直，左手掌复压在右手背上，手掌根部放在心口窝稍高一点的地方，掌根放在胸骨下 1/3 处
3	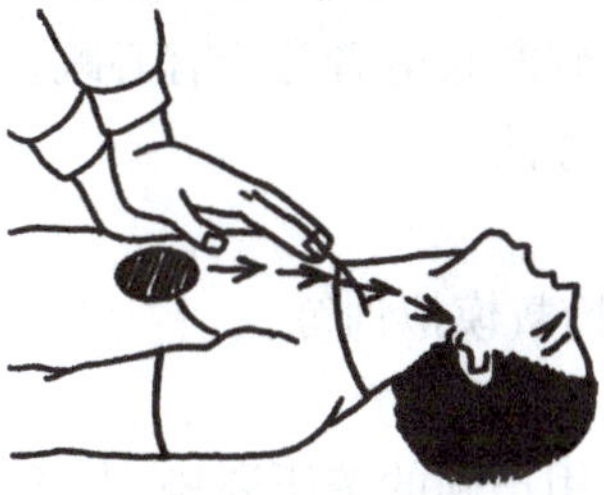	向下挤压：掌根适当用力向下，带有冲击性地压触电者的胸骨（压胸骨时要对准脊椎骨，从上向下用力），压出心脏里面的血液。对成年人，可压下 3～5 cm；每秒挤压一次，太快了效果不好；对儿童应只用一只手，并且用力要小些，压下深度要浅些
4	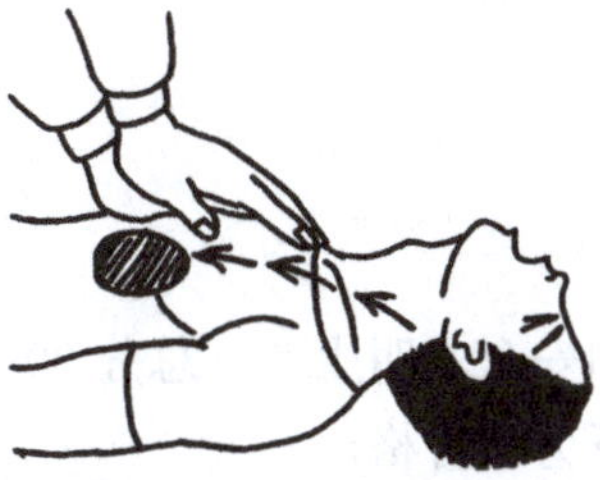	迅速放松：挤压后掌根要迅速放松（但不要离开胸膛），使触电者的胸骨复位，血又充满心脏。重复 3、4 步骤，每分钟 60 次左右为宜

施行上述两种急救方法时，如双人抢救，每做胸外心脏按压 5 次后由另一人吹气 1 次（5∶1），反复进行；如只有一人，又需同时采用两种方法，可以轮番进行，做胸外心脏按压 15 次以后，吹气 2 次（15∶2）。

〖任务实施〗

1. 列出本任务所需设备和工具。

名称	型号或规格	单位	数量
绝缘安全用具/检修安全用具	绝缘鞋、低压验电笔、电工钳（钢丝钳、尖嘴钳和偏口钳）、螺丝刀（一字形和十字形）、电工刀、活动扳手、剥线钳、电源开关、干燥的木棒、潮湿的木板、金属杆等	套	1
人工呼吸方法训练	心脏复苏急救训练人体教学模型	个	1

2. 脱离电源模拟训练。

(1) 施救者根据现场环境，用“拉、挑、拽、垫、切”等适当的方法帮助触电者脱离电源。

(2) 拨打“120”急救电话。

3. 现场诊断模拟训练。

(1) 轻拍触电者的双肩，或在其耳旁呼叫，判断触电者神志是否清醒。

(2) 把触电者移到平坦、干燥、通风的地方，疏散人群，清除口腔异物，通畅气道，松开触电者衣物，做急救准备。

(3) 拉开触电者衣服，观察其胸、腹部有无起伏动作，或贴近触电者的口鼻及心脏处听有无呼吸及心跳声，或用手指试其口鼻处有无呼吸的气流，判断触电者能否自主呼吸。

(4) 用手指检查触电者颈动脉处是否搏动，判断触电者是否有心跳。

(5) 教师给出模拟检查结果，学生确定抢救办法。

4. 实施心肺复苏抢救模拟训练。

按触电者“无呼吸、无心跳”，实施心肺复苏抢救模拟训练。

5. 注意事项。

(1) 胸外按压时应确定正确的按压位置，采用正确的按压姿势、力度和频率。

(2) 人工呼吸时，吹气和放松要配合好。

〖任务评价〗

本任务评价包含触电急救训练、团队协作和安全文明生产。总分 90～100 为优，80～89 为良，70～79 为中，60～69 为合格，60 分以下为不合格。

基本信息	姓　　名		学　　号		班　　级		组　　别	
	考核日期		开始时间		结束时间		实际用时	
评价内容	评分细则				分值		扣分	得分
触电急救训练	采取方法错误，扣 5～30 分				30			
	按压力度、操作频率不合适，扣 10～30 分				30			
	操作步骤错误，扣 10～20 分				20			
团队协作	小组成员分工协作不明确，扣 5 分；成员不积极参与，扣 5 分				10			
安全文明生产	违反安全文明操作规程，扣 5～10 分				10			
总分					100			

〖课后作业与思考〗

1. 什么是电击和电伤？电击的危害程度与哪些因素有关？

2. 什么是接零保护？接零保护用于什么样的供电系统？什么是接地保护？接地保护用于什么样的供电系统？

3. 如果要用一个单刀开关来控制电灯的亮灭，这个开关应该装在火线上还是零线上？

4. 手持电钻、手提电动砂轮机都采用 380 V 交流电供电，使用时要穿绝缘胶鞋、戴绝缘手套工作。既然人们与它们经常接触，为什么不用安全低压 36 V 供电？

5. 在中性点接地的系统中，为什么要采用重复接地，而不能采用保护接地？中性点接地与保护接地、重复接地有何区别？

6. 观看相关教学录像或学生模拟操作，找出火灾隐患，思考预防措施。

〖课外阅读〗

过河的驴子

一头驴子背盐渡河，在河边滑了一跤，跌在水里，盐溶化了。驴子站起来时，感到身体轻松了许多。驴子以为获得了经验。后来有一回，它背了棉花，走到河边的时候，便故意倒在了水里，可是棉花吸收了水，驴子非但不能再站起来，甚至淹死了。

驴子为何死于非命？因为它过分依赖“经验”，而不知这些通过“偶然”机会得来的经验并不可靠。我们联想到电力施工过程中，有的员工不按照安全规程来操作，却发现从某种程度上讲，简化了工作程序，降低了劳动强度。由此，这些员工便误把这些违章操作奉为宝贵“经验”。

大家都知道海恩法则，按照统计，每一起严重事故的背后，必然有 29 起轻微事故、300 起未遂先兆，以及 1 000 起事故隐患。因此，在这些员工违章操作中，可能一次两次没事，但聪明终被聪明误，在特定的生产条件下，当再次施展这些小聪明时，很可能“经验”就会变“事故”。

因此，电力安全规程是供电系统安全生产最宝贵的经验，也是唯一的实践经验，任何因违章操作而获得的经验都是“伪经验”。安全没有捷径，电力安全规程是用血的教训写出来的，只有把安全规程牢记心中，不折不扣地遵守规程制度，才是确保安全生产的根本所在，如果不能及时纠正错误思想而我行我素，结果只能像驴子一样死于“经验”。

参考文献

[1] 蔡跃.职业教育活页式教材开发指导手册[M].上海:华东师范大学出版社.2020.

[2] 熊如意,卢江林.电机与电气控制技术[M].北京:人民交通出版社,2021.

[3] 冯燕,高艳平.电工技术(中俄双语版)[M].成都:西南交通大学出版社,2022.

[4] 张维.电工电子技术[M].北京:高等教育出版社,2023.

[5] 彭佩烘,李善亮.电工电子技术活页式教材[M].哈尔滨:哈尔滨工程大学出版社,2023.

[6] 徐亚辉,陈敏.轨道交通电工技术基础与技能(活页式)[M].成都:西南交通大学出版社,2022.

[7] 刘艳宾,冉毅.低压电工基础与实训(新型活页式)[M].武汉:华中科技大学出版社,2022.

[8] F.劳瑞尔.学习领域课程开发手册[M].北京:高等教育出版社,2018.

[9] 姜大源.职业教育要义[M].北京:北京师范大学出版社,2017.

[10] 王屹,赵应艳.电工电子技术项目化教程[M].北京:机械工业出版社,2019.